Air Power of the 21st Century

21世紀のエア・パワー

日本の安全保障を考える

Reflections on the Security of Japan

石津朋之
ウィリアムソン・マーレー 共編著

芙蓉書房出版

はじめに

ライト兄弟が航空機の初飛行に成功してから約一〇〇年が経過したことを契機に、本書の編者の一人である石津は二〇〇四年、エア・パワーをめぐる問題に深く関心を寄せる同志とともに『エア・パワー――その理論と実践』(シリーズ『軍事力の本質』①)を世に問うた。そこでは、過去約一〇〇年のうちにエア・パワーが軍事力の必要不可欠な要素へと発展し、近年の湾岸戦争やイラク戦争で決定的とも思える能力を実証した事実を指摘するとともに、エア・パワーの具えた能力を理論的に考察、あわせて歴史研究の立場からその有用性を検証した。本書はこれをさらに発展させ、グローバルなレベルでのエア・パワーの発展を振り返るとともに、それが日本の安全保障にいかなる影響を及ぼしてきたか、さらには、将来、いかなる影響を及ぼし得るかについて検討を試みるものである。前作の『エア・パワー』と同様、本書は日本におけるこの分野の教科書的な文献を目標にしており、一般大学の学部生・大学院生、防衛庁自衛隊の陸・海・空幹部学校(幹部候補生学校)、統合幕僚学校、防衛大学校、そして防衛研究所などで基本文献として使用するとともに、一般国民に対する啓蒙書として位置付けられるようなものを目指したつもりである。

第一部「二〇世紀の戦争とエア・パワー」では、グローバルな視点からエア・パワーの発展の歴史とその有用性を考察した。第一章「日本の戦争とエア・パワー――歴史的視点から考えた今日的インプリケーション」(大村平)は、「空中を飛行する技術」が人類が二〇世紀に達成した大きな技術突破の一つであり、それがとりわけ軍事的な手段として有用であることから、主要諸国が競ってこの技術を利用した軍事力、すなわち、エア・パワーの構築に努めてきた事実を指摘する。また、エア・パワーの造成と維持が、副次的とはいえ国力の増進に貢献している側面も見逃せないとする。例えば、その一つは自国の領空における安全の確保であり、もう一つは日本が自らで航空機製造業を維持していることのメリットである。

第二章「エア・パワーの最初の世紀と技術、文化、その軍事的有用性」（フィリップ・セイビン）は、いわゆる英語圏諸国、とりわけアメリカの経験と同程度に、フランス、ドイツ、イタリア、ソ連（ロシア）、日本、中国、そして中東及び南アジア地域諸国の経験についても十分に目配りしながら、エア・パワーをめぐる技術、文化、そして軍事的有用性の関連性について考察した論考である。ここでは、技術、戦術的熟練度、計画と情報力、損失を許容する意思と能力、諸職種連合部隊の統合、産業の支援、社会の決意といった要素を中心にエア・パワーの運用をめぐる成功と失敗の分岐点が論じられている。第三章「エア・パワー——その信仰の落とし穴」（林吉永）は、エア・パワーの有用性を高く評価するあまりその本質を直視していないとの問題を指摘する。二〇世紀の戦争においてエア・パワーが示した華々しい活躍は、「エア・パワー単独で戦争の決着をつけ得る」との評価すら生む結果となった。ここでは、エア・パワーの本質を冷静に見直し、こうした評価の正否を分析する。そうすることにより、エア・パワーの真の役割を見極めることができるとともに、今日のエア・パワーが国家の安全保障を構成する軍事優位をもたらしている事実が理解できるはずである。

第二部「エア・パワーの誕生と発展　一九〇〇～一九四五年」では二〇世紀初頭から第二次世界大戦までの期間に焦点を絞り、エア・パワーの創成期の状況を歴史的に検証した。第四章「エア・パワーの誕生と発展　一九〇〇～一九四五年」（ウィリアムソン・マーレー）は、エア・パワーがノース・カロライナ州キティー・ホークにその第一歩を印してから第二次世界大戦終結までの、その軍事面における発展の足跡をたどった論考である。本章では、いわゆる戦間期のエア・パワーをめぐる技術的・理論的影響がアジアとヨーロッパにおける次なる戦争のお膳立てをした事実、そして、エア・パワーが第二次世界大戦に及ぼした影響が世界を席捲し、戦略の様相を一変させた事実が言及されている。

第五章「日本におけるエア・パワーの誕生と発展　一九〇〇～一九四五年」（柳澤潤）は、二〇世紀初頭から第二次世界大戦終結までの時点の、日本におけるエア・パワーの誕生と発展を考察したものである。外来の「軍事革命」といえるエア・パワーを日本がどのように評価し、組織、運用、技術の面で取り込んでいき、発展させていったかを歴史的に検証するために、本章は、日本での初飛行から第一次世界大戦終結までの期間、第一次世界大戦直後から一九二〇年代末までの期間、ロンドン軍縮条約、満州事変から太平洋戦争前までの期間、そして、太平洋戦争の勃発から終結までの期間、の四つに区分して考察を展開している。第六章「日本陸軍の軍事技術戦略とエア・パワーの形成過程」（横山久幸）は、軍事力の構築において日本が、陸戦兵器のように欧米の兵器体系をそのまま導入したのとは異なり、将来の航空戦を予想しながら航空兵器と運用思想を自らで生み出す必要があった事実を指摘する。ここに、戦略的な発想に基づく兵器開発の必要性が認識されるのである。本章では、陸軍航空の兵器研究方針の変遷と運用思想の発展を対比させつつ、その技術戦略の曖昧性と限界が論じられる。同時に、技術力や生産力に劣る国家の技術革新期における軍備のあり方に対して、本章は大きな示唆を与え得ると期待する。

第三部「今日のエア・パワー　一九四五～二〇〇〇年」では第二次世界大戦後から今日にいたるまでの期間のエア・パワーの発展とその有用性を検証した。第七章「米国とエア・パワー」（ベンジャミン・ランベス）は、今日、アメリカは世界のいかなる国家よりも「エア・パワー国家」としての性格を強めていると指摘する。その伝統、戦略文化、国家としての指向性や様式により、アメリカは有事の際には真っ先にエア・パワーに頼るようになった。実際、どのような状況下においても、同国の政治家が尋ねる質問はいつも、エア・パワーに何ができるかである。世界の空軍のなかでアメリカ空軍だけが、陸上や海上といった全方位への攻撃形態、大陸間長距離爆撃機とそれを支援するタンカーや空中給油機、グローバルな部隊展開を可能にする偵察や目標捕捉能力、そして全天候型精密攻撃能力などを有しているのである。

第八章「日本のエア・パワーを評価する――軍事上の問題点提起」(志方俊之)は、一九四五年の太平洋戦争での敗北とともに日本がそのエア・パワーの全てを失ったところから、今日にいたるまでの期間の日本のエア・パワーの発展を概観したものである。戦後日本の戦略は専守防衛、自衛隊の規模は小さく、活動範囲は領域とその周辺地域に限定されていたため、自衛隊が保有する機能は限定的なものに留まらざるを得なかった。その主要な任務は、陸上自衛隊が着上陸侵攻とゲリラへの対処、海上自衛隊が周辺海域の防衛とシーレーン(おおむね一〇〇〇海里以内)の安全確保、航空自衛隊が領域の防空と定められていた。そのため、日本のエア・パワーは、主要な航空機は航空自衛隊が統一して運用し、陸上自衛隊は連絡機と陸上作戦に必要なヘリコプター、海上自衛隊は対潜哨戒機とヘリコプターのみを保有することになったのである。その一方で、筆者は二〇〇四年に改定された「防衛計画の大綱」で示されたエア・パワーの整備が実現すれば、いくつかの問題点は残るものの、日本は現時点で考えられる脅威に対しておおむね対処できるとも述べている。

第四部「エア・パワーの将来　二〇〇〇年〜」では、将来における戦争の様相を見極めながらそのなかでエア・パワーが占め得る位置付けについて考察した。第九章「二一世紀におけるエア・パワーの役割」(ベンジャミン・ランベス)は、一九八〇年代中頃から起こり、湾岸戦争の「砂漠の嵐作戦」において明確になったエア・パワーの質的な変革の特性とその意義を考察することで、二一世紀に期待されるエア・パワーの役割とその限界をバランスよく指摘した論考である。本章では、今日におけるエア・パワーの概念が定義された後、近年エア・パワーが獲得した能力のなかでも、特に精密攻撃を通じて敵・味方の犠牲者を最小限に抑えながら敵軍を無力化する能力に焦点が当てられ、その意義について抑制の利いた議論が展開される。また、エア・パワーの限界については、戦争で勝利を収めるうえで、依然としてエア・パワーの運用のみでは十分でないことが強調される。今日、そして将来においても、エア・パワーとともに陸軍や海軍が保有する軍事力を包括的に運用することによって生み出される相乗効果こそ、勝利を獲得する鍵なのである。第一〇章「新しい戦争の時代におけるエア・パワーの役割」（マティティアフ・メイツェル）では、ある特定のタイプの戦争、すなわちゲリラ戦争とテロリズムにおけるエア・パワーの役割及び重要性が考察されている。第一一章「エア・パワーの役割をめぐる理論的考察」（金仁烈［キム・インヨル］）は、安全保障環境というものがカント的な協調社会ではなく、ホッブス的な闘争の場であるということを前提に、他の手段が失敗したときはいつでもパワーこそが最終的な手段となり、今日のエア・パワーの能力は信頼が置けると同時にすさまじい破壊力を具えていると主張する。今日のエア・パワーは、「パックス・エア・パワリーナ」という新しい言葉が作り出されるほど重要であると一般に認識されているのである。

第一二章「エア・パワーの将来と日本の国家戦略」（石津朋之）では、エア・パワーの発展の歴史をアメリカを中心に簡単に振り返った後、エア・パワーは決して「万能薬」ではなく、多くの問題点や限界を抱えていると指摘される。また、エア・パワーの有用性をめぐる問題の本質は、この能力をいかなる国家戦略の下で効果的に運用するかである事実も強調される。というのは、結局のところエア・パワーの有用性の有無とは、国家戦略というより高次の枠組みのなかで初めて評価され得るものであるからである。さらに本章では、今日及び将来の日本の国家戦略という観点から、エア・パワーが具えた特性をいかにして効果的に活用することが可能かについて、その方向性が提示されている。第一三章「組織が創造する知識としてのドクトリン」（荒木淳一）で筆者は、「組織が最善と信じる戦い方」であるドクトリンは、軍事組織としての価値基準を表すものであり、組織が蓄積してきた「知識」と捉えられると指摘する。そして本章は、このような視点に立ち、知識とは何かを哲学的に問い詰めてきた認識論（エピステモロジー）及び日本におけるエア・パワーの中核である航空自衛隊の発展経緯などからドクトリンを考察することにより、ドクトリン概念の理解を困難にしてきた要因を明らかにする試みである。

なお、本書は防衛庁防衛研究所主催の平成一七年度「戦争史研究国際フォーラム――エア・パワーと日本の安全保障」で発表された論文の加筆・修正版を中心に、新たに三本の書き下ろし論文を加えてまとめ直したものである。「戦争史研究国際フォーラム」とは、戦争史の学術的かつ学際的研究を目的とするとともに、歴史研究の立場から防衛庁・自衛隊の政策及び教育に資するため、平成一四年九月に第一回が開催されたものである。第一回フォーラムのテーマは「戦争指導――第二次世界大戦における日英を中心に」であり、ここで発表された論文は、すでに英語出版されている。また、第二回フォーラムの「日米戦略思想の系譜」で発表された論文も日本語で出版されており、この英語版もまた、近日中に出版される予定である。

今回、このようなエア・パワーに関するさらに踏み込んだ研究を、芙蓉書房出版代表取締役、平澤公裕氏のご厚意で一つのまとまった著書として出版させていただく運びとなった。こうした機会を与えて下さった平澤氏には、この場を借りて厚く御礼申し上げる。また、それぞれの論文を執筆・翻訳するにあたり、防衛研究所所長をはじめ、防衛庁・自衛隊の多くの先輩・同僚諸氏の協力を得ることができた。あわせて御礼申し上げる。なお、先にも触れたように本書は、石津朋之、立川京一、道下徳成、塚本勝也共編著『エア・パワー――その理論と実践』(芙蓉書房出版、二〇〇四年)に続く、エア・パワーの問題を扱った日本における最高水準の学術研究書を目指したものである。同書とあわせてご笑覧いただければ幸いである。最後になったが、本書を林吉永前防衛庁防衛研究所戦史部長に捧げたい。

執筆者を代表して
石津　朋之
ウィリアムソン・マーレー

21世紀のエア・パワー――日本の安全保障を考える●目次

第一部　二〇世紀の戦争とエア・パワー

第1章　日本の戦争とエア・パワー

――歴史的視点から考えた今日的インプリケーション

大村　平

はじめに——飛行機とエア・パワーの誕生

二〇世紀を通して、人類の歴史に大きなインパクトを与えた技術突破を挙げるなら、原子力の利用、高分子化合物(いわゆるプラスチックなど)の発明、抗生物質の発見、情報技術の躍進などが有力候補であるが、それらと並んで空中を飛行する技術を見落すわけにはいかないだろう。

人類は、かねてから鳥のように空を飛びたいという願望を抱き、大きなタコを使ったり、羽ばたき機を作ったりするなどの努力を積み重ねたあげくに、ついに、ライト兄弟が一九〇三年に一二馬力のエンジンを搭載した複葉機で初めての飛行に成功したことは周知のとおりである。このときの飛行距離は二六〇メートル、高さは三メートル、飛行時間は五九秒だったそうだ。

こうして飛行の可能性が実証されると、飛行機の研究は一挙に加速され、僅か六年後の一九〇九年には英仏海峡を飛び越えるまでに成長した。その後、国土が広大な米国で、郵便物の集配の手段として飛行機が実用されるなどを皮切りに、飛行する技術は人類の文明の一端を担ってきたと言ってよいだろう。

もちろん、役に立つものはなんでも利用するという体質を持つ軍部が、それに目を付けないわけがない。個々の国の記録は手元にないが、多くの国の軍部が飛行機の軍事利用に関心を抱いたことは、まちがいないものと考えられる。

日本では一九〇九年に、軍用気球研究会が飛行機の研究開発を始め、一九一〇年には日野熊蔵大尉がグラーデ式単葉機で、徳川好敏大尉がファルマン式複葉機で、それぞれ、七百メートルと三千メートルを飛んだという記録が残っている。それでも、当時、航空機が将来、戦争の帰趨を決定づける有力な武器になると予想した人は、どのくらいいたのだろうか。

一　パワーへの成長

一九一四年になると、第一次世界大戦が勃発した。当然、飛行機の活用も計られた。当初はもっぱら偵察と観測に使われたが、やがて、機関銃を積んで互いに空戦を交えたり、相手側の地上軍に対する攻撃や、都市への爆撃も試みられたりした。日本の陸軍機も、当時、ドイツの支配下にあった中国の青島を初めて夜間爆撃したという記録も残されている。こうして、飛行機の軍用上の有用性が徐々に立証されていった。

これらの成果を見ながら、日本の陸軍では一九一五年には航空大隊の編成に着手し、一九二五年までにファルマン機による六個大隊の編成を終了して、陸軍航空隊の陣容が整った。

一方、日本の海軍も陸軍と並行して飛行機の戦力化に努め、第一次世界大戦の頃には、「若宮」という船舶を母艦として、フロートを取り付けた四機のファルマン機を搭載し、青島攻撃に参加した。これが、日本海軍航空隊の初陣であり、約二ヶ月間に四九回も出撃し、偵察、弾着観測、機雷探索、爆撃などに活躍したと記録されているので、航空戦力の得意技を有効に発揮していたと言えるだろう。

同時に、航空戦力の重要さに対する認識も深まり、イギリス、フランスなどから先進技術を学び取り、航空戦力を充実させようとする気運も、いっそう高まっていった。その一つの象徴として、一九一八年には東京大学に航空工学科が発足した。この学科は、第二次世界大戦の敗北によって一九四五年に消滅し、日本の復興に合わせて一九五四年に復活するなど、日本の航空技術の動向を物語る象徴の一つとなっている。

二　エア・パワーの特質

世界列強の近代軍の沿革を見ると、まず陸軍が創られ、ついで海軍が生まれ、陸軍や海軍の中に航空部隊が芽生え、やがて、それが空軍として独立するというのが、ほぼ共通のパターンになってる。これは人類が、まず陸上に生存の場を求め、つぎには、海を渡って生存圏を拡げていくというのが自然の順序であり、続いて文明の進化につれて、空も利用しはじめたのであるから、当然の成りゆきであろう。

ただし、空軍が一つの軍種として独立した時期は、国によってさまざまであった。イギリスが一九一八年でもっとも早く、つづいて、一九三五年ごろまでには主要国の多くが空軍を独立させているのに対して、日本では、早くから論議はされながら、結局、実現しないまま一九四五年の敗戦によって、陸軍と海軍が、それぞれ所有していた航空部隊もろとも一挙に消滅してしまった。そのあげく、約九年のブランクの後に、ほぼいっせいに、陸・海・空の自衛隊として、それぞれ、米国の陸軍・海軍・空軍の強い影響力のもとに、スタートしたわけである。

こうして日本にも航空自衛隊という名の空軍が存在するのであるが、この武力はどのように使われるのだろうか。

空を利用した武力の戦いを、日本では便宜的に防空戦闘（Defense Air Combat）と支援戦闘（Support Air Combat）に分けて説明することがある。前者は、我が方を攻撃する意図をもって上空から進入してくる敵機を撃退もしくは撃墜するための戦いであり、後者は、地上あるいは海上で戦っている友軍を支援するための戦いである。したがって、一般的に言えば、要撃を任務とする戦闘機は上昇力にすぐれ、地上からの誘導を受けながら接敵し、一発必中のミサイルなどによる攻撃を成功させなければならない。

これに対して支援戦闘を任務とする戦闘機は、地上あるいは海上で戦っている友軍と緊密に連絡を取り合いながら、決して味方を誤爆することなく、正確に、場合によっては、繰り返し、地上あるいは海上の敵を攻撃することが必要になる。このため、支援戦闘を任務とする戦闘機は、低空性能が良く、多数の爆弾やミサイルなどを搭載できることが望まれるので、ミニ爆撃機のような性格を備えるのがふつうである。日本の場合には、いろいろな経緯のために、必ずしも、そうなっていないし、さらに、世界の先進国における戦闘機開発などの状況を見ても、そのような分類が絶対的であるとも思えない。

いずれにしても、かつては、戦闘の補助手段として登場した航空戦力が、昨今では、戦争の帰趨を決定する能力を持ちはじめていることに注目する必要がありそうだ。第二次世界大戦で日本が無条件降服をするに至った経緯を見ても、日本の一般国民や経済活動の拠点を爆撃によって徹底的に破壊したあげくに、最後のダメ押しは、広島と長崎に投下された一発ずつの原子爆弾であり、それを運んできたのは、たった一機ずつのB-29であったことが、それを物語っている。

ただし、飛行機には数々の弱点や欠点があることも承知しておく必要がある。なにしろ、空に浮かばなければ仕事にならないのに、空に浮かべば丸見えで標的になりやすく、低空で進入しても、金属で作られている部分が多いのでレーダーに発見されやすいし、ミサイルなどを被弾すると簡単に墜落してしまうほか、燃料切れが命取りになるし、離着陸には長い滑走路を必要とするなど、多くの弱点があり、これらを解消するための研究が進められてはいるものの、一朝一夕に解決できるとは思えない。したがって、エア・パワーの長所を十分に発揮させるとともに、短所をカバーする知恵と努力が、今後とも作戦運用の要訣でありつづけるだろう。

なお、陸上や海上の戦いについては、すでに半ば死文化しているとはいえ、不必要な苦痛を与える毒ガスやダムダム弾の禁止とか、降服した敵艦の乗組員は助命しなければならないとかの、国際的な戦争法規がある。

これに対して、空戦については、慣習法も成文法もない。歴史が浅く、変化も激しいので、国際的な法規を検討する段階にはないのかもしれない。強いて言えば、一九二三年に定められた空戦法規案に準拠するほかないだろう。

それによると、軍隊や軍事目的物以外を攻撃してはならない等と決められている。しかし、第二次世界大戦などを経て、戦争技術が革命的に変化するとともに核兵器なども出現し、戦争が軍隊だけのものではなくなった現在となっては、すでに、死文化していると考えざるを得ないだろう。

三　エア・パワーと国力

エア・パワーの第一の目的が国の防衛にあることは論を待たないが、エア・パワーの建設と維持が副次的に国力の増強に貢献することも、決して少なくない。

その一つは、空の安全の確保である。日本で飛行機による定期旅客輸送（民間航空）が本格的にはじまったのは第一次世界大戦が終了した翌年の一九一九年であるが、いまでは、このような定期便をはじめ、多数の航空機が空を往来している。そして、これらの航空機のほとんどは、無法な攻撃に対する自衛の手段を持っていない。つまり、丸腰なのである。それが許されているのは、日本のエア・パワーが無法な攻撃を抑止する実力を持っているからだろう。つまり、エア・パワーの存在が空の治安維持に結果的に貢献しているわけである。

これは、平和な日本ではあまり実感を伴わないが、飛行機による自爆テロにこりた米国が、不審機を見つけるたびに武装した戦闘機を迎撃に向かわせていることも参考にする必要があるだろう。

つぎは、日本が自前で航空機製造業を持つことのメリットについてである。飛行機の設計と製造には、従来の乗り物の場合より格段に高い知恵と工夫を要する。二、三の例を挙げよう。

一九五二年にさっそうと登場したコメット機はジェット機による大量輸送時代の幕をあけただが、なんと翌年には、突然、空中分解を起して乗員の全員が死亡。さらに、その翌年にも二回の空中分解が相つぎ、「コメットの悲劇」として全世界を驚かせた。この事故の原因究明は困難を極めたが、ついに与圧と減圧の繰り返しによる胴体の疲労破壊であることが判明し、爾後の飛行機設計に反映されるようになった。

このような多くのノウハウが、日本では、航空機製造業を介して、自動車産業など多くのメーカーやユーザーに広まり、日本の技術水準を向上させてきたことは周知のとおりである。

このほかにも、ジェット戦闘機用に開発されたブレーキの知識が新幹線のブレーキに活用されたり、飛行機の風防の製作技術が自動車の窓に応用されたりするなど、飛行機製造や管理の技術が、他の産業に対して先導的な役回りを果たしている例は枚挙にいとまがない。

おわりに

こういう実情であるから、エア・パワーについて考察し、思索するときには、その波及効果が産業や科学技術を通じて、ごく身近にまで及んでいることにも留意したいものである。

最後に、「戦闘機を独自に開発できることは一流国の証しである」という感覚を抱いている人たちが少なくないことも付言しておきたいと考える。

第2章　エア・パワーの最初の世紀と技術、文化、その軍事的有用性

フィリップ・セイビン

立川　京一監訳

はじめに

一九一一年（ライト兄弟による初飛行からわずか八年後）から翌年にかけてイタリアがリビアで空気より重い機械を初めて戦争で使用してから一〇〇年が経とうとしている。この一世紀の間、特に最も激しく長期的で多様な面を見せたエア・パワーの戦いであった二度の世界大戦の期間を通じて、われわれは急速に進化する戦争形態に関する膨大な経験を積んできた。しかし、このエア・パワーにまつわる経験が世界各国で共有されているにもかかわらず、論者たちが英米両国の状況に焦点を集中させる傾向が明らかに強くなっている。ジョン・マローとリチャード・オブリーによる両世界大戦における航空戦に関するバランスの取れた、優れた研究を除き、多くの論者は英米の経験にかなり重きを置いている。そして、その他の研究の大半は、他のどの戦争参加国よりも英米の敵であったドイツに焦点を狭く絞り込んでいる。[1]同様に、一九四五年以降、航空戦はオーストラランアを除いて各大陸とも散発的に見られたが、研究は冷戦期の対立と海外派遣部隊による航空戦についての英米の経験に関するものが圧倒的である。[2]この傾向はこの一世紀の間に提示されたエア・パワーの理論ではさらに顕著で、英米人（イタリア人のジウリオ・ドゥーエを除いて）によるものがほとんどである。[3]

筆者はかねてからエア・パワーに関する世界各国の経験についてよりバランスよく観察することを奨励してきたが、筆者が英国幕僚養成大学の空軍の学生のために開発した訓練が約一〇年経過した現在でも人気があり、学生が容易に陥ってしまう圧倒的なエア・パワーの驚異に対する狭量で自画自賛的な見方よりも、「敗者の観点」に照準を合わせるよう助長していることに特に満足している。[4]したがって、前世紀の日本のエア・パワーにまつわる経験に新たな光を投じて照らし出すことにより英米偏重をさらに正すことになるであろう本書への寄稿を依頼されたときは嬉しく思った。筆者の必然的な英国中心的な偏向を克服するために筆者自身ができることを行うことによって本書のお膳立てを整え、過去一〇〇年間の進展に関連した軍事上のエア・パワーの世界各国の経験の基調をなすいくつかの力学を概観し、そしてできればフランス、ドイツ、イタリア、ソ連、日本、中国、中東及び南アジア諸国など、その他の国々に焦点を合わせることは有意義ではないか。

一　エア・パワーの構成要素とその相互関係

まず、エア・パワーの歴史における三つの主要な要素の相互関係のようなものについて検討したい。最初は当然ながら「技術」についてであるが、これはエア・パワーが元来、本質的に技術的な取り組みであり、さらに近代的な航空戦を九〇年前の木と布でつくられた複葉機同士の原始的な決闘の面影が消えてしまうほどに変容させたのは航空・宇宙の分野における技術進歩の信じ難い速さであったからである。第二の要素は「文化」であるが、これは「ハイテク」装備にもかかわらず、航空戦はいまだに人間社会の人間社会に対する行為であり、この人間社会の多様な文化的特徴は常に、戦争に必然的に伴う究極的な精神的・肉体的チャレンジにより特に明確に浮き彫りにされてきた（ジョン・キーガンやマーティン・ファン・クレフェルトなどの論者が、異論もあるが刺激的な戦争史の概説で実にうまく

（1）John Morrow, *The Great War in the Air* (Washington DC : Smithsonian Institution, 1993) 及び Richard Overy, *The Air War, 1939–1945* (London : Europe, 1980) を参照。
（2）よりバランスの取れた見方に関しては、Victor Flintham, *Air Wars and Aircraft* (London : Arms & Armour, 1989) を参照。
（3）Phillip Meilinger (ed.), *The Paths of Heaven* (Maxwell AL : Air University Press, 1997) を参照。
（4）拙稿 "Air Strategy and the Underdog", in Peter Gray (ed.), *Air Power 21* (London : The Stationery Office, 2000) を参照。

説明している)[5]。第三の要素は「軍事的有用性」で、これは、アラン・ミレットとウィリアムソン・マーレーが編集した三巻からなる世界大戦期に関する決定版的な研究書が刊行されたことによって今後も同書と切り離せない概念となった。両編者は軍事的有用性を、「軍隊が資源を戦力に変換するプロセスである」[6]と同書で定義している。本稿で、軍事的有用性の多様な側面を網羅する二四もの設問を骨子とする彼らの分析の深さと精妙さなどに迫ることは望むべくもないが、資源の適用における「効率性」への彼らの包括的な焦点と、戦術及び作戦から戦略及び政治までにわたる問題の複合的側面に対する彼らの強調を念頭に置くように努めるつもりである。

この短い論稿で、各国が過去、いかに効果的にエア・パワーを運用し得たのか、また、敵によるエア・パワーの運用にいかに効果的に対抗し得たのかに関連する最も重要な要因を特定しようと考えている。そして最後に、特に今日の非対称戦争時代におけるエア・パワーと戦略文化の広範な関係についての筆者自身の考察のインプリケーションを検討する。

二　エア・パワーの有用性の決定要因

航空作戦は近代戦における他の作戦同様、非常に複雑で多角的側面を持つ営みで、緒戦での戦術・作戦上の成功は決して最終的な勝利を保証するものではない(第二次世界大戦における枢軸国がその例)。しかし、過去においてエア・パワーがいかに効果的に運用され、敵のエア・パワーに抵抗し得たかに共通して関連するいくつかの基本的な決定要因を特定することは可能であろう。

まずは当然のことながら「技術」である。エア・パワーの歴史には、特定の装備が継続中の航空作戦に大きな違いをもたらした事例が多い。例えば、第一次世界大戦でのフォカー戦闘機とアルバトロス戦闘機、第二次世界大戦での大航続力を有する零式艦上戦闘機とムスタング戦闘機、ベトナム戦争での「スマート」爆弾、第四次中東戦争での地対空ミサイル、フォークランド紛争でのエグゾセ・ミサイルとサイドワインダー空対空ミサイル、アフガニスタンでのブローパイプとスティンガー・ミサイルなどである。このことは、最新鋭の武器を装備した側が常に勝利を収めることを意味しない。一九四四年から翌年にかけてドイツが使用したV-2やMe262は形勢を逆転させることができず、また、米国はその無敵の技術的優位性にもかかわらず、ベトナム、レバノン、ソマリアで屈辱を味わった。しかし、総合的に見劣りする技術で装備された軍隊が通常の戦闘で主導権を握ることは非常に難しい。このことは一九三九年から翌年にかけてのフランス空軍と一九四〇年から一九四二年にかけての旧式複葉戦闘機と三発爆撃機を装備したイタリア空軍の苦難が証明している。[7] それから数十年が経ち、エレクトロニクス技術の優位性が、物理的なハードウェアの性能と比例してますます重要になってきているが、その理由は技術的に劣勢な側のシステムは、その極めて重要な誘導システムが妨害されるだけではなく、敵の抗放射線性兵器のホーミング・ビーコンの役目を果たすからである。したがって、一九八二年のシリアと一九九一年のイラクの地対空ミサイルは、旧式の対空砲より性能が悪く、惨めにも能力不足であることが知られた。[8]

有用性に関する二つ目の決定要因は「戦術的熟練度」である。空中戦ではパイロットの技術が常に最重要であり、ほんの一握りの「撃墜王たち」による頭抜けた「殺傷」率の高さが証明している。[9] ドイツと日本は「ビッグ・ウィー

（５）John Keegan, *A History of Warfare* (London : Hutchinson, 1993) 及びMartin van Creveld, *On Future War* (London : Brassey's, 1991) を参照。
（６）Allan Millett & Williamson Murray (eds.), *Military Effectiveness*, 3 vols. (London : Allen & Unwin, 1988) を参照。この引用は、vol. I, p. 2から。
（７）Millett & Murray, vol. II, chs. 2 & 6, & vol. III, ch. 4を参照。
（８）James Crabtree, *On Air Defense* (London : Praeger, 1994) を参照。
（９）Mike Spick, *The Ace Factor* (Shrewsbury : Airlife, 1988) を参照。

ク」や「マリアナ七面鳥撃ち」のような戦闘で損失の増大とパイロットの質の低下の悪循環に悩まされ、朝鮮戦争では「ミグ横丁」で高性能のミグ15が自らの区域で被ったほぼ一〇対一という不均衡な割合の損失の大半をパイロットの技術格差で説明できる。[10] 米国の搭乗員が空戦訓練を怠ったためにこの優位性をベトナムで失い、「トップガン」などのプログラムでそれを回復するまでの話は、非常によく知られており繰り返す必要がないほどである。[11] 戦術的熟練度は、地上要員や主要な指揮官にとっても極めて重要で、一九四三年の「ウィンドウ」の出現以後の「野生猪」戦術や「飼育猪」戦術への転換を通じてドイツ夜間戦闘機の有用性が回復したことや、ソ連人顧問の存在と現地人の能力向上などによる一九六九年から一九七三年にかけてのエジプトの防空能力の向上などがこれを証明している。[12] ベンジャミン・ランベスによれば、昨今の米国のエア・パワーの圧倒的な優位性をもってしても、一九九九年のコソヴォ紛争でセルビア側が実証したように、練度の高い防空手段で対処することが可能なのである。[13]

第三の要因は「計画と情報力」である。一九四〇年の英国の戦いは、レーダー・偵察要員・指揮統制の総合ネットワークに基づく周到に準備された英国の防衛態勢と、英国空軍の底力と気質に関してほぼ完全に無知で、異なる攻撃目標の間で振り回された情報不足のドイツの攻撃との非常に際立った対比がなかったら、かなり違った方向へ進んでいただろう。[14] 一九四一年の日本の真珠湾攻撃と翌年のミッドウェー海戦のまったく異なる結果は、前者ではその大半を米国の情報力の不足、後者では、暗号解読によって敵に怪しまれることなく待ち伏せに成功した十分な情報力に帰することができる。[15] イスラエルが一九七三年のアラブ側の奇襲攻撃により、イスラエルが綿密な計画と徹底した準備で攻撃的対航空作戦を展開した一九六七年と一九八二年のときよりもはるかに追い詰められたのは決して偶然ではない。[16]

第四の有用性の決定要因は「損失を許容する意思と能力」である。ランチェスターの空中戦に関する有名な理論に反して、空中戦に参加する第一線搭乗員の数は、戦闘結果にそれほど影響を及ぼさないようである（その理由の一つに、兵員の数で圧倒されている側は、選択できる敵の目標物がより多く、誤認の可能性がある自軍の兵員がより少ないことがある[17]。

したがって、ドイツの航空部隊は一九一八年末頃まで、搭乗員数では三対一と英仏に圧倒されていたが、反対に撃墜率ではほぼ同じ比率で英仏を凌駕していた[18]。本当に重要なのは、被った損失に耐え、その損失を埋め合わせる能力である。歴史を振り返っても、大成功を収めた航空作戦でも勝利にはかなりの犠牲が伴っている。ドイツ空軍は、一九四〇年のフランスと低地帯（訳注――現在のオランダ、ベルギー、ルクセンブルグ）への進攻作戦で第一線の五一〇〇機の内、約一五〇〇機を失い（そのため後の英国の戦いの際に戦力が低下していた。）、イスラエル空軍は、エア・パワーの「古今通じて最も素晴らしい勝利」と書き立てられた一九六七年の第三次中東戦争でさえ、三〇〇機にも満たない同軍のジェット機の内の五〇機までもを、繰り返し実施された低空攻撃で失った[19]。仮に搭乗員の決意不足、もしくは航空機を輸入に頼っているために損失を埋め合わせられなかったことが、このようなリスク負担を耐えられな

（10）Benjamin Cooling (ed.), *Case Studies in the Achievement of Air Superiority* (Washington DC : Center for Air Force History, 1994) を参照。
（11）Marshall Michel, *Clashes* (Annapolis : Naval Institute Press, 1997) は優れて詳細な分析を行っている。
（12）Gebhard Aders, *History of the Germany Night Fighter Force, 1917–1945* (London : Jane's, 1979) 及び Chaim Herzog, *The Arab–Israeli Wars* (London : Arms & Armour, 1982) を参照。
（13）Benjamin Lambeth, *NATO's Air War for Kosovo* (Santa Monica, CA : RAND, 2001) を参照。
（14）Stephen Bungay, *The Most Dangerous Enemy* (London : Aurum, 2000) の分析は鋭い。
（15）Gordon Prange, *At Dawn We Slept* (New York : McGraw Hill, 1981) 及び *Miracle at Midway* (New York : McGraw Hill, 1982) を参照。
（16）Herzog を参照。
（17）Frederick Lanchester, *Aircraft in Warfare* (London : Constable, 1916), chs. 5–6.
（18）Morrow, pp.302–303 を特に参照。
（19）Robert Jackson, *Air War over France, 1939–1940* (London : Ian Allan, 1974), pp. 135–136; Kenneth Werrell, *Archie, Flak, AAA and SAM* (Maxwell AL : Air University Press, 1988), pp. 137–138 及び John Kreis, *Air Warfare and Air Base Air Defense* (Washington DC : Office of Air Force History, 1988), ch. 9 を参照。

いものにするならば、一国のエア・パワーの有用性は極めて怪しくなる（イラン・イラク戦争及び湾岸戦争でのイラク空軍がその例）[20]。逆に言うと、パイロットと指揮官がこのリスク負担を進んで受け入れるとすると、技術的にも戦術的にも大きく水をあけられた空軍でも、敵にかなりのダメージを加えることができる（性能の悪い信管が装着された爆弾により、アルゼンチン空軍が同軍の九七機のジェット戦闘機の内、撃墜された三二機に見合う以上の戦果を挙げることを阻まれたフォークランド紛争がその例）[21]。

極端なケースではあるが、日本の神風特別攻撃隊や二〇〇一年九月十一日の「爆撃機」が行ったような自爆攻撃では、航空機が妨害電波などの「ソフト」な対抗手段に影響されない誘導兵器と化した。これは明らかに絶望的かつ決死的な手段であるが、戦闘の初期段階で敵に甚大な被害をもたらすと同時に、敵を驚かせ、狼狽させる（沖縄戦がその例）[22]。一九一四年九月のロシアの記録上最初の空対空戦闘での勝利は、決死的な体当たり攻撃という形をとっており、大祖国戦争ではこうした「空中体当り」戦術が、通常の空中戦におけるソ連空軍の低熟練度を補う手段としてごく普通に使用された[23]。

これと正反対の極端なケースは、近年、米国主導の多国籍航空部隊によりボスニア、コソヴォ、アフガニスタン、イラクなどで実証されたほとんど犠牲者を出さずに攻撃を実施する能力が、たった一人の空中戦での犠牲者に対するメディア主導の過敏症で相殺されたケースで、一九九五年のスコット・オグレディの撃墜とその後の救出劇がその例である[24]。最後に、航空作戦での損失に耐える意思と能力という決定要因は、搭乗員のみならず地上部隊にも、少なくとも同じ程度に当てはまることを認識することが極めて重要である。枢軸国の軍隊は敗戦までの数年間、空からの攻撃に耐え、北朝鮮、中国、北ベトナムの軍隊は、米国のエア・パワーに対する長期にわたる果敢な抵抗戦で甚大な被害に耐えた。反対に、一九一八年のトルコ軍と一九六七年のアラブ側の軍隊は、広大な砂漠で航空攻撃に曝されてパニック状態に陥り、たちまち敗北した[25]。

エア・パワーの有用性を大きく左右する五番目の要因は「諸職種連合部隊統合」である。エア・パワーがあまりに独立して統合作戦から距離を置き過ぎたり、また、地上部隊に従属し過ぎて重大な局面で集中的な力を発揮できなくなったりすると不利になるので、これは難しい綱渡りである[26]。こうしたリスクはかならずしも相互に排他的ではなく、イタリアとフランスの空軍は第二次世界大戦であえてお互いの最悪部分である程度苦労するようにした[27]。ドイツ空軍は、国防軍とはとてもうまく協力した結果、電撃戦によって初期段階での輝かしい勝利を得たが、海軍との連携は悪く、同空軍の中型爆撃機は虻蜂取らずになった（つまり、英軍や米軍の戦略爆撃には能力的に及ばず、戦争の形勢が変わって以降、第三帝国を敵の空襲から守ることもできなかった）。ソビエト空軍は常に赤軍の付属物と見なされたが、ドイツ空軍が西方で連合国と戦うために撤退したため、ほとんど不戦勝で航空優勢を獲得し、統合作戦にさらに貢献することができた。太平洋では、日本のエア・パワーが陸軍と海軍に分かれていたことは明らかな問題であった。この問題に関しては後章で詳しく検討される[28]。一九四五年以降、不安定な政軍関係のからみによる地域航空部隊の政治問題化が、諸職種連合部隊統合の適切なレベルの達成にとり、さらに大きな制約となってきた（一九八二年のアルゼンチン軍が、敵である英軍と異なり統合作戦に失敗したことは、この観点から容易に理解できる）[29]。

(20) Tom Cooper & Farzad Bishop, *Iran–Iraq War in the Air* (Atglen, PA : Schiffer, 2000) を参照。
(21) Jeffrey Ethell & Alfred Price, *Air War South Atlantic* (London : Sidgwick & Jackson, 1983) を参照。
(22) Raymond Lamont–Brown, *Kamikaze* (London : Arms & Armour, 1997) を参照。
(23) Peter Kilduff, *Germany's First Air Force*, 1914–1918 (London : Arms & Armour, 1991), p. 55 及び Von Hardesty, *Red Phoenix* (London : Arms & Armour, 1982) を参照。
(24) Scott O'Grady, *Return with Honor* (New York : Doubleday, 1995) を参照。
(25) これらの問題に関するさらに詳しい検討は、先に挙げた拙稿を参照。
(26) Stuart Peach (ed.), *Perspectives on Air Power* (London : The Stationery Office, 1998) の筆者が担当した章 "Air Power in Joint Warfare" を参照。
(27) Millett & Murray, vol. II, chs. 2 & 6, & vol. III, ch. 4 を参照。
(28) Overy を参照。
(29) Ethell & Price を参照。

六番目の有用性の決定要因は「産業の支援」である。ポール・ケネディは軍の運命に最も大きな影響を及ぼしてきたのは国の経済力であると述べているが、これは、二度の世界大戦における航空戦が交戦国相互の消耗戦であったことを考えると、非常に説得力のある見方である。(30) リチャード・オブリーが、第二次世界大戦での連合国の勝利は、資源において優っていた点で枢軸国を圧倒しただけではなく、勇気、戦技及び適切な技術と戦略も不可欠であったと指摘したのは正しいが、イタリアのような国は、産業力で劣る点を考慮すると、最初から圧倒されていたという結論を排除し難い。(31) 航空作戦の継続に必要な産業の支援を巨視的に捉えることも極めて重要である。例えば、ドイツは二度の世界大戦中、そして日本は一九四一年から一九四五年までの間、終戦の頃までには実際に航空機を増産していたが、両国のアキレス腱は、航空部隊による搭乗員の訓練や効果的な作戦の実施に必要不可欠な原料（特に石油）の深刻化する不足であった。(32) もっとも、比較的最近の戦争では、戦争の短期化と損失の不均衡の拡大が重なり、産業の支援の重要性が低下し、それによりイスラエル、韓国、台湾などの小国が仮想敵国に対して技術的・戦術的優位を維持することにより、それぞれの地域で航空優勢を確保している（もちろん、米国との緊密な協力関係に多くを負っている）。(33)

最後に、七番目の主要な要因は「社会の決意」である。欧米のエア・パワーによる猛攻に耐えなければならなかったのは枢軸国、北朝鮮、北ベトナムの軍隊だけではなく、一般市民も、軍以上ではないにしても、同様な被害に直面しなければならなかった。同じようなことが枢軸国の爆撃による多数の犠牲者、ソ連もしくはロシアの空爆に曝されたアフガニスタンやチェチェンの人々にも当てはまる。一般市民は「耐える」ことができる（政府の政策を変えようとしても何もできなかった。）という意見をよく耳にするが、現実は必ずしもそれほど明快ではない。(34) ワルシャワ、ロッテルダム、広島に対する爆撃は、（その国の軍隊の明らかな崩壊と平行して）降伏を促す上で少なくともある一定の役割を果たしたように思われ、イラン・イラク戦争の「都市戦争」の間、サダム・フセインのような圧制者でもイラクの人口集中地域が爆撃を受けたときは戦闘規模を縮小する傾向があった。(35) 多少逆説的に言えば、問題となるのは「優勢な」エア・パワーを持つ国の戦争継続の決意である。これは通常、味方の地上部隊の「無意味な」損失に対する懸念と地域住民が被った被害に対するある程度の罪悪感の組み合わせによる。したがって、一般市民や政治家の留保は、英国空軍による両大戦間期の「空中警察活動」、そして後のベトナムとソマリアへの米国の関与、レバノンへのイスラエルの介入、さらにアフガニスタンにおけるソ連の窮地にとって無視しえない制約となった。[36]当該国の国家中枢が直接的な攻撃に曝されると、実際、第一次チェチェン紛争に続いて連続して発生したテロリストの暴挙の後のロシアや二〇〇一年九月十一日以降の米国で見られたように、軍事介入に対する社会の留保は強まるのではなく、逆に弱まる傾向にあった。[37]

当然のことながら、共通して見られるこれら七つの基本的な要因だけがエア・パワーの有用性を決定するのではなく、地理や問題となっている政治目的の性質など特定の状況が影響することもある。しかしながら、これらの七つの要因は、過去一世紀の航空作戦において様々な結果がもたらされた理由の多くを網羅しているように思われる。最後に結論として、戦略文化と非通常・非対称戦争への今日的な関心に対するインプリケーションについて考察する。

(30) Paul Kenney, *The Rise and Fall of the Great Powers* (New York : Random House, 1988) を参照。
(31) Richard Overy, *Why the Allies Won* (London : Jonathan Cape, 1995) を参照。
(32) Morrow 及び Overy (1980) を参照。
(33) Andrew Lambert & Arthur Williamson (eds.), *The Dynamics of Air Power* (Bracknell : RAF Staff College, 1996) の筆者担当の章 "The Counter-Air Contest" を参照。
(34) Robert Pape, *Bombing to Win* (Ithaca : Cornell University Press, 1996) を参照。
(35) Efraim Karsh と筆者の共同論文 "Escalation in the Iran-Iraq War", *Survival*, May/June 1989 を参照。
(36) Philip Towle, *Pilots and Rebels* (London : Brassey's, 1989) を参照。
(37) Anne Aldis (ed.), *The Second Chechen War*, The Occasional, 40 (Strategic & Combat Studies Institute, 2000) を参照。

おわりに

過去一世紀の様々な航空作戦での勝者は自由民主主義国家で、独裁主義国家や全体主義国家は敗者の側にいる傾向が見られることは特筆すべきである。したがって、米国は両世界大戦及び冷戦から世界で最も有力な超大国として出現し、イスラエルは、より大きな近隣アラブ諸国に対する一連の勝利の後、中東地域において通常戦力での優位を獲得した。両国のケースとも、エア・パワーは間違いなく両国の軍事力の主要な要素である。これは単なる偶然なのか、それともエア・パワーは民主主義国家に特有の力で、全体主義の政権が効果的に運用するには本質的により困難であるということを示唆しているのか。この問題を、先に提示した七つの要因との関連から考察する。

確かに民主主義国家は、技術力の面で立ち遅れてはいないが、両世界大戦におけるドイツ指導層のなしたことに鑑みると、生得的に優位性が備わっているとは論じ難い。しかし、一九四五年以降の様々な代理戦争でのソ連製の武器に対する西側の優位は、急速に発展する民間部門の技術革新との相乗効果のみならず、より開かれた社会の恩恵に浴していると思われる。[38] 戦術的熟練度に関しては、権威主義国家のドイツは一九一四年から一九四五年までの間、少なくとも同レベルにあったが、他の敵国は（特に訓練の面で）かなり非効率的な傾向が見られた。例えば、「ミグ横丁」で戦闘経験を得るために新米パイロット集団を順番に投入した共産主義的輪番制は、本稿ですでに述べた不均衡な損失率の理由の一つである。[39] また、スターリンやサダム・フセインなどの剣呑な独裁者による粛清も軍事的効率性に良い結果をもたらさなかった。情報も、民主主義国家がその開放性にもかかわらず全体主義国家に対して優位性を有する傾向が見られる分野で、これは第二次世界大戦の「ウルトラ」や「マジック」といった暗号解読に与った恩恵が示している。[40] しかし、情報収集活動（及び民主主義国家の優れた航空偵察能力）は、民主主義国家が政治的に実行困難と考えていた一連の奇襲攻撃（真珠湾攻撃、アルデンヌ攻勢、一九五〇年の朝鮮半島での二つの共産主義国による攻撃、テト攻勢、第四次中東戦争、フォークランド紛争、イラクによるクウェート侵攻、そして九・一一米国同時多発テロなど）から民主主義国家を守らなかった。

確かに、民主主義国家の損失を許容する意思と能力は、国策や国家の存続などのより高次元の目標を追求するためには、かなり多くの一般市民を犠牲にすることをいとわないソ連、軍国主義時代の日本、北朝鮮、中国及び北ベトナムなどの権威主義国家の意思と能力には及ばなかった。しかし、英米両国は、「血の四月」、シュヴァインフルト空襲、そしてベルリン攻防戦といったトラウマにもかかわらず[41]、二度の世界大戦での消耗戦を勝ち抜くために必要と思われた航空攻撃を長期にわたって遂行するために常に血を流し、資材を投じることを厭わなかった。諸職種連合部隊統合は、軍種間の対立と明らかな機能不全を目の当たりにすると、民主主義国家であろうとなかろうとつかまえどころがなく、その維持も困難であったように思われるが、少なくとも軍に対する文民統制の伝統が、非民主主義国家の多くに見られるような政治問題化の最悪の弊害が民主主義国家に生じることを防いでくれたという点で成功であった。

民主主義国家が得られる産業の支援は、当然のことながら国により程度が異なる。フランスと欧州大陸の小民主主義国家は、ドイツや世界大戦期と冷戦時代のソ連などのより大規模な産業力を有する国に対しては援助を受けずに競争することは不可能であった。他方、英国はその相対的に強力な産業基盤と地球大に広がる大英帝国及び英連邦からの恩恵に与り、米国はエア・パワー時代を通じて圧倒的に優勢な産業力を維持した。両国はさらに、石油などの原料

（38）Tony Mason, *The Aerospace Revolution* (London : Brassey's, 1998) を参照。
（39）Robert Futrell, *The United States Air Force in Korea*, revised edn. (Washington DC : Office of Air Force History, 1983) を参照。
（40）Ralph Bennett, *Behind the Battle* (London : Pimlico, 1999) を参照。
（41）Norman Franks, Russell Guest & Frank Bailey, *Bloody April... Black September* (London : Grub Street, 1995); Thomas Coffey, *Decision over Schweinfurt* (New York : David McCay, 1977) 及び Martin Middlebrook, *The Berlin Raids* (London : Penguin, 1988) を参照。

へのアクセス面で枢軸国と比べてはるかに有利な立場に立っていた。最後に社会の決意に話しを移すと、一九四〇年のフランスの決意は明らかに不安定で、英米両国は、緒戦でショックを受けた後に妥協するであろうという日独両国の期待を挫いたが、英米両国の決意が、ますます望みが薄くなる状況で猛烈な抵抗を示した権威主義の敵国よりも固かったという証拠はない。民主主義国家は本質的に、ベトナムやイラクの場合のような海外派遣部隊による作戦をめぐって内部に亀裂が生じやすいが、その影響を過大視するべきではない。NATOが形成した連合軍は、スレブレニツァで味わったような屈辱にもかかわらず（そして一部にはこの屈辱のゆえに）、ボスニアとコソヴォの状況の責任を引き受け、これらの国々の独裁者を服従させるためにエア・パワーを運用するという集団的決意を最終的に固めた。

これらが意味することは、民主主義国家は、エア・パワーの効果的な運用という面で権威主義国家に対して多少有利な立場にあったかもしれないが、この差はそれぞれの政治体制の特徴と同じく偶然の産物である。民主主義は一九四〇年のドイツ空軍の攻撃によるフランス空軍の屈辱的な敗北を防げなかったし、米国のエア・パワーが北ベトナムやソマリアを敗北させるのに役に立ったわけではない。民主主義国家が航空戦で本質的な優位性を有すると信じるのは気休めにはなるであろうが、過去一世紀の歴史を振り返ると、非民主主義的な政治体制や宗教を信奉する者たちがしばしば発揮する能力や意欲に直面するとき、それは当てにならない物に頼るようなものである。

結論として、現在の戦略的状況について、ハッとさせるような考えを最後に披瀝する。過去一世紀におけるエア・パワーの運用で高い効率性と有用性を示す最も傑出した例は、一九六七年のイスラエルの対航空作戦や一九九一年の多国籍軍による圧倒的な壊滅力を有する精密攻撃、あるいは他のいかなる「通常兵器による」作戦ではなく、二〇〇一年九月十一日のアルカイダによる残虐行為である。仮にこの事件の大量殺人と「合法的な」政治的動機の欠如を別にするとしても、この作戦は相手の油断と脆弱性を技術的に巧みに突くことによって、小集団が限定的な資源を用いて敵のシステムの中枢を圧倒的な破壊力で攻撃することを可能にした。これは正しく、ドゥーエ、そしてそれ以前から航空関係者が夢見てきたことである。この事件での死者は、かつてのハンブルグ、ドレスデン、東京などのエア・パワーの「スペクタクル」に比べれば少ないが、政治的インパクトは世界中のマスコミ報道の拡大効果によって、はるかに大きくなった。このインパクトがアルカイダを掃討するための協力を促したことから逆効果になったと言うこともできるが、「真珠湾」型の攻撃が逆の政治的結末をもたらしたのは決して初めてではなく、この事件は必ずしもアルカイダ側が行ったわけではない戦略的計算の合理的な形態なのであろう。また、これほど文化の多様性を無視し、われわれが偏狭な視野に溺れてエア・パワーを技術「神聖視」することがいかに危険であるかをはっきりと例証した事件はない。

第3章　エア・パワー——その信仰の落とし穴(1)

林　吉永

はじめに

本論では、「エア・パワー」概念の共通化を図ってはいない。この態度は、「RMA[2](Revolution in Military Affairs)」についてウィリアムソン・マーレーが「ペンタゴンのRMAを国防予算取りの道具として弄び、歴史的な視点を無視しRMAの本質を顧みない態度[3]」を批判、危惧していることに学んだ。いくつかの自由な発想によって仮に異なるイメージが生まれても、それぞれは必ずや連関して広くエア・パワーの発展性と有用性を示唆するに違いない。

エア・パワーをとり上げる理由の第一は、ライト兄弟が航空機の初飛行に成功してから約一〇〇年が経過したことである。一世紀の経過が進化を振り返る節目として、より適当であるし意義を有する。

エア・パワーは、戦場の支配を空中から可能として国境線防衛の意味を無くした。この現象によって、ハルフォード・マッキンダーやカール・ハウスホーファーが説いた大陸と海洋という文脈の地政学に「エア・パワーの行使」という新たな要素を追加しなければならなくなった。日本も例外ではない。島国という防衛上の利点は、永遠に普遍ではなく、科学技術の発展により克服される。その担い手が東京空襲や原爆投下に象徴されるエア・パワーであった。これが本論にとり組む第二の誘惑である。

第二次世界大戦においてエア・パワーは、一瞬の大量破壊・殺戮を可能にして、戦争の帰趨を左右する軍事力の代表になった。そして「エア・パワー信奉者」の間では、現代戦においてエア・パワーがランド・パワー及びシー・パワーを凌駕しているとまで言わせ、「空軍万能論」を標榜している。しかるに、今こそエア・パワーに関わる本質的追究が急務であるという認識を、三番目の理由としたい。

第四世代戦闘機[4]が、最後の有人戦闘機と言われたF-104型戦闘機を遥かに凌駕した。F-104型戦闘機時代の航空力学や機体構造理論、あるいは、材料力学における航空工学的常識は、それら第四世代戦闘機の開発製作過程で覆された。

そこには、可能性を高めるという文脈において人間の頭脳的限界をコンピュータが越えさせたＲＭＡがあった。第四の理由は、このＲＭＡと呼ぶにふさわしい現象が、空軍だけで敵を制圧できるという信者を増やしつつある現状を懸念するからである。

最後の理由としてエア・パワーを高く評価するあまりに、その本質を直視していない風潮を強調したい。エア・パワーが単独で戦争に決着をつけ得るのか否かを検証することでエア・パワーの本質を明らかにできれば、エア・パワーが国家の安全保障を成り立たせる役割を担い得るか理解できるはずである。

一　日本のエア・パワー——その光と影

日本では、一九一〇年、東京代々木練兵場において、陸軍がフランス及びドイツから導入した航空機で初飛行した。日本のエア・パワーの誕生、揺籃時代の幕明けである。日本のエア・パワーが参戦した第一次世界大戦後、一九二五年、陸軍大臣の宇垣一成は、日露戦争以来、頑迷固陋に陥っていた陸・海軍高官の反対を押して「軍備縮小至近代化」

（1）本論は筆者個人の考えに基づいており、組織を代表したものではない。
（2）石津朋之編著『戦争の本質と軍事力の諸相』彩流社、二〇〇四年、一七三～一七五頁。「軍事革命」、また「軍事上の革命」とも、米国国防省や日本の防衛庁が定義する「軍事技術上の革新」という狭義の革新ではなく、戦争が人類の文明に及ぼす革命的変革、社会が戦争に及ぼす革命的変革という現象を示唆する。しかし未だその概念に定まったものは無い。
（3）MacGregor Knox and Williamson Murray ed., *The Dynamics of Military Revolution 1300–2050* (Cambridge: Cambridge University Press, 2001), p.1.
（4）第四世代戦闘機とは一九七〇年代に西側が開発、対抗してロシアが開発した戦闘機の総称。戦闘機の「世代区分」には明確な基準はなく一般的に「第一世代：Ｆ86、ＭＩＧ15」、「第二世代：Ｆ100、Ｆ104、ＭＩＧ21」、「第三世代：Ｆ４、Ｆ111、ＭＩＧ23、ＭＩＧ25」、「第四世代：Ｆ15、Ｆ16、ＭＩＧ29、ＭＩＧ31、ＳＵ27、ＳＵ35」としている。

を断行(5)、師団の近代化には航空機の装備化が強調され、この決断が日本のエア・パワーを後押しすることになった。

日本のエア・パワーは、軍事的には陸・海軍に従属し、専ら陸上及び海上作戦の支援、援護という役割を付与されてきた。ところが、太平洋戦争劈頭、陸軍南方軍第三飛行集団長、菅原道大が試みたマレー・シンガポール攻略航空作戦における独立空軍型航空侵攻、そして海軍連合艦隊司令長官、山本五十六が指揮した真珠湾攻撃航空機動作戦はそれぞれ、エア・パワーを主体とした華々しい戦果を挙げた。日本のエア・パワーは、独立空軍的運用、あるいは、艦隊航空機動という世界に先駆けた航空作戦の展開によって英米を圧倒し世界を驚愕させた。技術的なレベルという文脈からも、ゼロ戦に代表される優れた戦闘機や雷撃機搭載浅沈度魚雷などの開発に成功し、世界のエア・パワーに強い刺激を与えたと言ってもよい。

ところが、日本では緒戦の優れた戦果にもかかわらず、空軍の誕生はおろか、航空戦力の強化は終戦に至るまで優先されなかった。なぜ、竜頭蛇尾に終わったのか。英米のエア・パワー発展と日本のそれを相対しても、日本はある時期に肩を並べていたはずであった。一般的に軍隊は、保守的世界の典型である。それは、日清、日露戦争勝利の残滓を引きずって来た「陸軍の突撃精神主義を至上とする動脈硬化」であり、「海軍の大艦巨砲主義に代表される伝統墨守」の気風に象徴されていた。この時代に陸・海軍の文化は、エア・パワーを認めつつも、終始、古典的かつ伝統的国軍の維持に拘泥したのである。

こうして、日本のエア・パワーの成長は停滞した。緒戦の戦術的成功から戦略的思考への転換は見られず、かえって消極退嬰に陥り戦争終盤の「特攻作戦」によって消耗、自ら破滅の道を選択するに到った。逆に、緒戦において日本のエア・パワーに刺激された英米のエア・パワーが日本を圧倒する急速な進化を示した。緒戦とは全く逆の立場で日本がミッドウエーにおいて米海軍の機動部隊に、インパールにおいて英空軍の航空制圧に敗れて戦争の形勢が逆転していったのである。

特攻作戦はエア・パワーという文脈からどのように説明できるであろうか。日本のエア・パワー栄光の先駆けを指導した菅原は、戦後、財産を処分して特攻に散華したパイロットの供養と遺族への償いに行脚した。エア・パワーの真骨頂を知り抜いて、その真価発揮を試みた作戦に成功した戦争指導者が、特攻作戦の指揮を執ったことは大きな皮肉である。菅原は「エア・パワーは、合理性に満ちた軍事力である」と主張していた。しかも、菅原は「エア・パワーの存在環境が、常に全ての条件を一〇〇パーセント満たしていることは有り得ない」ことも承知していた。菅原は特攻を受け入れ指揮した。しかし菅原の決心には、日本の必敗が見えて来た戦争終末期にあって、特攻作戦が戦争の勝利にとって必至の犠牲であるという確信は無かったはずである。それは、フィリップ・セイビンやマーレーが指摘する「犠牲が生ずる悩ましさ、あるいは、アイロニーを許容するという戦争の、しかもエア・パワーがもたらす時代精神」とは乖離している。特攻作戦には合理性が無く「美学」によりどころを求めた形跡がある。

他方、海軍にも特攻の皮肉があった。海軍エア・パワーの指導者でもあった大西瀧治郎は「航空軍備に関する研究」を策した。しかし、その研究の合理性、論理性に背反して大西は海軍特攻作戦の創始者となった。航空主兵を論じ、エア・パワーを国力として評価しながら、作戦として特攻の非合理性を認知したという態度に自己矛盾があったことは明らかである。当時の日本全体が「空の神兵」、あるいは「神風」という時代精神の象徴を「元寇の神風」に重ねて信じた。戦争指導までが合理性と乖離していった。こうして日本のエア・パワーは、航空優勢を回復しないまま「特攻作戦という日本が犯したエア・パワーの破滅行為」に象徴された終焉を迎えることになった。特攻は真のエア・パワーにはなり得なかったのである。

マイケル・ハワードは、その著書で、「航空機が軍艦を、戦艦さえも撃沈する能力を持っているということは、当然ながら海軍の指揮官は認めたがらなかった。第一次、第二次両世界大戦の戦間期は、その兵力の能力を執拗に過大評

(5) 濱田秀「知られざる物語　防衛庁からの戦史　宇垣一成と陸軍の軍政改革——大正の『トランスフォーメーション』を目指した男」『セキュリタリアン』第五六一号（二〇〇五年八月）五〇〜五一頁、第五六二号（二〇〇五年九月）五四〜五五頁。

価する航空部隊と、それらを傲然と過小評価し続ける海軍との間の口論でやかましかった。技術が発達する速度と、平時の条件下では有効な実際行動の繰り返しができないことを考えれば、やむを得ざる状況であった。航空母艦が海軍支配の第一の手段として戦艦に取って代わったことを結論的に示すには、一九四一年以降の太平洋における戦闘経験が必要であった。海戦や陸戦における航空力の可能性の理解は、多分、航空部隊の指揮官自身がその問題に十分な注意を集中するのを嫌がったことによって、さらに遅れた」と述べている。(6)

二　技術と時代精神

エア・パワーが生んだ典型的な時代精神がある。航空作戦の推移が急速で変化に富むことから、エア・パワー・システムでは、種々の権限が下位の個人に委任される。それは戦時・平時を問わず常態化し、組織の随所に波及して顕著である。この状況判断および決心という重大事を「末端に至る個人の権限」として与えたエア・パワーの個性は、エア・パワー組織の「文化」を醸成した。それは「勇猛果敢支離滅裂」と揶揄され、各個の判断や決心が集団内で統合すれば最高度の結果を期待できるが、個人が暴走すると収拾がつかないという世界を表現して妙である。

本文脈の言うところ、その代表が戦闘機のパイロットであることは明らかである。ここには、今日、新たな戦争、新たな役割に対応を求められるエア・パワーの世界に対して、新たな時代精神への切り替え、ひいては新たな文化への進化という示唆がある。換言すれば、今や、継承されて来た古典的、伝統的な「戦闘機パイロットの気風」にRMAが芽生える時代であると言えよう。マーレーやリチャード・コッボルトが指摘するように、軍事の世界において航空機や艦船が、優れた“important weapons platform”あるいは、“important weapons container”であって、パイロットや船乗りがヒーローとしてもてはやされる時代ではなくなっているのである。戦闘機のパイロットは、自分たちを運び屋であると認識していないし、それを拒んで格闘戦に拘っている。それは、海軍が運び屋だと呼ばれることに戦闘艦乗組員が嫌な顔をするのと同じである。(7)

二〇世紀後半から目立つ戦争の本質的変化に新たな変化が加わった。米国のブッシュ大統領が“Global War on Terror”を宣言したことによって、テロリズムが軍事という文脈で国際社会に属性を有するようになったのである。これによって、テロ活動に軍事力を当てることになった。ところがアフガニスタンやイラクでは、兵士が戦場ではない常在の環境において、戦闘員と非戦闘員とが識別不可能な状態で混在する中、「敵」の突然の攻撃や待ち伏せに遭遇して殺傷されている。その地域では、軍事力の、分けてもエア・パワーのテロリズムに対する有用性が見えず混迷と苛立ちが顕著である。

朝鮮戦争やベトナム戦争では、敵・味方識別を不可能にした状況が戦闘員を疑心暗鬼にさせて非戦闘員を殺戮した事件はいまだ記憶に新しい。今日では、軍事組織によらない武器調達が可能であり、大量殺傷破壊の手段も容易に入手できる。事実、イラクにおける爆弾テロの殺傷力は甚大な被害を発生させている。したがって前線の戦闘部隊は、「深刻で悩ましい戦争」の渦中に居て、このように増強する脅威に対しどのような根拠及び手法で敵・味方を識別し戦闘状況に入るのか混迷している。その混迷はエア・パワーにも及んだ。二〇〇二年七月一日、アフガニスタン南部ウルズガン州で米軍が結婚式場を爆撃、一〇〇人以上を殺傷した。その事件は、披露宴の祝砲を攻撃と誤認して反撃したと報道された。

なぜ誤爆や誤射が起きるか。誤射や誤爆の原因とされる識別や予測の精度について技術的な限界を考えてみよう。今日では、地球を周回する衛星や偵察機が撮影した映像から、目標をメートル単位の誤差範囲で識別できるようになっ

(6) マイケル・ハワード著、奥村房夫、奥村大作共訳『ヨーロッパ史と戦争』学陽書房、一九八一年、一七三頁。
(7) リチャード・コッボルト「海軍力——万物流転」防衛研究所編『二〇〇二年防衛研究所安全保障国際シンポジウム報告書　軍事力の本質——二一世紀を迎えて』防衛研究所、二〇〇二年。七四〜七五頁。

た。精密誘導兵器（ＰＧＭ：Precision Guided Munitions）や無人偵察機、あるいは無人航空機（ＵＡＶ：Unmanned Aerial Vehicle）は、地図を内蔵して撮影映像と照合しながら目標に向かう。この技術開発を対地ミサイルに導入したのが巡航ミサイルである。爆撃機の投下誘導システムは、爆弾が機体を離れた直後から目標に命中するまで、地上の一兵士が誘導して命中精度を保証する。したがって、人道という文脈では無差別に殺傷・破壊することが極小できるというわけである。

ところが移動物体の情報は、常時一〇〇パーセントの目標捕捉、未来位置特定精度を保証できない。ＢＭＤ(Ballistic Missile Defense) 構想では、まさにこの目標捕捉及び追尾の精確度を保証して、一発必中の確率を高めることに関心が寄せられている。目標の未来位置は、目標探知後の連続する動態情報諸元から運動方程式を導いて次の探知予測位置を何種類かのエリアの中で特定する。未来位置は、「点」上ではなく、方程式から得た誤差範囲で描く立方体の中に置かれる。動態情報の精度低下は誤差エリアを大きくして追尾の品質を低下させる。予測と実際の位置が一致すれば品質が上昇して信頼を高めていく。

しかし、カメラやセンサーの解像度がディジタル設定であるから要求性能を上げない限り限界を超えることはできない。このようにシステム内の信号変動に精粗がある限り予測位置はピンポイントで保証されない。システム全体の同期は、対象目標と運用上の要求で決定される。船舶など低速目標に同期すると、走査間隔が長いため高速の飛翔体は追尾できないという問題が発生する。この技術的限界は運動の連続性を維持することで克服することができる。したがって空中からの連続した捜索、監視によって解決の可能性を見出せる。このためＵＡＶや衛星にはさらに拡大、高性能化した機能の付加が期待される。

この「精確性」は、電磁波の発生、電波伝播の異常、意図的電子妨害、コンピュータのシステム障害、ソフトウェア障害など電子的現象に極めて脆弱である。航空作戦では電子的妨害が常套の撹乱手段であることを考えると、技術的対策が誤爆や誤射の起きる確率を低下させることができても、現時点ではゼロにする手立てはない。このような技術的問題が解決されなければ、戦争という極限の衝突に非戦闘員が巻き込まれて犠牲となる蓋然性は失せない。

エア・パワーの主体は空間にいて発見され易い。この弱点の克服は、攻勢的作戦においては要撃してくる相手に勝る速度、高度、機動の性能を高めることで実現した。ところが機上レーダーと搭載火器の開発が進むと、目視距離より遥かに遠方から攻撃を加えるという戦技の革新が生じた。同時に、空対空ミサイル（AAM : Air to Air Missile）の開発が成功し戦闘機に装備されると、戦闘機パイロットには、敵よりも早く敵を発見し、敵よりも遠方から、しかも早くAAMを発射する技量が求められた。

さらにパイロットが遭遇する脅威には、高射砲や対空機関砲に代わって地対空ミサイル（SAM : Surface to Air Missile）が現れた。AAM及びSAMには誘導機能が付加され、照準、追尾に格段の進歩が見られるようになった。ところがこのような技術進歩は、パイロットの負担を軽減するどころか、かえって過大な負荷をかけることになった。コンピュータは、頭脳の限界をいくらか補完したが、速度、高度、機動の飛躍的向上がパイロットの肉体を苛むことになった。空中給油機の出現はパイロットに長時間の飛行を強いて、狭いコクピットの中で肉体と精神の両面で常人に無い極端な緊張を求めるようになった。

文明がアナログからディジタルへと移行したことで「危うさ」という時代精神が発生した。エア・パワーは、高度の科学技術に支えられ、今はディジタルに裏付けされた技術が優越性を保証している。ここでは、そこに存在する「危うさ」について指摘しておきたい。

アナログとは「無限桁の数値」である。これは不正確な反面、人の経験や固有の能力によって無限に可能性を広げることができる。[8] ディジタルとは「連続量を飛び飛びの有限桁の数値」として扱うことである。ディジタルは、不連続であるが、有限桁の数値で正確に表すことができる。この時、表示素子の数字を読むので間違いが起こらない。ディ

（8）相良岩男『ディジタルの話（第二版）』日刊工業新聞社、一九九三年、一〇～一一頁。

ジタルは前提条件が満たされる限りアナログより優れている。その条件は有限である。すなわち、ディジタル化は、表示素子の数値を導き出すまでのプロセス中、無限をどこかで切り捨てている。そうしなければ無限のメモリーを内蔵した計算機が必要となる。処理回路は、要求値を導くように設計されており、それ以外の信号を消去するから「一定条件下の値」しか期待できない。条件を満たす限りその値は信頼度が高い。雑音に左右され難いというのも、実は雑音のレベルを設定して不要な信号を処理回路において切り捨てているからである。

逆に言えば条件を超えると答えを導けない。ディジタルの限界は、システムが間違いを起こすのではなく、本来必要とする情報を棄却（リジェクト）する可能性が高いことである。システムの限界を超える無限桁を拒否している限り、情報量を有限桁に制御する回路が働く。回路がオーバーワークしなければならない場合は処理機能が凍結（フリーズ）するか、フリーズ防止機能が付加されている場合は、オーバーする情報をリジェクトして有効限界値を自動的に制御してしまう。

航空自衛隊では、一九六〇年代半ばからディジタル化されたC３I（Command, Control, Communication & Intelligence）やBADGE（Base Air Defense Ground Environment）システムが導入されアナログ的思考が衰退していった。システムは、自動的にデータを提供するからデータを呼び出す操作が優先され、プロセスの学習[9]よりテクニックを重視した。この精神がプロセスに立ち入る行為を遠ざけた。そうすると人間の思考は、コンピュータの処理段階で起きている現象に配慮が及ばない。そこでは、戦争の世界、安全保障にとって最も注目すべき「脅威」を含んでいる「無限の蓋然性」部分をリジェクトするという恐れが発生した。これがディジタルの世界が招じた「危うさ」であった。そこには、時代精神としての「エア・パワー信奉」及び「空軍万能論」と「アナログを忘却したディジタル文明の危うさ」が同居している。重ねれば、これを「ディジタル化された時代精神」として危ぶむのである。

二〇〇五年度の「戦争史研究国際フォーラム」の議論の場においてマーレーは、エア・パワーの本質について次のような注目すべきコメントを述べた。「この一〇〇年間のエア・パワーは、第一にその目覚しい進歩を促した高度な技術そのものであった。第二に、その個性に寄せた信頼と希望であった。しかし、将来もエア・パワーの発展には痛みと投資が必然であることにかわりがない。しかもエア・パワーを空軍や航空機に閉じ込めてしまってはならない。エア・パワーの技術的発展は完了していない。したがって、エア・パワーの技術的発展という側面が多くの現象を生んでいくに違いない。それは、純粋に技術的側面であっても、必ず時代精神に影響し、戦争そのものも進化させるであろう。しかしながら、戦争の本質は、その原点を説いたクラウゼヴィッツに帰納して進化が確認できるのである。」

三　戦略爆撃と犠牲の許容

第二次世界大戦においてエア・パワーは、その有用性を実証した反面、「人道」、「正当性」、「戦争法規」という共通の文脈に問題点や限界を露呈した。それは、「無差別爆撃」と「原爆投下」の問題である。一九二二年のハーグにおいて「空戦法規」が策定され、「無差別爆撃は違法」とされた。これを保証するには、エア・パワーの行使に目標の識別、非戦闘員との分離という高い精密性が求められたのである。日本本土爆撃当初、米国は無差別爆撃回避の努力を払った。無差別爆撃がヨーロッパ正面で功を奏していた時期、それは、米国の対日戦略爆撃の第一線指揮官である第二一爆撃機集団司令官を命ぜられたヘイウッド・ハンセルによって繰り返されていた。ハンセルは、上からの指導に逆らってまで無差別爆撃の回避にこだわり、日本に対する精密爆撃を執拗に繰り返した。しかし、精度を上げることに効果無く、作戦は目標以外に損害を与え失敗に終わった。

(9) ここでプロセスとは、コンピュータの処理原理と実用レーダーシステムの処理内容及び処理過程を意味する。特にリジェクトや探知下限値、コンピュータ容量に関わる流動的しくみを知ることが脅威の見落としを防止するポイントである。運用者はアナログのイメージが作れないと危険である。

ワシントンの第二〇航空軍司令官、ハプ・アーノルドは、期待を裏切ったハンセルの更迭に踏み切った。これに代わったのが、ドイツ爆撃で実績をあげたカーチス・ルメイであった[10]。日本に対する戦略爆撃には、ルメイにより無差別、しかも、木造家屋を標的として殺戮破壊効果をあげる焼夷弾を大量に使用する作戦が採用されたのである。日本では、市民の住宅と中小工場が混在密集していて、しかも木造建築ばかりの建造物地域が目標であり戦闘員と非戦闘員の区別が困難であった。このため、連合軍の対独爆撃に比較して少量規模の爆弾で効果が得られた。

第二次世界大戦の対日爆撃、すなわち、エア・パワーの行使は、航空優勢の下で戦場を有利に支配して日本の抵抗を受けること無く作戦が推進された。日米の戦闘が終末を迎えたこの時期には、もともと日本が消極防空を軽視していたとは言うものの、日本に対して爆撃作戦を自在に行った。米軍爆撃機B-29に対する日本の迎撃機はB-29の飛行高度に到達し得なかったし、高射砲も無力であった。日本軍が消極防空に熱心でなかったことは、その優れた責任者であった陸軍参謀本部防空担当幕僚、灘波三十四を職責から外したことにも顕れている。

エア・パワーは、戦争の早期終結と犠牲極小の特効薬としてその有用性が説かれた。しかし現実には、期待とは逆にエア・パワー専従者たちにも犠牲を強いることになった。戦域の拡大と、決着がつかない戦闘のために、甚大な損耗、大量の犠牲発生という理論家たちの期待とは逆の結果が導かれたのである。本書第四章でマーレーは、これをエア・パワーの「最大のアイロニー」と指摘している。これは、本書第二章でセイビンが「犠牲を許容せざるを得ないという戦争の時代精神は、エア・パワーによって戦闘員と非戦闘員が共有するようになった」と指摘したことと同様の認識である。ここには、「エア・パワーが主役になる戦争では無差別爆撃によって非戦闘員の犠牲が大量発生するのであるが、それが戦争終結のための必然として、戦争指導者にも国民にも犠牲を許容しなければならない時代精神が生まれた」という認識がある。

「陸戦法規[11]」によれば交戦者の資格条項などによって非戦闘員を保護していた。したがって本来、対日無差別爆撃には、「軍事と非軍事、戦闘員と非戦闘員が無差別であってよい」という条件に認知が必要であった。加えて、実に大量の市民に犠牲を発生させた焼夷弾及び原子爆弾の使用に対する「戦争のモラル」の問題が存在した。しかしながら、市民において常に時代精神の規範である「道徳」は、軍事上の「合理性」によって沈黙させられた。無差別爆撃思想は、理論家たちがかねてから主張して来た「エア・パワー運用理論」でもあるのだが、それは今日においても朝鮮戦争、ベトナム戦争、コソボ紛争、アフガニスタンへの軍事介入、イラク戦争に継承されて来たと考えられる。無差別爆撃の実行、いわば強行に先立つ大統領の決断において、軍事的合理性と、犠牲に関わる世論の許容を求めたことも繰り返された。それは、米国流の戦争であり、圧倒的なエア・パワー大国のみが行使できる戦術、戦略でもある。[12]

エア・パワーが諸作戦において主役の座に着くようになってから、ハーグの「陸戦法規」が古典の色彩を濃くしている。それは今日、米国がイラク戦争を決断し「諸悪の根源」に対して軍事という文脈の「先制」をもって「予防」行為を実施したことが原因である。この先制を実施させるコンセンサスは、開戦に際して米国世論がこの戦争を“illegal but legitimate”と理解したことに現れている。[13] ここにも新たな戦争が新たな時代精神を加えた歴史が見られる。

東京とニュルンベルグの国際軍事裁判は、第二次世界大戦の爆撃を追及してない。しかし、ベトナム戦争を機に無差別爆撃の違法性が議論された結果、一九七七年、ジュネーブ諸条約追加議定書が作成され「軍事目標の特定」によって、ハーグの基本原則が再確認された。ベトナム戦争から米国が学んだ教訓は、分けても米国のエア・パワーを軍事

(10) Williamson Murray, *War in the Air 1914-45* (London : Cassel, 1999), pp.201-206.
(11) 一九〇七年「ハーグ陸戦協定」、一九一二(明治四五)年一月一三日、条約第四号「陸戦ノ法規慣例ニ関スル条約」。
(12) 二〇〇五年度の「戦争史研究国際フォーラム」において韓国空軍大学教授、金仁烈は「北朝鮮の核弾頭プラス弾道ミサイルの保有は、エア・パワー大国に対抗する弱小国家に許された唯一の経済的、効果的、合理的戦略である」とコメントした。
(13) *Stars & Stripes*, 18 March 2003 p.23; 21 March 2003 p.13; 25 March 2003 p.25. イラク戦争開戦前後の記事。米国内外において戦争の是非が議論された。

的側面、また、戦争指導においてさらに優れた能力に向けて進化させる源になった。教訓は、ハンセルが果たせなかった精密爆撃に技術革新をもたらした。今日の精密誘導爆弾、巡航ミサイルはその典型であり、湾岸戦争以降、エア・パワー行使の代表となったのである。

さらには、米国が敢行した先制攻撃の容認はエア・パワーが戦争に新たな正当性を与えたと言えまいか。それは、クラウゼヴィッツが戦争を政治の道具として正当化した思考の延長である。今や「宣戦布告によって始まった伝統的戦争」は、戦争博物館において古典的戦争と並んで陳列されるようになった。極論すれば、新たな先制という正義がエア・パワーの攻勢という作戦遂行の個性を際立たせたのである。こうしたエア・パワーへの関心と理解は、日本の真珠湾奇襲を「だまし討ち」であることから解放するかもしれない。

軍人は、戦闘に勝利するため味方の犠牲と企図的な殺戮が許容されることを強く望み、市民は、それに対して「殺人は犯罪である」という良心や道徳に基づく正義に規範を置く。ところがエア・パワーの発揮には、この相克を克服することが要件である。それは、本書第二章のセイビンの「エア・パワーの有用性の分析」によって説明された。彼は、七つの要素を提示してエア・パワーの有用性を評価した。それらは、技術的能力、戦術的練成度、計画と情報、損害を許容する意思および能力、諸兵科のインテグレーションや統合、産業的基盤、社会的決意である。裏を返せば、これらの評価要素は、エア・パワーの有用性発揮の要件となる。セイビンは、さらに、「エア・パワーの有用性にとってこれらが個々に優れていても、ファクターの満足度、および、相互のコラボレーションがなければ力としての有用性は無に等しい」と補足している。この思考の中に、「犠牲の許容」が認められる。

かつて空軍戦略の理論家たちは、共通して「エア・パワーは戦争に人道性を導入する最良の手段」、すなわち「エア・パワーの備えた巨大な破壊力が戦争を短期で終結せしめ、結局は人道的である」と主張した。しかし、現実は第二次世界大戦のヨーロッパ戦線、日本本土正面で敢行された無差別爆撃が人道を封印し犠牲を黙殺させた。それでも「空軍万能論者」や「エア・パワー信奉者」たちは、エア・パワーの効力を強く肯定して「犠牲者を必然とした無差別爆撃」に代表されるエア・パワーの行使を「エア・パワーの善なる宿命」にまで高めた。その思考は、エア・パワー万能という時代精神の芽生えであり、筆者はこれを「エア・パワー信仰」と呼んで危ぶむのである。

四　エア・パワーの将来

日本では、指揮統制権限を強化した統合の具体化が進められ、二〇〇六年四月から新たな機能の運営を開始した。危機管理事態対処の初動がエア・パワーに左右されることは常であり、統合においても例外ではない。日本の場合は、新たな仕組みが始動したばかりであって実証に乏しいのであるが、ここでいくつか提言しておきたい。統合部隊は、陸海空自衛隊を束ねた最高位の国軍として、最高位の指揮官である内閣総理大臣の下で一元的に指揮機能を運営し戦争を遂行する。この統合に課題を提示するならば、その第一が「最高指揮権限の概念」を整理することである。これは、日本において未成熟な総理大臣の軍事的指揮権限についての議論を進めることによって、国家の危機管理に新たな視座を提供しようとするものである。この概念確立の狙いは、日米同盟という文脈上、米国の「ゴールドウォーター・ニコラス法」との整合を図り、両国の最高位の戦争指導者が対等の立場を共有するためである。

第二に、このため多数多岐にわたるシステムを集合集積した一元化を目指さなければ、国家レベルの危機管理システムの適正、かつ、実効的運営は保証されない。まず国際システムとの整合を優先すれば使用言語の統一が必須である。今日のコンピュータ社会では、企業間の汎用性、共通性や互換性が商業ベースに乗らないため、使用言語やフォーマットが国家や製作会社によって異なるのが一般的である。これらの現象は、「システム・インテグレーション」への期待に反して、システムを鈍重、非合理、非効率、高額にしてしまっている。統合システムの一元化にはこの障害克服が最大の鍵となる。換言すれば、統合インテグレーションに「血液型の不一致」が生ずる恐れが極めて大きいということである。

統合インテグレーションの技術的必要条件は、ＲＳＩ[14]の浸透である。ＲＳＩは、一九八〇年代に米国がエア・パワーという文脈で提起した戦略的用語である。原則的に、分けてもエア・パワーの軍事的合理性はＲＳＩを求める。[15]しかしながら、米国が提案するＲＳＩに対してＮＡＴＯ主要諸国が拒絶反応を起こした。これは、国益という文脈から来る米国に対する疑心暗鬼でもあった。米国との軍事的共同は、圧倒的に強力な米国の軍事力への編入であり、エア・パワー大国への追随はミドル、あるいは、マイナー・エア・パワーにとっては自国の独自性を失うことにつながった。「疑心暗鬼」は「拒絶」に「悩ましさ」をもたらしたのである。さらに論を進めれば、米国のＲＳＩは国家ぐるみのエア・パワー技術及び企業戦略でもあった。

米国のＲＳＩを受け入れることは米国製装備で戦うことである。この理解は間違っていない。米国製エア・パワーを装備して来た日本においては、厭でも既にその環境にいる。それは装備品にとどまらず、技術開発、生産からソフトウエア、技術指令書に至るまでが米国製に満ちている。まさにこのＲＳＩは、国家の経済、産業にまで関わる「悩ましい関心事」である。しかるに、軍事の合理性と軍事以外の非合理との摩擦をどの様に解決するかという視座がここに加わって来た。

日米同盟とその共同作戦という文脈において、この現実を認知しつつＲＳＩが日本の国益を損なうか否かという問題との取り組みは、今後、日本のエア・パワー保有のコンセプトの確立や統合システム構築、それらを担う「日本のエア・パワー・ファミリー」の英知にかかっていると言えよう。それは、日米同盟という文脈の中で、日本の立場が国際システムに対して属性を有するのであって、エア・パワー大国である米国に属性を有するのではないという姿勢を確かにすることでもある。

これまでの論考から見通し得る将来のエア・パワーについて付言する。それは、エア・パワーという用語が死語になるという予測である。言い換えれば、それは現在も、当分の将来もエア・パワーは米国だけにしか存在しないということでもある。空軍が独立していく過渡期、戦闘機のパイロットが花形だった時代には実力が拮抗し多数の国家がエア・パワーを競うことができた。しかし、核兵器とミサイル及び爆撃機の保有、そして第五世代戦闘機の出現の時点で競争者が激減した。さらに、巡航ミサイル、ステルス爆撃機、第六世代戦闘機、宇宙、戦略空軍、NCW（Network Centric Warfare）、システムズ・オブ・システムズ、MD（Missile Defense）の段階で米国の独走が決定し、他の競争者は脱落した。今日において明確に、予測し得る将来にわたって米国のエア・パワーに追随できる国家が現れる兆しはない。

エア・パワーという用語は、陸、海のそれと等距離に置くと、軍事力というコンセプトに集約できる。しかし、陸・海と決定的に異なる点は、戦闘単位が違うことである。エア・パワーにおいて、少なくとも一九四五年までは「戦闘機一機」が戦闘単位であった。ところが今日では、もはや単独では戦闘単位ではない。分隊や一兵士、あるいは、艦艇一隻が単独で戦える仕組みを持つのとは違い、戦闘機一機は、実に多くの支援を受けなければ空間において任務を果たせないのである。今や、戦闘機一機を戦闘単位に至らしめるには、地球上如何なる地域、空域においても、闘う環境を保持できるという要件が求められる。それが「米国一国」であり、その他多くの国家は、小、中規模で、米国のエア・パワーのごく一部にしか当たらない戦術空軍を保有するに過ぎない。それらの諸国は今、伝統的戦争とは無縁になる時代を迎えて、「戦闘機の新たな役割」というRMAに直面し悩み始めているのである。

現時点、テロ活動にエア・パワーの効果が認められるか否かとの疑問には失望する結果しか見えない。なぜなら、

(14) 合理化（Rationalization）、基準化（Standardization）、相互運用性（Interoperability）。一九八〇年代に米国がNATOに提案した装備、分けてもエア・パワーの汎用性を狙った戦略。米国は、兵力展開時のHNS（Host Nation Support）の便宜性を狙った。

(15) いかなる展開航空基地においても「燃料と弾薬」が補給できる、及び、整備工具などの規格に共通性があれば機動に軽快性を増す。HNSの最低条件を満たす。航空基地ごと機動展開は不可能。

テロリストからの視点という文脈では、本書第一〇章でマティティアフ・メイツェルが説くように、テロリズムは手段を選ばず、敵が困惑するように打撃を与えることによって、テロリストが望む妥協を得て目的を達成するのである。現状ではテロリストに分がある。さらに付け加えると「犠牲やアイロニーの許容が当方ではなく、テロリスト側に強く働き、むしろ当方は、許容できない忍耐の限界、守勢に入る態度、テロリストが期待する当方の困惑が目立って顕現している状態にある」と言えよう。テロリストの要求を容れなければ益々混迷が深まるのである。この現実は「空軍万能論者」や「エア・パワー信奉者」の信仰にも「自信に対する曖昧さ」、「対策が見えない混迷」という悲観的な悩みを与えることになっているはずである。

「ならず者国家」の国際秩序への挑戦にはエア・パワーの行使という文脈上の大きな特徴が見られる。本書第一一章で金仁烈が述べるように、北朝鮮は、「ミサイルと核」によってマイナーなエア・パワー国家であってもメジャーな「脅威」の保有に至った。すなわちエア・パワーの特性は、その力を発揮する際、所望の時間に、所望の目標に、所望の規模の兵器を運搬できること、その攻撃成果が政治的企図を実現せしめるところにある。だから、北朝鮮のミサイルと核による恫喝という戦略的選択が、北朝鮮の究極のサバイバル手段となっている。

このことは、エア・パワーに「軍事的行動の威力を前もって保証して、武力の行使以前に機能させ得る優れた政治の道具」の役割を与えたことになる。こうして核兵器とその運搬能力という冷戦で経験した戦略が、相変わらず国際関係において議論や駆け引きを律するパワー・ポリティックスとして機能し、大量破壊兵器の拡散という「悩ましさ」の中で存在価値を高めているのである。この事実は、将来、当分の間、主として「ならず者国家」、あるいは「全体主義的レジーム国家」がこの種のパワー・ポリティックスを行使するであろうことを示唆している。まさに現在、国際社会は北朝鮮の戦略ミサイル発射準備に対して強い関心と危惧を示しているのである。[16]

米国の場合であるが、イラク戦争におけるエア・パワーの威力発揮を見た世界は、改めて米国の力に活目した。しかし、同時に、兵器の精密高性能化が進んでも、エア・パワーが「戦争を決着させる力」になっていないことにも気付きつつある。それは逆説的に、エア・パワーが自負する「最新最強の兵器」という文脈において、新たな軍事上の混乱に対して唯一のエア・パワー大国である米国が試されていることでもある。

米国が唯一のエア・パワー大国であるがゆえ、「米国と、遥かに劣る力しか保有していない同盟諸国のエア・パワーとのコラボレーション」という課題は解決されていない。米国にとって、同盟軍やコアリション・フォースを組織して戦う時には、盟友が不可欠であって、盟友の存在が米国の正当性の証人となる。したがって米国は、同盟国の如何なる規模のエア・パワーとも共存、共同せざるを得ない。すなわち米国は、米国が選択した行動の大義を国際社会に受容させるためにも「エア・パワー大国の孤立」を回避しなくてはならない。他方、ミドル、あるいは、マイナーなエア・パワー保有国家は、米国への依存を高め、その信頼性に関わる確証を得なければならないのである。

したがって、米国のエア・パワー・コンセプトに対する関心は一層高まっていくだろう。他方米国には、国際システムのフラッグ・ベアラーとして関係諸国に米国のエア・パワー戦略を提示する責任がある。それは、しかる後、米国とのパートナーシップを有するミドル・パワー国家やマイナー国家が対米という文脈において、それぞれのエア・パワー・コンセプトを形成し、自国の役割を確認する前提でもある。

米国は、軍事という文脈においてエア・パワーの高ぶりと増長を萌芽させてはならない。「エア・パワー信奉者」や「空軍万能論者」の信仰は「唯一のエア・パワー大国」に抱く思いである。そこでは既に「エア・パワーがランド・パワーやシー・パワーを凌駕している」、「エア・パワーが戦争の決着をつけ得る」という傲慢が見え隠れしている。マーレーやジェフリー・パーカーが指摘するように「技術に偏向したエア・パワーのＲＭＡは、そこに生じた社会的現象、分けても時代精神や軍人の職業意識、国民の軍事に関わる感性という文脈を顧みていない」現象を見せつつあ

(16) http://headlines.yahoo.co.jp Yahoo ニュース（共同通信）、二〇〇六年七月三日「テポドン発射に懸念明記へ　G8サミット議長総括」、ロシアで七月一五日から開催のG8の議長総括に北朝鮮の「テポドン二号」発射準備に対し懸念表明を盛り込み、日米両首脳主導で北朝鮮に国際的圧力を強化。

る。[17] それは米国において特徴的である。

日本の場合であるが、バトル・オブ・ブリテンにおいて英空軍は防空に徹し、ドイツの戦略爆撃部隊に対し過大な犠牲を払わせてヒトラーの野望をしりぞけた。しかしながら、ロンドンは爆撃から逃れられず、市民は爆撃の犠牲と破壊に耐えた。当然ながら、初動から守勢の防空作戦では、防空戦力自体はもとより国民の犠牲や財産の損失が必然であって無傷で防空態勢を確保し続けることは不可能に近い。防空は、侵攻する敵に対して敵自身が許容し得ないほど大量の犠牲を強要してこそ効果がある。すなわち守る側は、敵の払う犠牲が敵の侵攻作戦を断念させる防衛作戦を展開しなければならない。しかも、味方の犠牲発生は、味方が許容できる範囲に極小化しなければならない。この両条件が満たされて初めて、防空が成立する。将来当分の間、日本の「専守防衛」は、まさにこの作戦を選択するしかない状況を設定しているのである。しかし、残念ながら日本では「犠牲の必然と許容」に対して政治や国民世論、あるいは、理論家のコンセンサスが希薄である。

ここで現在日本に求められている「国際システムの一員が果たす義務の履行」にふさわしい「日本のエア・パワーのモデル・チェンジ」という議論を提起したい。日本は、一九九二年以来、国際平和協力業務[18]に参加して来た。そこでは、国家が、正当防衛及び緊急避難の必要性をもって陸上部隊隊員に小銃など個人の武装と武器の使用を許可した。また、海上部隊は所要の戦闘装備が艤装された艦艇とともに行動している。ところが国外に派遣された航空自衛隊の輸送機には、防御用火器すら装備されていない。いわゆる、丸腰の軍用機である。国内では、唯一、防空任務の必要範囲において戦闘機が機銃とミサイルを装備している。そこで航空自衛隊は、任務地における脅威の現実に対し、輸送機の機動で「地上からの攻撃を回避」する要領を策定した。

当該機が、テロリストから執拗な航空攻撃を受けて回避できるであろうか。筆者は、この絶望的な状況を打開するため、最小限の「輸送機の武装」と「護衛戦闘機及び早期警戒機と給油機のユニット派遣」を提案したい。それは明らかに自衛に限る武装であって、陸・海自衛隊の火器の携行、武装と同義の範囲である。繰り返すが、「陸上自衛隊員に武器を常時携行させ、指揮官に武器の使用権限を委任したこと」及び「武装した護衛艦を派遣したこと」をもって、戦後五〇年余もこだわり続けた自衛隊に対する武器使用における最小限の権利の行使が国外において許容されたのである。このように考えると、こうした「ユニット派遣」を議論の俎上にのせる環境が整ったと言えるのである。

さらに加えて、この議論が、「新たな戦闘機保有のコンセプト」に踏み込むきっかけに発展することを期待したい。それは、海上通商ラインにおける海賊行為対処に海、空自衛隊が協同して「商船護衛ユニット」を提唱することと同根である。なぜなら、日本列島の至近距離に生じたミサイルと核兵器という脅威、あるいは、領空、領海のみならず経済水域に及ぶ「国家の威信が傷つけられる」、「主権が脅かされる」そして「国益を損なう」事態、しかも「拉致問題、自転車を含む車両等の大量盗難、密漁、麻薬取引など国民の生命財産が脅かされる」脅威が顕現し現実の対応が喫緊の課題となり、現在既に、事態の発生状況、脅威の強度や急迫度などによっては、「専守防衛」すなわち「対領空侵犯措置及び防空専任」という行動の拘束を解放する議論が生じているからである。

加えて今日では、「国際秩序の維持に必要な国際システムの機能」という文脈が日本もその一員であることを自覚させつつある。それは、国益のために日本自身がその恩恵に浴するという認識でもある。この実態は、国防のコンセンサスが専守防衛の地勢的限界にとどまっても、地政学的拡大にコンセンサスが生じていることを示している。しかし、この思考と現実は日本の戦術的エア・パワーという文脈を超えている。エア・パワーは、戦闘機やミサイルが存

(17) Knox and Murray, *The Dynamics of Military Revolution 1300–2050*, p.1 ; Geoffrey Parker, "From the House of Orange to the House of Bush : 400 Years of Revolution in Military Affairs," ACTA Coming to the Americas—The Eurasian Military Impact on the Development of the Western Hemisphere, Norfolk, 11–16 August 2002 XXVIIIth International Congress of the International Commission on Military History, p.61.

(18) イラク人道復興支援特措法に基づく活動。イラク等（陸）約六〇〇人、ペルシャ湾等（海）約三三〇人、クウェート等（空）約二〇〇人。テロ対策特措法に基づく協力支援活動。インド洋北部等（海）約六〇〇人。国際平和協力活動。一六件一四カ国（陸、海、空）述べ約七〇〇〇人。

在するだけでその有用性が保証されるわけではない。すなわち、戦術へのこだわりは、エア・パワーを槍の矛先を磨いてばかりいる、あるいは、伝統的戦争の世界に浸っているという、何時までたっても戦闘機の空中戦格闘に酔いしれる「ドン・キ・ホーテ」としてしまうのである。

「専守防衛のエア・パワー」は、国民に判り難い曖昧さがあって、結果的に国民を失望させはしないかという議論がある。率直に言えば、それは「戦闘機」を中心とした戦術的思考からの脱皮と現実的戦略思考への転換が示唆されていることでもある。「エア・パワーと専守防衛はミスマッチ」、「日本は、エア・パワーの行使に憲法改正が必要」、「専守防衛に徹するのであれば、日本のエア・パワーを輸送機部隊に特化したらいかがか」、「対領空侵犯措置の機能は、コンスタビュラリーとして有事戦力化を前提に別組織化するのはいかがか」など多くは、国外の専門家から日本に提起された関心である。いずれも、当事者が抱く「悩ましさ」と「混迷」及び国民が抱く「曖昧さ」と「不信感」の解決に関わる重大なテーマである。

おわりに

エア・パワーの限界、それは主役である航空機やミサイルが"important weapons platform"として、最終的に期待通りの打撃力を発揮できるか否かに関わる種々の障害のことである。その代表的限界は、主として主役たちが単独で空中に所在していて発生する現象である。それらは、「空中において自身の存在を秘匿できない」、「攻撃を受けた時の脆弱性」、「根拠基地への依存性」、「行動範囲の限界」、「天象気象に影響される」、そして何よりも「飛翔体としての機能を失うと墜落する致命的限界」である。

エア・パワーには無理が利かない。よってこれらの限界が克服できない場合は任務が中断される。それは、飛翔中においても生じる現象である。したがって、そこではエア・パワー自体の代替や作戦の代替という「抗堪性」を保証する重層構造が要求される。エア・パワーには、極めて微細な障害の発生に際しても、妥協と任務の強行は許されない。それは、スペースシャトル打ち上げの度重なる中断に例を見ることができる。また、逆に、現在まで航空自衛隊が国際協力業務に派遣しているC-130型輸送機、あるいは、政府専用機の運航がトラブル発生によって任務中断したことを耳にしていない。そこでは、まさにエア・パワーにとって最善の存在環境作り、および、コンポーネントの整備に努力が注がれていると確信できるのである。

ジョセフ・ナイは、「力とは自分が望む結果になるように他人の行動を変える力である」と言い、「力の源泉は、何処でも、何にでも通用するとは限らないし、対象となる問題によって適応性をつけなければ有効ではない[19]」と説明している。それは、ナイの定義を引用すれば、パワー行使の対象に自分の意思を押し付ける「力」であって究極的には軍事力と認識することになった。今日、この「軍事力」は、もはや伝統的戦争の世界における陸、海、空それぞれの軍種が固有する力を指して言うのではない。時には、それが政治や経済、あるいは、文化でさえあり得る。

しかるに、エア・パワーが空間における作戦戦闘の支配に優れていても戦争を支配することにはならないということを確認しておきたい。政治という文脈の支配力は、最終的には地上における「人の英知」による支配であって、その力は、"power in management"[20]と呼ぶ方がふさわしい。

冷戦の終焉、東西対立の崩壊後に連続した戦争においても、エア・パワーがそれぞれに決定的な役割を果たしたことは歴史が認めるところであった。しかしエア・パワーが単独で戦争を解決し得る能力を有するという「空軍万能」、あるいは「空軍信奉」に対しては、批判的な意見が強い。それは、本論の延長線上においてランド・パワー、そして

(19) ジョセフ・S・ナイ著、山岡洋一訳『ソフト・パワー——二一世紀国際政治を制する見えざる力』日本経済新聞社、二〇〇四年、二〇〜二五頁。
(20) John P. Kotter "Power in Management : How to Understand, Acquire, and Use it," 1947, AMACOM p.1.

シー・パワーについても議論されるべきであるという示唆に他ならない。アルフレッド・セイヤー・マハンがシー・パワーを概念付けた例[21]には、エア・パワーを多角的広範に思考すべき示唆がある。

(21) 山内敏秀編著『戦略論大系⑤マハン』芙蓉書房出版、二〇〇二年、一九九〜二三九頁。シー・パワーは、海軍に加えて商船隊、漁船隊、工業力、基地等から構成される。マハンによればシー・パワーの大きさは、地理的位置、地形的環境、領土の大きさ、人口数、国民性、国家政策の六要素によって決まる。

第二部　エア・パワーの誕生と発展　一九〇〇〜一九四五年

第4章　エア・パワーの誕生と発展　一九〇〇～一九四五年

ウィリアムソン・マーレー
立川　京一監訳

はじめに

本論のテーマは、二〇世紀前半におけるエア・パワーの誕生と発展であるが、これは非常に広範囲かつ複雑なテーマで、紙幅の制約を考えると表面的な話にならざるを得ない。そこで本論の目的である一九四五年までのエア・パワーの歴史に取り組む方法として、この四五年間をいくつかの期間に分け、その上で、技術力、航空関係者の願望、航空機の軍事利用、戦争が軍事組織及び航空戦略と航空作戦の遂行に課した厳しい現実などの相互作用の理解に最も相応しいと思われる問題を提起することにする。

最初の期間は一九〇一年から一九一八年までで、この期間の初期には人類による初飛行があり、その末期にはエア・パワーが戦争の遂行に極めて重要かつ本質的な部分で貢献した。一九一九年から一九三九年までが第二期で、「夢と理論」の期間とでもするのが、考えられる最良の命名であろう。それというのも理論家がエア・パワーの潜在能力を自分のものにしようと突飛な主張を行ったからである。[1] 一九三九年から一九四五年までの第三期は、「エア・パワーと戦争の現実」と呼べる期間である。この期間で、戦争の現実が、全世界を巻き込んだ悲惨な戦争においてほとんど有効でなかった戦前のエア・パワーに関する心地よい理論を打ち崩した。皮肉にも、第二次世界大戦中にエア・パワーの理論を実践する困難は、一九四五年八月の原子爆弾の閃光とともに多くの航空関係者の意識からほぼ完全に消え失せてしまった。そして過去の教訓を無視する例の傾向が冷戦初期に再現し、朝鮮半島やベトナムでの経験もこの心地よい想定の多くを揺るがし得なかった。

一般的な軍事史にせいぜいできることと言えば、史上最も偉大な軍事史家トゥキュディデスの言葉を繰り返すことである。トゥキュディデスはペロポネソス戦争の歴史を綴った動機について、「しかしながら、仮に私の言葉が、過去に起きたこと、そして同じような方法で将来も繰り返されるであろう出来事（人間はえてしてそういうものである。）

を明確に理解したいと思っている人々から、役に立つと評価されたらそれで十分である」と述べている。[2] 戦争は最も過酷で複雑な人間の営みであり、方程式への技術導入は、方程式を解いたり、理解したりすることをいっそう困難にしただけである。

一　エア・パワーの誕生

人類はほとんど有史以来、空を飛ぶことを夢見ていた。二〇世紀に入ってほどなく、キティホークというノースカロライナ州の小さな町で、ライト兄弟がこの夢を実現させた。人間の性質を考えると驚くことでもないが、軍事の専門家は、先進国に伝播し始めたこの最初のちゃちな飛行機を軍事作戦で使用することをすぐに思いついた。そして、第一次世界大戦が勃発した頃には、ヨーロッパ諸国の軍隊が保有していた数少ない航空機に、利便性にとどまらないほどの将来性が見出されていた。一九一四年八月当時、航空機にできたことと言えば、敵との接触を目指す移動の際に偵察を行うことと一般的な偵察報告をもたらすことであり、実際、これらの航空機の大半は、ドイツ軍が連合国軍を出し抜くための大作戦（歴史家は最近までずっとシュリーフェン計画と呼んでいる。）でムーズ川の対岸へ投入した歩兵と騎兵の大集団の動きを偵察していた。[3] 不幸なことに、概して連合国軍はこうした報告を軽視し、ほとんど手

（1）一九一四年から一九四五年までのエア・パワーの軍事利用に関する一般的な研究については、Williamson Murray, *The War in the Air, 1914–1945* (London, 1999) を参照。
（2）Thucydides, *The History of the Peloponnesian War*, translated by Rex Warner (New York, 1954) を参照。
（3）シュリーフェン計画及び戦前のドイツ軍の作戦計画に関する根本的な再考については、特に優れた論文である Terence Zuber, "The Schlieffen Plan Reconsidered," *War in History*, 1999 6(3) を参照。

遅れになるところであったが、フランス軍は、偵察機からフォン・クルック将軍の部隊の一翼がパリの近くを東へ進軍していると判断するに足る情報を受け取った。この情報に基づいてフランス軍は部隊を移動させ、マルヌの戦いで連合国軍は勝利した。(4)

マルヌ川での連合国軍の勝利は、ドイツが引き続きフランスとベルギーの領土の大部分を保持していたという点で完全ではなかった。「海への競争」として知られるようになる猛烈な殺戮戦ののち、部隊は疲れ果て、一九一四年十一月に戦線は膠着した。戦争は続いたが、それは概して、「専門家」が近代国家の大戦闘を続ける能力に関して完全に間違っていたからである。経済学者は、近代国家は長期戦に耐えられないと言い、一方、政治家は、近代国家は戦争の重圧で崩壊し、革命が起きると主張していた。少なくとも短期的には、両者とも間違っていた。この戦争はさらに四年の恐ろしい年月の間続いたが、この間、ヨーロッパ諸国の軍事組織は一八七〇年から一九一四年までの間に生じ、かつ、この戦争がさらに加速させた大きな技術変化に適応しようと懸命に努力した。(5)

消耗戦という新しい戦場で、航空機はその本領を発揮した。第一の問題は、相対峙する両軍が間接砲撃を誘導するために敵の塹壕の形状を正確に捉えた偵察写真を必要としていたことである。(6) 当然のことながら、一方の側に重要な役目を果たすものは、もう一方の側にも同じように重要である。はたして、敵が自軍の前線の塹壕と防御の態勢を撮影するのを防ぐことが極めて有用となったことに気づくのに時間はかからなかった。このように、写真撮影が重要性を増すにつれて、敵の写真撮影能力を阻止することも同様に重要となった。その結果は、最初の正真正銘の戦闘用航空機、つまり、戦闘機の出現である。(7) 一九一五年夏以降、西部戦線では一段と機動性の優れた高速戦闘機が急速に配備された。こうして航空優勢獲得競争が始まった。少なくとも一九一八年まで、双方とも決定的な優位を得られなかったが、フランスがベルダンでドイツ軍に対して獲得した局地的な航空優勢は、同地での戦いの結果を左右する上で大きな役割を果たした。(8) 同様に、一九一七年の春と夏にドイツ軍の航空機が享受した優位は、シャンパーニュ戦線でのニヴェルの攻勢と北東部における英軍の作戦の阻止に役立った。

技術開発の加速により、航空関係者は飛行機を爆撃のプラットフォームとして運用し、初めは前線付近の敵地上部隊を攻撃し、のちには敵陣の後方で阻止任務を遂行することはできないかと考えた。ドイツ軍は、地上で戦闘が継続している間、同盟国が封鎖された仕返しに、英国をエア・パワーで攻撃することを思いついた。早くも一九一四年十二月には、アルフレート・ティルピッツ提督は、ドイツ海軍の戦略に関する彼の想定に誤りがあったという事実に直面し、「仮にロンドンの三〇ヵ所に火を付けることができれば、素晴らしく強力なものがなくても、不愉快なものを簡単に消し去ることができるのに」と日記に書いている。[9]ドイツ軍はこの最初の計画を気球よりも軽いツェッペリンで実行に移した。ツェッペリンが天候と英国の対抗手段に対して脆弱であることが分かると、ドイツ軍は一九一七年にゴータ爆撃機を運用して英国の都市を攻撃した。[10]振り返ってみると、このような攻撃の効果はそれほどでもなかっ

（4）一九一四年のフランスとベルギーでの軍事作戦の遂行に関しては、Barbara Tuchman, *The Guns of August* (New York, 1962) を参照。

（5）第一次世界大戦前の技術及び科学革命の様々な側面並びに軍事組織が大きな技術変化に直面して刷新される際に経験した困難については、数ある研究の中でも、Eric Dorn Brose, *Kaiser's Army : The Politics of Military Technology in Germany during the Machine Age, 1870–1918* (Oxford, 2001) 及び David G. Herrmann, *The Arming of Europe and the Making of the First World War* (Princeton, NJ, 1995) を参照。

（6）偵察写真の入手は、特に西部戦線で鍵を握っていた。その理由はフランスがナポレオン以降、フランスの領土を調査せず、当時手に入れることができた地図は、敵前線の後方の地形を判断する上でまったく役に立たなかったからである。大砲の革命的な向上に関しては、Shelford Bidwell and Dominick Graham, *Fire-Power : British Army Weapons and the Theories of War, 1904–1945* (London, 1982) 及び Bruce I. Gudmundsson, *On Artillery* (Westport, CT, 1993)を参照。

（7）第一次世界大戦での戦闘機の初登場及びその役割については、Richard Hallion, *The Rise of the Fighter Aircraft, 1914–1918* (Baltimore, MD, 1984) を参照。

（8）第一次世界大戦におけるエア・パワーの発展に関しては、Murray, *The War in the Air, 1914–1945*, chpt. 1を参照。

（9）Grand Admiral Alfred von Tirpitz, *My Memoirs*, vol. 2 (New York, 1919), pp. 271–272.

（10）Francis K. Mason, *Battle over Britain : A History of the German Air Assaults on Great Britain, 1917–18 and July December 1940, and of the Development of Britain's Air Defenses between the World Wars* (New York, 1968)を特に参照。

た。しかし、この攻撃は英国の大衆紙と英国民の激しい抗議をもたらした。あまりにも抗議が激しかったので、英国政府は戦争終結前に、空軍を独立した軍種として創設せざるを得なかった。(11)

一九一八年頃には、エア・パワーは最初に一九一八年春のドイツ軍の攻勢、次いで七月に始まった連合国軍の反攻(後者はドイツ陸軍の完全な敗北と一九一八年の休戦という結果をもたらした。)において作戦行動の戦場への回帰を可能にした要因として前面に現れた。航空機はこれらの極めて重要な戦闘で、敵の部隊配置の偵察、敵航空部隊への攻撃、砲兵隊支援の着弾観測、前進する歩兵・戦車部隊の近接航空支援、敵の補給線の阻止、戦略爆撃などの任務を遂行した。しかし、航空部隊はこれらの任務すべてにおいて、陸上戦闘の特徴である消耗戦の恐ろしい結果を同様に被った。その甚大な損失は、航空関係者が次の戦争について考え、それに備えようとするとき、その心中に深く刻み込まれていたことであろう。

二　戦間期の夢と理論

第一次世界大戦の経験から次の二つの基本的な教訓が導かれたはずである。一つは、攻撃側が甚大な損失を回避しようとするならば、航空優勢はあらゆる任務において必要不可欠であるということで、もう一つは、爆撃の正確さについては、夜間だけではなく日中でも問題が多いということである。パイロットと爆撃照準手は、たとえ最良の条件下であっても、目標への命中どころか、目標の識別にすらかなりの困難を感じていた。後者の場合、同大戦を通じての英国の爆撃経験が、目標に正確に命中させることはおろか目標を発見することがいかに困難であるかを証明している。第一次世界大戦時、英国海軍航空隊飛行中隊長であったティバートン卿は戦後、航空委員会に対して次のように報告した。

われわれの経験によると、五個飛行中隊が特定の目標に対する爆撃を試みた場合、五個中隊のうち一個中隊のみが目標に到達し、残る四個中隊は目標を爆撃したと正直信じていたが、実際は攻撃目標とは場合によっては良く言って似ていたが、それ以外は似てもいない四つの異なる村を爆撃していたということが普通であった。(12)

しかし、英国空軍の指導部は戦争中から、いかにして爆撃作戦は同空軍が敵にもたらした物的損害より三倍も大きな心理的影響を敵の士気に対して及ぼすかについて立証不可能な主張を行っていた。一九一八年十月の英国空軍の回覧には「(一九一八年)八月から十月までの間に、わが軍の対独空襲作戦による士気への計り知れない効果の証拠が集まった」と述べられていた。(13) さらにこの回覧は次のように述べている。

> 士気への影響に比べると物的損害は未だ少ないが、敵の「士気」の崩壊は工場の破壊より先に始まる。したがって、生産の低下が物的損害より先行するであろうことは間違いない。(14)

(11) 英国航空団から英国空軍への英国におけるエア・パワーの発展については、The *British of Independent Air Power, British Air Policy in the First World War* (London, 1986) 及び Ralph Barker, *A Brief History of the Royal Flying Corps in World War I* (London, 1995) を参照。
(12) Group Captain R.A. Mason, "The British Dimension," in *Airpower and Warfare*, ed. by Alfred F. Hurley and Robert C. Ehrhard (Washington, DC, 1979), p. 32から再引用。
(13) Air Ministry, "Results of air raids on Germany carried out by British Aircraft, January 1st–September 30th, 1918," D.A.I., No. 5 (A.IIB, October 1918), Trenchard Papers, RAF Staff College, Bracknell, D–4を参照。
(14) *Ibid.*

第一次世界大戦後になるとこのような主張はさらに誇張され、実際に英国空軍の指導者が自分たちの軍種の独立を基礎づけるために利用する理論的な柱となった。

驚くほどのことではないが、英米の航空関係者が第一次世界大戦の教訓に積極的に関心を抱くことはほとんどなかった。実際、英国の航空幕僚は、軍事史の教訓はいかなる軍事作戦においても敵航空部隊は目的であるべきだとするが、そのような教訓は見当違いであることは間違いないとさえ公言した。[15] 言い換えると、次の戦争では、戦略爆撃攻撃を遂行する際に航空優勢は重要ではないということになる。英米のエア・ドクトリンを支えているのは、われわれがせいぜい最も適切に言うところの信仰に基づく前提である。両国の航空関係者は、敵航空部隊が戦略爆撃作戦の成功に対する深刻な脅威とならなければ、爆撃機は任務を遂行できると信じていた。英国の階級制度には格下の階級の人々を見下す傾向があるため、英国人は人口集中地域への攻撃が直ちに下層階級による革命と敵国の崩壊に繋がるという考えをほとんど本能的に信じてしまっていた。[16] 英国空軍揺籃期の指導者であったサー・ヒュー・トレンチャードは一九二〇年代末に英仏戦争の可能性に関する議論で、「フランスを攻撃し、われわれが悲鳴をあげる前に彼らに悲鳴をあげさせるという方針は、極めて重要…（中略）…何にもまして重要である」と述べた。[17]

米国の状況は、同国の航空関係者が、明らかに民間人を標的とする空軍の創設は米国議会が決して許さないと思っていたので、異なっていた。したがって、米国陸軍の航空関係者は、彼らが敵国経済の産業ネットワークと呼ぶ、その極めて重要な結節点を破壊することを目的とするドクトリンを構築した。彼らは一九三〇年代初めまで、防御火器を完備した爆撃機の大編隊は敵空域を深く飛行し、重要目標を精密爆撃で攻撃、破壊し、大きな損失もなく帰還することが可能であるということについて議論していた。[18] 英国の場合よりさらに明確であったのは、米国のエア・パワーの理論が、軍事史の過去の教訓を覆す技術進歩の能力への信仰に基づいていたことである。事実、両方のケースにおいて、英米の航空関係者は第一次世界大戦時の塹壕での悲惨な犠牲を避ける手段を模索していた。彼らは戦略爆撃が次の戦争を短期間で終結させ、第一次世界大戦の悲惨な消耗戦の繰り返しを防ぐことができると信じていた。

陸軍航空隊の将校間の論争に常につきまとうのは、彼らがあらゆるエア・パワーの財産（米国海軍の財産も含め）を管理するべきだという考えである。これは英国の場合も同様で、英国空軍は海上任務に配分された航空機も管理していた。両国のエア・パワーに対するアプローチは、「戦略」爆撃の徹底した重視と他の任務での航空機の運用はエア・パワーの潜在能力の重大な誤用であるという考えに基づいていた。

困難には二つの要素があった。英国も米国も最も広い意味でエア・パワーを運用する準備ができていなかった。さらに、「戦略」爆撃へのほとんど観念的なアプローチにより、大半の航空関係者は、自らの理論のより重大ないくつかの弱点を見逃していた。ある軍事史家は第二次世界大戦前に、米国のエア・ドクトリンについて次のように述べている。

> リスクや問題が蓄積しないことに基づく考え方を受け入れることにより、（米国のエア・ドクトリンを構築した航空隊戦術学校は、）武力行使の領域では、一つの要因あるいは条件も他のいかなる要因に影響を及ぼさずに変化することが不可能であるのを理解できないことを認めた。同校は、前提に基づく各々の仮定は本質的な弱点を含んでいるという極めて明白な事柄を無視していた。個々のレベルではその弱点は深刻ではないが、全体として考える

(15) Public Records Office (UK), Air 20/40, Air Staff Memorandum No. 11 A, March 1924.

(16) 英国のエア・ドクトリンの発展に関しては、Sir Charles Webster and Noble Frankland, *The Strategic Air Offensive Against Germany*, vol.1, *Preparations* (London, 1962) 及び Williamson Murray, *Luftwaffe* (Baltimore, MD, 1985), Appendix 1を参照。

(17) Sir Charles Webster and Noble Frankland, *The Strategic Air Offensive Against Germany*, vol. 4, *Appendices* (London, 1962), Appedix 2, "Memorandum by the Chief of Air Staff and Comments by his Colleagues," May 1928.

(18) 米国陸軍航空隊のエア・ドクトリンの発展に関しては、Robert F. Futrell, *Ideas, Concepts, Doctrine : A History of Basic Thinking in the United States Air Force, 1907–1964* (Montgomery, AL, 1971)を参照。

と、思考全体を揺るがしかねない[19]。

しかし、エア・パワーがまったく異なる方向へ進む別の道があった。すなわち、米国での海軍のエア・パワーの発展である。軍種間の対抗と米国海軍の多くの上級士官の前向きな考え方が、海軍のエア・パワーを陸軍航空隊とは別個の存在にしていた。そして、多くの要因が結びついて海軍を艦隊航空の拡充へ駆り立てた[20]。まず、第一次世界大戦終結後間もない頃、海軍大学の校長であったウィリアム・シムズ提督がニューポートで作戦図上演習を活用し、艦隊航空が日本との戦争で海軍に寄与する潜在的可能性を吟味した。図上演習が行われ始めたとき、米国海軍はまだ空母を保有していなかった。こうした図上演習を通じて、空母の甲板から発進する航空機の振動（砲撃の衝撃と異なる。）が海軍の航空機を運用する際に決定的な要素になろうという予見が得られた。次に、海軍は、ニューポートで発展させた構想を海上における戦術の手順や慣行と綿密に調整した[21]。第三に、米国議会は航空関係者だけが空母を指揮できるという内容の法律を制定した。海軍は第二次世界大戦が勃発する頃までには、空母と海軍航空に関する豊富な経験を有し、その兵器体系の能力を理解する一群の上級将官を擁していた。最後に、日本帝国海軍が、真珠湾で実質的に海軍の全戦艦を沈めてくれたおかげで、米国海軍は真珠湾攻撃がなかった場合より一段と早く、太平洋戦争で空母に依存せざるを得なくなった。

さらに、一九二〇年代から一九三〇年代にかけての米国海軍のエア・パワーの発展から生じた意図しなかった重要な効果もあり、第二次世界大戦では太平洋だけではなくヨーロッパでも、米国の航空作戦全般に恩恵を施した。海軍は、艦隊航空に関する試みの初期に、直列エンジンを搭載した航空機の整備は空母の揺れる格納庫甲板ではほぼ不可能であることが分かった。そこで海軍は、当時、技術者が直列エンジンに本質的に劣ると考えていた星型エンジンの開発を進めた。結局、星型エンジンはほとんど遜色がないことが分かった。この結果、星型エンジンは、第二次世界大戦の戦闘で米国陸軍航空隊と米国海軍が運用したP-51を除く主要な戦闘機すべてに搭載された。最も重要であったことは、星型エンジンは整備がはるかに簡単ということで、これは米国が様々な航空部隊を計画し、遠方に供給しなければならないことを考えると極めて重要であった。

軍事史の俗説の一つによると、軍事組織は前回の戦争を研究するため、次の戦争でうまく戦えないという。事実、第一次世界大戦を慎重かつ真面目に研究した唯一の軍事組織はドイツ国防軍で、第二次世界大戦の最初の数年間における戦術・作戦分野でのドイツの成功は、一九二〇年代初期のドイツ国防軍の指導者（特に参謀総長のハンス・フォン・ゼークト将軍）が始めた第一次世界大戦の厳密かつ慎重な研究による。[22] ゼークトは、第一次世界大戦についてのドイツ陸軍の戦闘評価作業に航空戦に関する膨大な研究を含めた。したがって、ドイツ軍は英米と違って、過去を無視した将来の仮定に基づくのではなく、第一次世界大戦の経験に基づいて一九三三年初めにドイツ空軍を創設したのである。

その結果、ドイツは次の戦争が生起する背景によって、ドイツの国家目標を達成するためにエア・パワーを最大限に運用する方法が決定するという点を強調するよりバランスの取れたエア・ドクトリンを構築した。[23] ドイツ空軍の初

(19) Thomas A. Fabyanic, "A Critique of United States Air War Planning, 1941–1944," St. Louis University Dissertation, 1973, p. 47.

(20) 両世界大戦間期の米国海軍の艦隊航空と空母の発展に関しては、Thomas C. Hone, Norman Friedman, and Mark D. Mandeles, *American and British Aircraft Carrier Development* (Annapolis, MD, 1999) 及び Barry Watts and Williamson Murray, "Military Innovation in Peacetime," in *Military Innovation in the Interwar Period*, ed. by Williamson Murray and Allan R. Millett (Cambridge, 1996)を参照。

(21) 後に提督になるリーブズは、初めニューポートの学生で、後年、米国初の空母「ラングレー」を指揮するようになる前は、ニューポートの教官として図上演習を担当していた。彼は指揮官として、ニューポートで得た知識を用い、甲板駐機場、着艦ケーブル、空母「ラングレー」の艦載機数を大幅に増加する方法などの開発を推し進めた。

(22) これに関しては、James S. Corum, *The Roots of Blitzkrieg : Hans von Seeckt and German Military Reform* (Lawrence, KS, 1992) 及び Williamson Murray, "Armored Warfare : The British, French, and German Experiences," in Murray and Millett, *Military Innovation in the Interwar Period*, chpt. 1 を特に参照。

歩的なドクトリン・マニュアルである「航空戦の遂行」(*Die Luftkriegführung*) には、「自国の軍事力とともに、敵の性質、戦争の時期、敵国の地形、敵の国民性」によって将来の戦争でのエア・パワーの運用方法が決められるべきであると書かれている。[24]

結果として、ドイツ空軍は、ドイツ帝国の敵を敗北させ、国防軍の取り組み全般に貢献し得る広範な能力を開発した。これらの能力には近接航空支援が含まれ、一九四〇年五月のムーズ川の渡河で機械化部隊を援護するという重要な任務を遂行した。[25]第二次世界大戦史の俗説には、ドイツ軍は戦略爆撃に興味を持たなかったというものもある。実際は、一九四〇年にはドイツ空軍は世界の空軍の中でもこの能力を発揮する準備が最もよく整った空軍であった。ドイツ空軍は、誘導飛行中隊、航空優勢獲得の概念、航法装置、目標指示弾などを保有していた。[26]英国空軍の爆撃機軍団は、一九四二年後半までこのような能力を持っていなかった。当時、誰もが十分に理解していなかったのは、戦略爆撃の問題がどれほど難しいことになるかで、この点に関しては、ドイツ軍の準備態勢は敵国と変わらなかった。その結果が英国の戦いでの敗北である。

スペイン内戦は、航空戦が将来どの方向に進むのかに関する明快な道標となり、第一次世界大戦の主たる教訓を再確認した。ここでもドイツ軍は、過去の出来事に関する明晰な分析で一歩先んじていた。[27]ドイツ空軍の「義勇兵部隊」であるコンドル部隊は積極的に参戦し、即座にフィードバックをもたらした。この内戦での教訓は、航空優勢の重要性である。高空から目標に命中させることは確実性のない一か八かの任務である。しかし、低空を飛行すると爆撃の精度は向上するが、対空砲火に対する脆弱性が高まる。近接航空支援は、敵と交戦中の地上部隊を援護するが、航空部隊と地上部隊の緊密な連携を必要とする。当然のことであるが、夜間あるいは悪天候下の爆撃には、相当な技術的支援が必要である。ドイツ軍はこれらの教訓すべてを吸収した。来るべき戦争でのドイツ軍の敵国は、これらの教訓をほとんど学んでいなかった。なぜなら、英米両国の当初の構想にスペインは適しておらず、またソ連軍は、スペインで経験を積んだ航空兵は西側のイデオロギーに染まったという理由でスターリンがほぼ全員を射殺させたという状況にあったからである。

三　ヨーロッパの航空戦――一九三九〜一九四五年

ここで指摘しておくべき重要な点は、ドイツ空軍が開発した広範なエア・パワー能力には、航空偵察、防空、航空阻止、近接航空支援、空挺作戦、航空撃滅戦及び戦略爆撃が含まれていたことである。ドイツ空軍が第二次世界大戦の前半の三年間においてドイツの軍事作戦に果たした貢献は、同空軍が遂行し得た多くの任務にある。[28] ドイツ空軍は、一九三九年九月にポーランド、そして一九四〇年五月から六月にかけてのベルギーと北フランスでの戦闘で西欧列強に対して航空優勢を獲得した。同軍は一九四〇年春の作戦でノルウェーとデンマークの飛行場を確保し、これらの飛行場を支配下に置いたことによって、ドイツは英国海軍の海上での優勢を凌駕した。同様に、バルカン半島での作戦行動とバルバロッサ作戦で、ドイツのエア・パワーは、ドイツ国防軍が圧倒的な勝利を収めた地上戦で重要な貢献を

(23) 両世界大戦間期のドイツ軍のエア・パワー・ドクトリンに関する議論は、Murray, *Luftwaffe*, chpt. 1を参照。
(24) "Die Luftkriegführung," (Berlin, 1935), paragraph 11.
(25) ドイツ軍がいかにして近接航空支援能力を開発したかについては、Williamson Murray, "The Development of Close Air Support, the Luftwaffe," in *Case Studies in the Development of Close Air Support*, ed. by Benjamin Franklin Cooling (Washington, DC, 1990) を参照。
(26) 英国がいかにしてドイツ軍が無差別爆撃航法機器を保有していることを発見したかに関しては、R.V. Jones, *The Wizard War* (New York, 1978) を参照。
(27) Murray, *Luftwaffe*, chpt. 1を参照。
(28) 第二次世界大戦初期のドイツの勝利に対するドイツ空軍の貢献に関しては、Williamson Murray and Allan R. Millett, *A War to be Won : Fighting and Second World War* (Cambridge, MA, 2000), chpts. 3–6を参照。

した。[29] ドイツ空軍は主要な戦闘で二度、敗北を喫しているが、それは二度とも英国を敗北させようとした同軍の作戦でのことで、最初が一九四〇年七月から九月まで昼間行われた英国の戦い、二度目が一九四〇年十月から一九四一年五月まで続いた夜間爆撃攻勢であった。[30] 敗北の理由は、ドイツの戦略そのものの弱点と同じくらいに、情報活動の失敗とドイツ空軍の戦力構成の不備にもあった。

英国の戦いは英米の航空関係者にとって決定的な瞬間になるはずであったが、残念ながら、事実は違った。戦闘機軍団の総司令官であったサー・ヒュー・ダウディングは、二〇世紀の軍事史における重要人物の一人であるが、彼は一九三〇年代の初めから半ばまで、英国の戦いを勝利に導いた技術の開発を進める英国空軍の研究開発部門のトップとして重要な役割を果たした。そして一九三〇年代後半には、彼は新設の軍団である戦闘機軍団を編成、そして新技術――具体的には、レーダー、二種類の新型戦闘機（ハリケーンとスピットファイア）――を統合した防空システムを構築した。統合防空システムの概念はまったく新しいものではなく、第一次世界大戦における英国の防空経験に基づいていた。[31]

英国の存亡は、情報関係の問題に関する政府の科学顧問であったR・V・ジョーンズが提供した驚くべき科学情報にもかかっていた。彼は、証拠品の小片からドイツ軍が航法装置（*Knickebein*）を保有していることを推察した。[32] 英国の戦いは三つの重要な教訓を示してくれたが、これらの教訓は英国空軍の考え方にほとんど影響を及ぼさなかった。第一に、航空優勢は昼戦でも夜戦でも重要であった。第二に、技術は、ドイツに対する戦略爆撃攻勢の遂行、特にその精度に関して極めて重要になると思われた。そして第三に、ドイツの都市を粉々に爆破することによってドイツ人の士気を挫こうとしたとしても、警察と政府の支配装置がドイツ帝国の市民を支配する能力を失うことが保証されないことであった。

ヨーロッパにおける航空戦に関しては、英国空軍と米国陸軍航空隊の歩んだ道は、エア・パワー主義としか呼べないエア・パワーに対する彼らの観念的な思考の傲慢さがはびこった実に困難な道であった。地中海と太平洋での作戦を見ても、英米とも一九四四年六月のノルマンディー上陸まで、主な地上戦に積極的には参加していなかったという事実が、両国がその人的資源と工業力の大部分を航空戦に投入することを可能にした。しかも、その割合は第二次世界大戦に参戦していた他の主要国の割合と比べ、はるかに大きかった。結局、この事実により両国の航空戦力は、どのような航空機を生産するべきかという厳しい選択の必要性を回避し、全機種を大量に生産することができた。パイロットと搭乗員の育成は順調で、一九四四年までに英米はエア・パワーが遂行できるあらゆる任務に対応できるほどであった。[33] その結果、同大戦の半ばまでに、連合国は航空部隊を編成し、各国の傾向とその政府が航空部隊に供給する資源の不足などの理由で、航空部隊にふさわしい役割ではないと、これらの国々が声高に拒否していたものと同じ広範な任務を遂行できるようになっていた。

　おそらく英米の航空関係者が学ぶべき最も重要な教訓は、技術により三次元で戦闘が可能になったからといって、戦争の基本的な性質は変わっていないということであった。戦略爆撃攻勢に関する最も明敏な論者の一人は次のよう

(29) これらの作戦に関する一般的な議論は、William Murray and Allan R. Millett, *A War to be Won : Fighting the Second World War* (Cambridge, MA, 2000) を参照。
(30) 英国の戦いの事実に基づく日々の記録は、Mason, *Battle over Britain* を参照。Telford Taylor, *The Breaking Wave* (New York, 1967) 及び Basil Collier, *The Battle of Britain* (New York, 1962) も参照に値する。
(31) この点を指摘してくれたのはカルガリー大学のキース・フェリス教授である。ドイツ軍は英国が統合防空システムを保有していることを知らず、そのことが、ドイツ軍が戦闘の早い段階で英国のレーダー基地への攻撃を諦めた理由である。ドイツ軍は、自分たちの防空システムと同様に、各レーダー基地は戦闘機一機のみしか管制できないと思い込んでいた。
(32) ジョーンズ博士の優れた回顧録、*The Wizard War* を参照せよ。
(33) しかし、連合国は大西洋の戦いでもう少しで負けそうになったことには注目すべきである。その理由は、「爆撃王」グループが重爆撃機の生産を中止して、その分の生産能力を英国の存亡と、皮肉なことに、合同爆撃機攻勢の継続のいかんを左右する重要な船団をエア・パワーが守れなかった北大西洋の空隙を埋めるために必要な長距離航空機の生産に回してくれなかったからである。この失敗は、連合国が第二次世界大戦の後半で犯した数少ない大きな失敗の一つとして数える必要がある。

に述べている。

われわれは一つの苦い真実をはっきり思い出させるものを持ち続ける。それは、戦争の法則は、遠い海での水夫や泥中や砂上の兵士と同じように、ヨーロッパの空で実施された五年半の歳月にわたる悲惨な戦略航空攻勢にも適用された。ときおり航空兵は、ちょうど空軍司令官が、提督や将軍には味わえない用兵の自由を享受するように、自分が新しい次元で生き、戦っていると感じたかもしれない。しかし法則に従わないと、航空兵は死に、空軍司令官は希望を挫かれ、行き詰る。法則を守ると成功を手にできる。法則が守られている限り、勇気さえあれば希望は生き続ける。[34]

英国空軍と米国陸軍航空隊による戦略航空攻勢は大規模な物量戦となった。皮肉にも、エア・パワーは戦略爆撃の遂行を通じて塹壕での消耗戦を回避すると思われていたが、結果的に大規模な消耗戦になってしまった。ただし、この戦争では、消耗は将校と練度の高い下士官――言い換えると、軍のエリート層――に限定されていた。この費用を「国宝」に置き換えて考えてみると、想像を絶する。この時期の航空戦についてある専門家は次のように述べている。

戦争の主唱者たちの戦前の見通しにもかかわらず、第二次世界大戦における航空戦は…（中略）…消耗戦であった。航空戦は従来の軍隊の作戦に取って代わるものではなく、それを補完するものであった。勝利の女神は、運用面で最大の奥深さと、最良のバランス、そして最高の柔軟性を備えた航空部隊に微笑んだ。その結果は、航空部隊指導層にはまったく予想外の航空戦略であった。[35]

戦略爆撃攻勢に参加した航空兵の損失率は、二一世紀初めの今日からすると、恐るべき数字である。一九三九年九月から一九四五年五月のヨーロッパにおける戦争の終結までの間に爆撃機軍団に所属していた搭乗員の損失率は次の通りである。

作戦中の死亡	51%
英国での墜落死	9%
墜落による重傷	3%
捕虜（一部負傷）	12%
撃墜されたが捕虜になるのを逃れる	1%
無傷で終戦を迎える	24%(36)

一九四三年を通じた第八航空軍に所属する搭乗員の損失率は、月平均三〇%を多少上回っていた。簡単に言うと、米国の昼間爆撃攻勢とドイツ空軍の戦闘は激しく、一九四二年の米国の若者は、米国海兵隊に入隊してタラワ島と硫黄島で戦った方が、陸軍航空隊に入り、一九四三年にB-17に乗ってドイツ帝国の中心を爆撃するよりも、戦争を生き抜く可能性が高かったということである。同様に、一九四二年のドイツの若者は、武装親衛隊に加わって東部戦線で戦った方が、戦闘機のパイロットになってドイツの空を守るよりも戦争を生き抜く可能性が高かった。作戦戦闘史家は、合同爆撃機攻勢を指揮した英米の将軍たちが、配下の搭乗員が被ることになる甚大な損失（特に米国人は一九四三年、英国人は同年から翌年にかけての冬）の原因となったあまりにも愚かな作戦を時折実施したことを認めなけ

（34）Anthony Verrier, *The Bomber Offensive* (London, 1968), p. 327を参照。
（35）William Emerson, "Operation Pointblank," Harmon Memorial Lecture, No. 4 (Colorado Springs, 1962), p. 41.
（36）Martin Middlebrook, *The Nuremberg Raid* (New York, 1974), p. 275.

ればならない。[37] 爆撃機軍団の誘導飛行部隊長であったD・C・ベネット航空少将は戦後、サー・アーサー・ハリスはベルリン攻防戦で彼の部隊をもう少しで全滅させるところであったし、「あの戦いは爆撃機軍団にとって起こり得る最悪のものであった」と述べた。[38] ほとんどの合同爆撃機攻勢において、英米の航空関係者たちは、戦前の彼らのコンセプトと想定をそのまま現実に当てはめようとし、決して前提を自分たちの部隊が直面している実情に順応させようとはしなかった。

このような戦争に勝つためには大量の物的・人的資源の投入が必要であった。そして、このことは正しく、この戦争における米国の最大の強みであった。同戦争における最も重大な戦略的失敗は日本の真珠湾攻撃であったが、その失敗にも引けを取らないのが、四日後に行われたヒトラーによる対米宣戦布告である。[39] 一九四三年後半、米国の四発爆撃機の生産は毎月一〇二四機であった。[40] 同時期、英国には毎月四〇〇機以上の重爆撃機を生産する能力があった。一九四四年には、米国の四発爆撃機の月間生産数はほぼ一五〇〇機へと上昇した。これほどには目立たないが、英米の戦闘機生産数は最終的にドイツを圧倒した。さらに、ヨーロッパと太平洋での戦争ではともに、敵国は増え続ける損失により、新人パイロットの訓練課目の削減を余儀なくされたが、英米は新人搭乗員の訓練時間を着々と増やしていた。結局、ドイツ空軍と日本陸海軍の航空部隊は、増大する損失が一見終わることのなさそうな物量戦を続けるために訓練時間を短縮し、それが損失の増加に繋がるという悪循環に陥った。

したがって、航空戦は英米の長所を生かし、敵の長所をできるだけ発揮させない大規模物量戦であり、決定的な瞬間も華々しい勝利もなかった。航空戦はこの戦争の初めから終わりまでの長期にわたる退屈で困難な任務であった。

重爆撃機攻勢は非人間的な戦争のようなもので、その攻撃には独特の単調さがある。天候と装備が許せば来る日も来る日もB-17とB-24が発進し、その徹底的な破壊を目的とした荷物を投下すると家路につく。爆撃の効果は即座に写真撮影され、情報将校によって高校の成績表を思い出させる優、良、可、不可で評価される。しかし、一つの任務や一連の任務が決定的であったことはほとんどない…（中略）…。爆撃の効果は、徐々に現れて、積み重なっていくもので、作戦の最中にはめったに正確に測定できない。爆撃機の搭乗員は何度も何度も飛来し、前にも破壊した目標を攻撃する。戦争の終わりが近づいてきた頃になってようやくドイツ軍の防衛態勢が崩れだすようになって初めて、合同爆撃機攻勢の全体の結果が明らかになった。それまでは、長く続く作戦の各段階では、当初の計画どおりに正確に命中させることはできなかった場合がほとんどである。ドラマは出撃する全航空機のそばで展開されたが…（中略）…、この大きな見世物はドラマとしては…（中略）…単調で繰り返しが多く、クライマックスが欠けていた。[41]

最終的には合同爆撃機攻勢は、大西洋の戦い、東部戦線での作戦、そして一九四四年のフランス進攻とともに、第二次世界大戦でのナチス・ドイツに対する連合国の勝利に大きく貢献した作戦の一つとなった。貢献の形は多様であっ

(37) 米軍司令部の短所に関しては、Murray, *Luftwaffe*, pp. 131–132 and 173–174を参照。爆撃機軍団の指揮レベルにおける短所に関しては、Max Hastings, *Bomber Command* (London, 1979), pp. 265–267を参照。

(38) 英国空軍幕僚養成大学図書館（Bracknell, U.K.）のD・C・T・ベネットに対する聞き取り調査。

(39) 第二次世界大戦の歴史を通じて最も興味深い疑問の一つは、ヒトラーがなぜ一九四一年十二月十一日に対米宣戦布告を行ったのかである。それには二つの要因が関係しているようである。一つは、ヒトラーは、モスクワを目前にした陸軍中央部隊全体の敗北が確実視されていた東部戦線で悲惨な状況に直面していたことで、もう一つは、ヒトラーは彼の将軍たちと同様に、ドイツ帝国の一九一八年の敗北はユダヤ人と共産主義者が無敗のドイツ陸軍を裏切ったからであると信じていたことである。したがって、一九四〇年当時のドイツの見方は、一九一八年の西部戦線への二〇〇万人の米国部隊の介入はドイツ帝国の敗北に影響しなかったのであるから、米国は同じように今度の戦争の行方にも影響を及ぼさないであろうというものであった。

(40) 生産の問題に関する議論は、Murray, *Luftwaffe*, chpt. 3を参照。

(41) Wesley Frank Craven and James Lee Cate, *The Army Air Forces in World War II*, vol. 2, *Europe: Torch to Pointblank, August 1942 to December 1943* (Washington, DC, 1983), p. ix.

た。[42] 一九四四年一月から五月までドイツ中央部の空域で展開された大航空戦は、ドイツ空軍の敗北をもたらし、ヨーロッパ大陸における連合国の航空優勢を確定し、それが英米陸軍による対ドイツ地上戦を大いに支援することになった。皮肉なことに、ドイツ空軍の生産基地の破壊を目的とするドイツ航空機産業に対する一九四四年の冬と春の戦略爆撃は、任務の遂行には失敗したが、ドイツ帝国の防空の鍵を握る工場を守るためにドイツ戦闘機を出撃させるという効果を生み、米国の戦闘機の働きでドイツの戦闘機パイロットを戦力外に追いやることができた。

さらに、多くの軍事史家の議論とは反対に、この戦略爆撃攻勢は、第二次世界大戦の最後の二年間のドイツの武器生産能力を大幅に低下させた。一九四四年五月に始まったドイツ帝国の石油産業に対する攻撃は、ドイツの石油生産を実質的に停止させ、ドイツ陸軍の機動力を制約しただけではなく、パイロットと戦車乗員の訓練も実質的に停止させた。一九四五年、ドイツ国防軍は一八〇〇輌の戦車をシュレジエンで保有していたが、燃料が不足して使い物にならず、ソ連軍はわずか数日で同地域を手中に収めた。[43] 連合国の航空戦力による一九四四年春の交通網攻撃作戦は、フランス北部と西部の鉄道・道路網をほぼ遮断し、ドイツ軍とのノルマンディー集結競争での連合国の勝利に大きく寄与した。一九四四年秋から連合国は、ドイツ経済の循環系であるドイツの交通網への攻撃を開始した。その冬の終わりには、この攻撃はドイツの戦争経済を根本的に弱体化させ、一九四五年三月から四月にかけてのドイツの全面的な崩壊に繋がった。[44]

同じように重要であったのは、戦略爆撃が及ぼした間接的な効果である。心理的には、爆撃機軍団に属する一〇〇〇機による一九四二年五月の空襲は、ヨーロッパのほぼすべての人々を大いに苦しめていたドイツを攻撃するのにこれといった手段がなかったときに、ドイツ国民に戦争というものを痛感させた。戦略爆撃がドイツに加えた圧力に対し、ナチス政権は主として二つの手段で応えた。第一に、ナチスの指導者は一九四二年初めまでに対空砲火が高高度を飛行する爆撃機に対しては費用対効果が引き合わないことを知っていたにもかかわらず、ドイツ国民の精神的な支えとするために大規模な高射砲部隊を編成した。[45] 一九四四年には、約二万の八八ミリ、一〇五ミリ、一二〇ミリ速射対空砲と五〇万の兵が戦略爆撃攻勢からドイツ帝国を防衛していた。仮にドイツ軍がこの膨大な資源を東部戦線か西部戦線のどちらかに投入していたとすれば、はるかに大きな成果をあげることができていたであろう。さらにいっそう破滅的であったことに、ドイツは膨大な資源を、技術的な優秀さはともかく、ほとんど効果のなかったV-2の計画に投入していた。(46) 米国戦略爆撃調査団の見積りによると、V-2計画の費用は二万四〇〇〇機の戦闘機の生産分に等しいと言われ、ドイツにとっては、なけなしの資源の転用であった。(47)

四　太平洋戦争

太平洋での航空戦はヨーロッパでの航空戦と同じような道をたどった。米国は、真珠湾攻撃の数ヵ月前には、長距

(42) 戦略爆撃作戦及びドイツの戦争経済と国防軍の戦争遂行に与えたその総合的な効果に関する議論は、Murray and Millett, *A War to be Won : Fighting the Second World War*, chpt. 12を参照。さらに広範囲な議論に関しては、Murray, *Luftwaffe*, chpts. 6, 7 and 8も参照。
(43) Murray and Millett, *A War to Be Won*, p. 334を参照。
(44) ドイツの交通網と経済全般に対する連合国の戦略・戦術的爆撃の影響に関しては、Alfred C. Mierzejewski, *The Collapse of the German War Economy, 1944-1945 : Allied Air Power and the German National Railway* (Chapel Hill, NC, 1988) を参照。
(45) ドイツ秘密警察（親衛隊保安課報部）の報告書には、国民は頭上の爆撃機への高射砲の発射音を心強く感じていたと書かれている。もちろん、一般のドイツ人はそのような高射砲の射撃に効果がないことを知らなかった。
(46) V-2の開発及び武器としてのV-2の一般的な欠点並びにその開発費用に関しては、Michael J. Neufeld, *The Rocket and the Reich : Peenemunde and the Coming of the Ballistic Missile Era* (New York, 1995) を参照。
(47) United States Strategic Bombing Survey, "V-Weapons (Crossbow) Campaign," Military Analysis Division, Report No.60, January 1947.

離爆撃の威力を根拠もなしに過信していた。真珠湾防衛のケースでは、この想定が日本軍の急降下爆撃機と雷撃機が襲来した瞬間に崩れてしまった。これが米国の傲慢さで、八時間後のフィリピンでは、日本の爆撃機がクラーク基地に駐機していたダグラス・マッカーサー将軍配下のB-17を破壊することを許してしまった。米国にとって幸運であったことは、太平洋での戦争が、航空母艦とその艦載機のいかんによるようになったことである。[48] この時点で日本帝国海軍は、世界で最もよく訓練されたパイロットを擁していたという重要な利点に恵まれていた。しかし、日本もほどなく気づいたように、その利点は消耗資産であった。ひとたび、このパイロット集団が大きな損失を被り始めると、この集団は補強されなかった。

ミッドウェー海戦の二次的影響は、日本帝国海軍の第一線空母への直接的影響と同じくらい重大であった。[49] これにより、米国はガタルカナル島を掌中にし、日本軍をソロモン諸島での消耗戦に引きずり込むことができた。一九四三年初めまで続いた戦闘での米軍の艦艇と航空機の損失は日本軍より甚大であったが、特にパイロットなどを含む日本軍が被った損失は補填がきかず、反対に米国は、ちょうど航空機の大量生産と航空機搭乗員の訓練プログラムの恩恵に浴し始めたところであった。

ソロモン諸島での敗北と撤退以降、日本軍は絶望的な状況に陥った。一九四三年夏から、毎月一隻のエセックス級新造空母が高度に訓練された航空機搭乗員とともに真珠湾に入港し、二ヵ月に一隻のペースでインディペンデンス級新造軽空母が太平洋戦域に就役した。マリアナ沖での日本海軍航空の壊滅（米国の戦闘機パイロットはこれを「マリアナ七面鳥撃ち」と呼ぶ。）による日本海軍のパイロットの能力低下は悲劇的で、そこから神風特別攻撃隊への道が生じた。日本軍の訓練学校が送り出した、勇気は並外れていたが著しく訓練不足のパイロットを運用する方法が他になかったのである。

米国海軍が中部太平洋での大攻勢に向けて突き進んでいた頃、マッカーサーはニューギニアで日本の地上部隊と航空部隊を打倒する作戦を実施していた。マッカーサーは当時最も優秀な航空士官であったジョージ・C・ケニー将軍の助けを借りた。ケニーは陸軍航空隊の大多数の同僚とは異なり、戦場で自分が直面した状況に直ちに順応した。[50]この結果、彼の航空部隊は、オーストラリアと米国の水陸両用部隊がニューギニア沿岸に上陸する際の機動力の向上に貢献した。米国の両面作戦はいくつかの点で、日本軍にとって大きなチャンスであったが、米軍の弱点をつけなかった日本軍の失敗は、一つには米軍のエア・パワーが優っていたからである。

　米国が日本を爆撃する上で当初、使用を計画していた中国の飛行場よりも格段に効率的な基地であるマリアナ諸島の占領により、日本本土は米国最新の長距離爆撃機B-29の攻撃範囲に含まれた。B-29による爆撃は当初、効果があがらなかった。日本列島の上空を流れるジェット気流の影響で、高高度からの「精密」爆撃はほぼ不可能であった。一九四二年と翌年の対独作戦で卓越した戦績を修めたカーティス・ルメイ少将はこの問題を解決する任務を与えられた。ルメイは一九四五年初めに着任すると、B-29の大半の防御用銃砲の撤去と焼夷弾及び高性能爆弾の積載を命じ、超低空飛行による初の夜間空襲を指揮した。その結果が、日本の都市を次から次へと破壊した一連の激しい空襲である。さらにB-29は、海上の広い範囲に機雷を敷設し、海上輸送と沿岸交通を事実上途絶させた。大規模な米国艦隊、海軍航空機及びB-29による海上封鎖により、日本の軍事的敗北が決定的になった。

　しかしながら、日本軍、特に帝国陸軍の指導層は完敗の現実を認めることを拒否し、「武士道」の古い規範にしたがって国民を道連れに敗北する覚悟であった。[51]仮に米国が原子爆弾を広島と長崎に投下しなければ、その結果は、想像を超える流血の事態に至ったであろう一九四五年十一月一日の九州への米軍の進攻であり、両軍の死傷者は何十万

(48) 仮に米国の戦艦が真珠湾で被害を受けなかったとしても、太平洋艦隊の提督たちは、愚かにも艦隊を中部太平洋海域へ進め、壊滅的な打撃を被ったであろうことは想像に難くない。

(49) 太平洋戦争全般を扱った歴史書で最良のものは、Ronald Spector, *Eagle against the Sun : The American War with Japan* (New York, 1985) である。

(50) 軍事的効果の大きな問題の一つは、軍の指揮官たちが、部隊が直面している状況に戦前の想定を順応させるのではなく、戦前の想定を現実にそのまま当てはめようとする傾向である。

人にも達したであろう。戦闘、飢餓、病気などによる一般市民の巻き添えによる死傷者は数百万人に達したであろう。このような悲惨な事態に至らなかったのは、原子爆弾が日本軍上層部の一部、そして最も重要であったのは、昭和天皇に戦争の終結を決断させたからである。

筆者の見方では、日本の都市への比較的小型の二個の核爆弾の投下は、さらにもう一つの恩恵をもたらした。放射能に起因する病気の予想を超える高い発症率は、まず米国、次いでソ連の指導者たちに一九五〇年代中頃までに、両国間の核戦争は受け入れ難い膨大な犠牲者を生む結果となろうことを理解させた。これは、仮に二個の爆弾が投下されなかったら、冷戦の計算には入れられなかった考えである。

第二次世界大戦はこのようにして終わった。航空・地上作戦の遂行は計り知れない損害を世界中にもたらした。今次大戦は第一次世界大戦と異なり、数百万人の一般市民の命を奪い、暮らしを破壊した。そしてこの一般市民の被害の多くは、一段と高まる航空機の殺傷能力によった。エア・パワーはさらに第二次世界大戦での連合国の勝利にも明らかに貢献している。戦略爆撃、特に対独爆撃は枢軸国の戦争経済に深刻な影響を及ぼした。しかし、エア・パワーは最も大局的に見て、航空優勢の獲得と英米の航空理論家が一九二〇年代から一九三〇年代にかけてほぼ完全に否定した陸海軍の作戦への支援に集中することを要求した。特に同大戦の初期には、英米の航空関係者による戦略爆撃の過度の強調と「爆撃機は常に成し遂げる」という彼らの考え方は、大西洋の戦いだけではなく、合同爆撃機攻勢においても、危うく失敗を招くところであった。

おわりに

第二次世界大戦が終わる頃には、航空関係者の間にエア・パワーに関するいくつもの思考様式が表れていた。皮肉なことには、同戦争のような貴重な経験にもかかわらずそうした思考様式は変わらなかった。第二次世界大戦によって、エア・パワーと陸海軍の作戦との相互依存、航空優勢の死活的重要性、航空戦は戦争の基本的な性質を変えなかったという事実、そして戦略爆撃は近代の戦争にかかる莫大なコストを防止する万能薬を提供しないという事実が再び強調された。しかしながら、航空関係者は原子爆弾の出現を第二次世界大戦の航空作戦を含む過去の軍事作戦の研究を再度否定する理由として、すぐそれに飛びついた。

五年後、朝鮮戦争が勃発し、航空関係者は再び両世界大戦の教訓を学ばなければならなくなる。[52] しかし、朝鮮戦争が終わるとすぐに、航空関係者は同戦争から学ぶものはないと結論を下した。核兵器の時代には、もはや陸海軍部隊との協力は必要ではなく、航空優勢とは単に敵の爆撃機に核兵器を投げつけたり、熱核兵器を運ぶ爆撃機の大半が無事に目標に到達して、それを破壊したりするためのものという状況を生み出した。[53] 一二年後、北ベトナムに対する「ローリング・サンダー」作戦が始まったとき、米国空軍は通常兵器で航空戦を戦うことがほとんどできないことが証明された。戦闘機部隊の空対空能力は控えめに言っても不十分で、戦闘爆撃機は第二次世界大戦期の先輩よりも標的に命中させるのが下手で、航空戦略は単に目標がそこにあるので攻撃するだけというものになりさがってしまった。[54]

（51）原爆投下と日本の軍事指導者に敗北の認識と降伏の受諾を促したその重要な役割に関する非常に優れた学術書には、Richard B. Frank, *Downfall : The End of the Imperial Japanese Empire* (New York, 1999) がある。また、Thomas B. Allan and Norman Polmar, *Code-Name Downfall : The Secret Plan to Invade Japan and Why Truman Dropped the Bomb* (New York, 1995) は一考に値する。

（52）朝鮮戦争に関する最良の文献は、T.R. Fehrenback, *This Kind of War* (New York, 1964) である。近接航空支援をめぐる論争は、Allan R. Millett, "Korea, 1950–1953," in *Case Studies in the Development of Close Air Support* を参照。

（53）冷戦時代の米国のエア・パワーに関する研究は、Williamson Murray, "The United States Air Force : The Past as Prologue," in *America's Defense*, ed. by Michael Mandelbaum (New York, 1989) 及び同 "Air Power since World War II, Consistent with Doctrine?," in *The Future of Air Power in the Aftermath of the Cold War*, ed. by Richard Schulz and Robert L. Pfaltzgraff, Jr. (Maxwell AFB, AL, 1992) を参照。

このことは、人類が初めて飛行機を軍事目的で使用して以来のエア・パワーの歴史に一貫して通じるいくつものテーマを示唆している。第一に、空軍はその性質上、見通しを立てる際に、技術に重きを置く。空軍は技術と工学に傾倒しており、ほぼ全体的に未来を指向する傾向にある。したがって、近接過去も含めて過去は、大半の航空関係者にとってほとんど重要でない。第二に、航空戦は、少なくともそれを運用する側にとって、将来の戦争をより金がかからず、苦痛も伴わないものにするであろうという観念的な信仰や願望（二度経験したにもかかわらず。）があるように思える。さらに工学的メンタリティを備える航空関係者は、結果よりも入力（例えば、出撃回数、投下した爆弾数、作戦稼働率）に集中する傾向がある。なぜならば、前者には特に戦争の際にかなりの不確実さと曖昧さが伴うが、後者は計測が容易だからである。

しかし、航空機が一九四五年までに、戦争の最重要の兵器として登場していたことを疑う余地はない。近代世界における戦争は航空機なくしては成り立たなくなった。その能力は、文字通り戦闘空間をほぼ規定した。このように、航空機はよく訓練され、巧みに指導された敵に対しては限界があるが、戦争のあらゆる局面で、何らかの形で不可欠の存在となった。航空機が戦争の重要なプラットフォームとなったのは、その貢献の幅広さゆえであった。航空機は、工業化時代の戦争の究極の代表として、先進工業民主主義国の勝利に大きな役割を果したのである。

（54）北ベトナムでの航空戦に関する優れた文献が二冊あるので一読を薦める。それは、Marshall L. Michell III, *Clashes : Air Combat over North Vietnam, 1965–1972* (Annapolis, MD, 1997) とMarshall L. Michell, III, *The Eleven Days of Christmas : America's Last Vietnam Battle* (Washington, DC, 2001) である。北ベトナムの上空をF–105で飛行する戦闘任務に関する手に汗握る物語は、Jack Broughton, *Going Downtown : The War Against Hanoi and Washington* (New York, 1988) を参照。

第5章　日本におけるエア・パワーの誕生と発展　一九〇〇〜一九四五年

柳澤　潤

はじめに

本論においては、日本における航空機の初飛行から、日本陸海軍航空隊のエア・パワーとしての発展、そして第二次世界大戦の敗北による終焉までを記述する。前章でマーレー教授が述べた世界のエア・パワーの発展動向を受けて、日本がエア・パワーをどのように捉え、どのように考え、そして具現してきたのかを論述する。

また、マーレー教授にならい日本の一九四五年までのエア・パワーの発達過程を、それぞれの特徴によって以下のように時代区分した。

一　日本における航空機の初飛行から第一次世界大戦終了頃まで
二　第一次世界大戦終了頃から一九三〇年頃まで
三　一九三〇年頃から太平洋戦争開始まで
四　太平洋戦争開始からその終了まで

この区分の理由について説明する。第一期は、外国から輸入された機体をもとに、日本人が独自に外国機の国内生産や、自主開発を行った期間であった。また日本は小規模な航空作戦も行った。しかし第一次世界大戦におけるヨーロッパの急激なエア・パワーの用法と技術の進歩並びに航空産業の発展からは、全く取り残された時期であった。

第二期は、欧米から軍人及び技術者を招き、懸命にエア・パワーの用法及び航空技術の摂取に努めた期間であった。また陸海軍で航空部隊に関する各種制度が確立した時期でもあった。

第三期は、日本の対外関係が急激に変化した期間であり、それに対応して独自のエア・パワーの用法を編み出した時期であった。また技術的には、引き続き欧米からの技術導入を必要としていたが、一応の自立を達成した時期であった。

第四期は、日本のエア・パワーが世界に対してその実力を示した時期であった。技術的には、他国からの技術導入がほとんど絶望的であり、日本独自で技術的問題に対処しなければならなかった時期であった。また同時に日本のエア・パワーに対する理解と取組みの成果が試された時期でもあった。緒戦こそは日本のエア・パワーは大きな戦果を挙げたが、連合国軍がエア・パワーを主軸とする反攻を開始するや日本のエア・パワーの限界が露呈し、ずるずる後退を重ね、ついには敗戦に至る時期でもあった。

これらの区分の中でそれぞれの時代におけるエア・パワーの特徴を抽出し、第二次世界大戦まで、日本にとってエア・パワーは何であったのかを明らかにする。

一　日本におけるエア・パワーの誕生

日本におけるエア・パワーの軍事力への適用の試みは、一八七七年西南の役のときに偵察や人員の輸送ができないかと海軍・陸軍が気球を試作したことを嚆矢とする。しかしそれは実用に至らず、日清戦争（一八九四–九五）においても気球の使用が考えられたが実行されなかった。その後陸軍は日露戦争（一九〇四–〇五）において臨時気球隊を編成し気球による限定的な偵察を行い、日露戦争後の一九〇七年には常設の気球隊を編成した。[1]

（1）防衛研修所戦史室『陸軍航空の軍備と運用〈1〉——昭和十三年初期まで』（戦史叢書）朝雲新聞社、一九七一年、六～一一頁。

第 1 表：日本軍が 1914～1918 年の間に取得した軍用機数

暦年	陸軍			海軍			合計
	輸入	国産	小計	輸入	国産	小計	
1914	0	8	8	2	1＋	3＋	11＋
1915	1	12	13	1	3	4	17
1916	0	13	13	2	5＋	7＋	20＋
1917	6	25	31	0	1	1	32
1918	27	49	76	4＋	5	9＋	85＋
合計	34	107	141	9＋	15＋	24＋	165＋

出典：高橋重冶『日本航空史　乾巻』(航空協会、1936 年) 671-679 頁。野沢正『モデルアート 3 月号臨時増刊――日本航空機辞典上巻』第 327 号（1989 年 3 月）134-139 頁。国産は、ライセンス国産の数も含む。

第 2 表：第一次世界大戦中の欧米諸国の航空機生産数

暦年	ドイツ	オーストリア・ハンガリー	イギリス	フランス	イタリア	ロシア	アメリカ
1914	694	64	不明	429	—		
1915	2,950	281	1,680	4,489	382	5,600	
1916	7,112	732	5,716	7,549	1,255		
1917	13,977	1,272	15,814	14,915	3,871		13,894
1918	20,971	1,989	32,536	24,652	6,523		
合計	45,704	4,338	55,746	52,034	12,031	5,600	13,894

出典：John H. Morrow Jr., *German Air Power in World War I* (Lincoln : University of Nebraska Press, 1982) pp. 202, 213 ; *idem, The Great War in the Air -Military Aviation from 1909 to 1921*, (Shrewsbury: Airlife, 1993) pp. 102, 121, 144, 185, 214, 251, 294, 329 ; Randal Gray, *Chronicle of the First World War* Volume II: *1917-1921* (Oxford : Facts On File, 1991), p.290 ; 横森周信『エアワールド 11 月号別冊　年表世界航空史　第一巻』(1998 年 11 月) 241 頁。

一方、一九〇三年にアメリカ合衆国のライト兄弟が世界で最初に有人固定翼動力機で飛行した。その後世界において航空機の能力が徐々に向上し、軍用としての使用の可能性が見えてくるようになった。一九〇九年日本においても将来の空中戦を予測して、[2] 陸海軍軍人ならびに民間研究者の適任者を集め臨時軍用気球研究会が設置された。[3] 翌一九一〇年この会に属する陸軍軍人の徳川好敏及び日野熊蔵両大尉はヨーロッパに派遣され、航空機の操縦術を習得して日本に帰国した。同年末にはフランスおよびドイツから輸入した機体（フランス製のアンリ・ファルマン一九一〇年型機とドイツ製のハンス・グラーデ一九一〇年型機）を組立て、両大尉により日本で最初の有人固定翼動力機による飛行が行われた。[4]

なお海軍は当初臨時軍用気球研究会に参加していたが、この研究会が陸軍向きの研究に集中し海軍は益することが無いということで、一九一二年新たに海軍航空委員会を設け独自の研究を始めた。[5] この海軍の研究会に対する不満は、陸軍航空関係者による第二次世界大戦後の回想も否定していない。[6] 前述の日本初の有人固定翼飛行実施を見ても陸軍が独占しており、研究会として陸海軍一緒にやっていながら陸軍側に配慮の欠けるところがあったと言われても仕方が無いだろう。日本の軍事航空は創設期から陸海軍分裂の道を歩んだのだった。日本海軍の初飛行は陸軍から二年後の一九一二年であった。[7]

その後欧州では第一次世界大戦が勃発したが、開戦時の航空運用は各国とも偵察が中心の限定的なものであった。しかし休戦時の一九一八年には、もはや航空戦力なくして地上作戦を考えられない程にエア・パワーは地位を確立していた。[8] また制度的にも、イギリスはドイツによるロンドン空襲に対処する目的から、一九一八年四月に空軍を第三の軍種として世界で最初に独立させたのであった。[9]

（2）臨時軍用気球研究会の初代会長となった長岡外史によれば、これを予測したのは寺内正毅陸軍大臣である、としている（長岡外史『飛行界の回顧』航空時代社、一九三二年、一頁）。
（3）防衛研修所戦史室『陸軍航空の軍備と運用〈1〉』一二～一三頁。
（4）野沢正『モデルアート3月号臨時増刊――日本航空機辞典　上巻』第三二七号（一九八九年三月）一四～一六頁。
（5）日本海軍航空史編纂委員会『日本海軍航空史（1）――用兵編』時事通信社、一九六九年、五五、五八～五九頁。
（6）防衛研修所戦史室『陸軍航空の軍備と運用〈1〉』七二頁。秋山紋次郎、三田村啓『陸軍航空史』原書房、一九八一年、八二頁。
（7）日本海軍航空史編纂委員会『日本海軍航空史（1）』六二～六三頁。
（8）John H. Morrow, Jr., *The Great War in the Air : Military Aviation from 1909 to 1921* (Shrewsbury : Airlife, 1993), pp.284, 296–297, 312.
（9）Tami Davis Biddle, *Rhetoric and Reality in Air war : The Evolution of British and American Ideas about Strategic Bombing, 1914–1945* (Princeton : Princeton University Press, 2002), pp.29–35.

日本は協商国側に立ったが、欧州戦線にはほとんど関与しなかった。[10] また一九一四年に日本は東アジアにおいてドイツの租借地である青島を攻略し、陸海軍はそれぞれ臨時航空隊を編制し参戦させた。さらに一九一八年からはシベリア出兵にも航空隊を参加させた。しかしいずれも小規模な戦いであり、その経験は欧州戦線に比較できるものではなかった。[11]

一方欧州諸国は自国の戦争の需要を満たすことが第一で、日本が大戦中に輸入できた航空機はわずかであり、急激に進歩する欧州の航空技術を導入することができなかった。またこの期間には、外国人技師や軍人が来日して航空技術または航空戦術を日本人に教育することもなかった。[12] この大戦中に日本の輸入及び生産した航空機数と欧州で生産された航空機数を第1表および第2表に示す。大戦終了時点で日本のエア・パワーは、技術面でも運用面でも欧州諸国から大きく遅れをとっていた。[13]

それでも欧州の戦いの様相について日本は陸海軍とも熱心に情報を収集していた。[14] その中で一九一八年六月陸軍参謀本部第三部は、航空の不振を打開するため、陸軍航空の監督役についていた井上幾太郎少将に、空軍創設に関する意見を提出した。[15] このなかで、エア・パワー（原文中では「空中威力」と表現している。）を陸海軍の補助兵力と考えるのは誤りであって、欧州戦における実験と科学進歩の趨勢からエア・パワーは国防上重要な一要素として陸海軍と鼎立させるべきものである、と論じていた。[16]

また一九一九年二月に陸軍大学校戦術教官佐野光信歩兵大尉が『大正七年度航空戦術講授録』を著した。この中で佐野は、欧州大戦の教訓から将来の航空戦力の用法は、敵の首要部を圧倒すること、陸、海軍と協同し敵を撃破すること、また独立して国土上空を守ること等を挙げ、航空戦力の健全な育成と兵力の経済的使用のため、断固陸海軍から独立させて新たに空軍を作る必要がある、と述べていた。[17]

これらの意見は、当時英空軍がすでに独立してはいたが他の国々がまだ空軍独立に踏み切っていないことから、革新的なものといえよう。しかしこれらの意見が陸軍内ですら全面的な支持を受けたわけではなかったことは、後述する陸海軍航空協定委員会のてん末で明らかとなった。

航空戦術として佐野は、航空偵察、空中戦等による制空権の確保、現代の定義で言う戦略・戦術爆撃および着弾観測などの砲兵協力、並びに要地防空及び航空機による連絡・物資輸送等について述べている。しかし都市の爆撃など、当時の日本の航空の実力からして実行の可能性が低い項目も含んでいた[(18)]。

(10) 平間洋一『第一次世界大戦と日本海軍』慶應義塾大学出版会、一九九八年、二一一～二三五頁。なお大戦末期の一九一八年イタリアの要請に基づき、日本陸軍はパイロット二〇名と航空機組立等の職工一〇〇名を派遣したが、イタリアに到着する前に第一次世界大戦は休戦となってしまった（「伊國航空援助ニ關スル件」（「陸軍省歐受大日記　大正十三年三冊之内其三」、防衛研究所図書館所蔵）、アジア歴史資料センター〈http://www.jacar.go.jp/〉（以下ＪＡＣＡＲとする。）、リファレンス・コード（以下Ｒ／Ｃとする。）: C02031171500）。

(11) 防衛研究所戦史室『陸軍航空の軍備と運用〈１〉』五〇～五一、一一五～一三三頁。日本海軍航空史編纂委員会『日本海軍航空史（１）』八六頁。同『日本海軍航空史（４）――戦史篇』時事通信社、一九七〇年、二二～六五頁。

(12) 例外として、ドイツのパーセバル飛行船ＰＬ13の組立および操縦の指導にシューベルト技師が一九一二年来日した（郡龍彦「日本飛行船史」『海と空臨時號　日本航空史』海と空社、一九三五年、三〇頁。野沢『日本航空機辞典　上巻』三六八頁）。

(13) 井上幾太郎「大正七（一九一八）年三月四日　航空制度改善ニ関スル意見」（「気球研究会並航空制度改善書類」、防衛研究所図書館所蔵）。参謀本部第三部「大正七（一九一八）年六月　空中威力ニ関スル根本的意見」（「気球研究会並航空制度改善書類」、防衛研究所図書館所蔵）。平吹通之「大正期の日本海軍航空――先進航空術の調査研究と導入の実態」（防衛研究所図書館所蔵、一九九八年）三七頁。当時の日本は自力で戦闘機、爆撃機などの軍用機を開発する力がなく、また大量生産能力もなかった。運用上もまだ陸海軍とも戦闘機、爆撃機等の機種分化がなされておらず、部隊編制も単一の編制であった。日本と欧州諸国の航空機生産量を第１表と第２表で比較されたい。

(14) 陸軍は「臨時軍事調査委員会」、海軍は「臨時潜水艇航空機調査会」等を設け欧州における戦いについて調査した。

(15) 防衛研修所戦史室は起案者を第七課長芝生佐一郎工兵大佐と推測している（防衛研修所戦史室『陸軍航空の軍備と運用〈１〉』八九頁）。

(16) 同右、八六～八九頁。

(17) 佐野光信『大正七年度航空戰術講授録』元眞社、一九一九年、九四頁。

(18) 同右、九五～一四七頁。

一方、海軍は航空母艦について、その必要性を一九一四年頃から認識し、一九一九年世界で最初に設計当初から航空母艦として計画された「鳳翔」の起工を行った。[19] まだ用法等も確立されず、効果もはっきりしていなかった航空母艦に、日本海軍が先行的に着手したことは評価されて良いだろう。また戦術的にも一九二〇年の「海戦要務令（第二改正）」に初めて航空隊の戦闘に関する項目を付け加えた。その中で航空隊の主任務を（一）敵情偵察、（二）敵主力及び空母攻撃（三）敵航空兵力撃攘、（四）敵潜捜索攻撃、（五）主体の前路警戒、魚雷、機雷等監視、（六）敵の運動監視、射撃効果発揚協力、（七）以上のほか支隊に協力、と定めていた。これも前述の佐野の用法と同様、まだ海軍で実施されていないものも含んでおり、両者ともよく言えば航空機の幅広い可能性に着目していた、と言える。また逆に言えば、当時航空戦力の実情や見通しが十分つかず、とりあえず考えられるものをすべて論述したとも言えよう。[20]

二　一九二〇年代の日本のエア・パワーの進展

第一次世界大戦終了のあと、日本は欧米から軍人と技術者を呼び、航空技術と航空戦術が本格的に導入されるようになった。それ以前にも、外国で航空機製作を学んできた者もいたが、一九一四年以前の話であり、飛行機がホームビルト機と変わらない時代であった。ましてや一九一四年以前には具体的な航空戦術は存在すらしなかった。であるからこれ以前は誕生期であり、この時期は学習期と称することができるだろう。

戦術・技術について見る前に、日本がエア・パワーをどのように組織しようとしたか説明する。日本においてエア・パワーをいかに組織するべきかについては、一九二〇年に陸軍から海軍に提議され、陸海軍航空協定委員会が設置された。その中で空軍独立問題について特別委員会が設置され調査研究がなされた。大戦終了直後であり、欧州戦線の教訓からこの新しい兵器をどのように国軍の中に取り入れていくか、エア・パワーに関する重要性と革新性を認識していたように見える。およそ半年間検討された結果は、陸海軍に航空部隊を分属させる現状を継続ということであり、海軍の反対と陸軍内部の意志不統一により空軍の独立は実現しなかった。またこれは陸海軍で合同かつ公式に空軍問題について検討した唯一の機会となった。[21]

またこの協定委員会では陸海軍両航空隊の任務分担が定められ、本土へ来寇する敵艦隊への対処は海軍航空隊の担任となった。[22]これは英国では空軍が、米国では陸軍航空隊が担任したことと対照的であった。[23]この任務分担によって日本陸軍航空は、主正面と陸軍が考えていた大陸の戦闘に適する短い航続力の航空機で満足し、また洋上航法能力の必要性を感じなかった一因であると筆者は推測する。[24]この洋上航法能力の欠如並びに航続距離の短さは後の太平洋戦争時に陸軍航空部隊の洋上作戦実施上、大きな支障をきたした原因となった。

一九一九年に陸軍は航空に関する軍政および教育を統括する航空部を創設した。この組織は後の一九二五年に航空

(19) 日本海軍航空史編纂委員会『日本海軍航空史（1）』一九三〜一九四頁。
(20) 防衛研修所戦史室『海軍航空概史』（戦史叢書）朝雲新聞社、一九七六年、二五〜二六頁。
(21) 海軍の反対理由は、独立空軍の場合、海軍と共同作戦を行うとき指揮、編制など異なり用兵上不利であること、用兵上の要求に応じた教育ができず海軍の航空運用能力が低下すること、空中兵力は海軍兵力の一部であり分離すると海軍兵力編制を破ること、海軍を支援する航空作戦を行うものは海軍軍人の特質を持たなければならないことなどを上げた（井出謙治「陸海軍航空協定委員會第三回報告　大正十（一九二一）年六月十日」（「陸軍省大日記甲輯　大正十二（一九二三）年第一類」、防衛研究所図書館所蔵）、ＪＡＣＡＲ、Ｒ／Ｃ：C02031091700）。陸軍の内部不一致は、陸軍内でもその大半が空軍独立尚早という意見であった（防衛研修所戦史室『陸軍航空の軍備と運用〈1〉』一四九頁）。
(22) 防衛研修所戦史室『陸軍航空の軍備と運用〈1〉』一五三頁。
(23) Scot Robertson, *The Development of RAF Strategic Bombing Doctrine, 1919–1939* (London : Praeger, 1995), pp.35–39 ; Biddle, *Rhetoric and Reality in Air Warfare*, p.129.
(24) 一九三三年準制式に制定された九二式重爆撃機はフィリッピンの米軍を想定して製作されたものであった（小磯國昭『葛山鴻爪』小磯國昭自叙伝刊行会、一九六三年、四二一〜四二四頁）。しかし六機のみしか作られず、かつその後継機も実現しなかったことから、これは陸軍の爆撃機の中で例外として考えるべきである。

本部に発展するものであり、航空関係者にとっては統帥、軍政、教育の三機能を持たせたかったが、まず一歩前進であった。航空部の創設にともなって臨時軍用気球研究会は一九二〇年に廃止された。[25]

前述の通り陸海軍とも欧米に比べ航空の遅れを感じていたため、第一次世界大戦終了後の一九一九年、陸軍はフランスからフォール大佐（Jacques Paul Faure）を長とする仏国航空団を日本に招いた。また一九二一年海軍はイギリスからセンピル退役大佐（Hon William Francis Forbes-Sempill）を長とする英国飛行団を日本に招き、それぞれ欧州の技術等を学んだ。[26]特に陸軍は井上幾太郎航空部本部長の「全くフランスを模倣し、フランスに追いついたら独自の道を創造する」[27]という方針のもと、フランス航空機主流となり、戦闘機はニューポール29C1（陸軍呼称：甲式四型）、偵察機はサルムソン2A2（同：乙式一型）、爆撃機はファルマンF60（同：丁式二型）が主力となった。海軍はまったくイギリス流になったわけではなかったが、当時国産された一〇式艦上戦闘機、一〇式艦上偵察機および一〇式艦上雷撃機は英国ソッピース社のハーバート・スミス（Herbert Smith）技師が来日して設計したものだった。

航空戦術に関して、日本陸軍は仏国航空団及び一九二一年に来日したマルセル・ジョノー（Marcel Jauneaud）仏国陸軍少佐から指導を受けた。[28]この戦術講義に参加した小笠原數夫少佐は、同時期に『航空戦術講授録』を著している。これはジョノー少佐の考えの全くのコピーではなく、当時の陸軍航空の現状を考えて書かれたものと思われる。その内容は、航空偵察を中心とした地上作戦協力が主体であるが、航空優勢の確保にも意を払っている。[29]特に興味深い点はジョノー少佐による「航空戦術」では国土防空機関を設け防空のための飛行場、高射砲台、阻塞気球、監視哨網等の設定ならびに昼間及び夜間戦闘隊と高射砲隊をその指揮下に入れることを記しているが、小笠原の『航空戦術講授録』の中には採用されていない。反対に野戦軍防空についてはどちらにも書かれているが、小笠原のほうにのみ、その項目の冒頭に、防空のための最良手段は自軍の爆撃機をもって敵飛行場を攻撃し、その諸設備を破壊することである、と述べている。[30]これは一九二〇年代初頭の日・仏の置かれた状況の違いを反映しているのではないか。フランスは国境を接するドイツの復仇を常に恐れていたが、日本は近隣のロシア、中国とも強力なエア・パワーを保持しておらず、脅威を感じなかったからであろう。

さらに付け加えるといずれも「戦術」の観点で一通り各機種の用法について書かれているが、戦略あるいはパワーとして、航空戦力をいかに利用するかという観点では書かれていない。当時の航空機の能力から戦術的寄与しかできないという面もあったろうが、航空機の将来を予想して、新しい戦略を考えるという視点はなかった。

海軍を教育した英国飛行団の講習内容については操縦法、整備法などの術科のみが記録に残っており、航空部隊の戦術等の教育については記録が残っていない。(31)

一九二〇年代後半になると陸軍の方面軍、軍の統帥について示した「統帥綱領」が一九二八年に改訂された。航空部隊については、陸軍地上部隊の各レベルに分属する主義であり、地上戦闘協力本位の思想であった。(32) 続いて翌年、師団（軍内）の諸兵種共通の戦闘原則書として「戦闘綱要」が制定された。この根本趣旨は歩兵の戦闘目的達成のため諸兵種が協同することであり、航空の任務は地上戦等に関する偵察指揮連絡が主体であった。(33)

(25) 防衛研修所戦史室『陸軍航空の軍備と運用〈1〉』一〇二〜一〇六頁。
(26) 仏国航空団の詳細については、平吹通之「日本陸軍における航空戦力近代化努力の実態――WWⅠの戦訓調査を中心として」（防衛研究所図書館所蔵、一九九六年）一二一〜一三五頁および高橋重治『日本航空史』航空協会、一九三六年、乾巻、二六六〜二七三頁を、英国飛行団の詳細については平吹「大正期の日本海軍航空」三六〜五九頁及び日本海軍航空史編纂委員会『日本海軍航空史（2）――軍備篇』時事通信社、一九六九年、七〇七〜七一九頁を参照されたい。またここで航空団と飛行団を使い分けているのは、当時の陸軍、海軍それぞれの呼称にならったためである。
(27) 高橋『日本航空史』乾巻、二五五頁。
(28) 防衛研修所戦史室『陸軍航空の軍備と運用〈1〉』九一、二〇八頁。
(29) 堀丈夫編「航空戦術」第一巻（防衛研究所図書館所蔵、一九二三年）一三〜一五頁。小笠原數夫『航空戰術講授録』元眞社、一九二二年。小笠原は同書凡例に、「講授ノ資料ハ曩キニ來朝セル「フォール」大佐及目下來朝中ノ「ジョノー」少佐ノ意見ヲ基礎トシテ之ヲ我國情ニ參酌セルモノトス」と記している。
(30) 堀「航空戦術」第一巻、一五〜一八頁。小笠原『航空戰術講授録』二九〜三二頁。
(31) 日本海軍航空史編纂委員会『日本海軍航空史（2）』七一四〜七一六頁。
(32) 鈴木荘六「統帥綱領　昭和三（一九二八）年三月二十日」（防衛研究所図書館所蔵）。

他方、陸軍の中で個人的に航空用法に関し独特の意見を述べる者もいた。それは小磯國昭少将であり、もともと小磯は歩兵科出身で航空機の操縦経験はないが、一九二一年に陸軍航空部部員、一九二二年六月から翌年三月まで欧州各国の航空事情を視察し、一九二七年から一九二九年の間陸軍航空本部総務部長に補せられた。小磯の着想によって、日本で唯一の超大型爆撃機である九二式重爆撃機の導入が図られた。(34) 陸軍の中で航空に関し卓見を持った人物と評して良いだろう。

一九二九年小磯は「陸軍航空部隊用法の概要」という論文の中で、大航続力を持つ超重爆撃機の可能性について説いている。それを箇条書きでまとめると以下のようになる。

一　日本は国内から離陸し相手国領空に進入し、その重要施設に対し爆撃を加えると共に偵察することができる遠距離行動爆撃偵察機を必要としている。なぜなら極東における民族の特性から考察すると、爆撃の効果の偉大なことは仮説を必要としない。

二　将来の戦いが総力戦であることから、この爆撃機は戦略上の要求のみならず政略上の見地に基づく使用を必要とする。

三　航空母艦をもって日本を空襲しようとする相手国に対しても、この爆撃機は日本本土が航空母艦の威力圏内に入る前に、遠く洋上で航空母艦を覆滅することができる。

四　このように陸海軍作戦と別個の運用も考慮する必要があるので、この種の航空隊は大本営直轄として陸海軍と並立して運用すべきである。(35)

第一項はドゥーエのように直接的に書いていないが、中華民国、ソビエト連邦は多民族国家であって国家建設も日が浅く、国民の中央政府に対する求心力が弱いので、爆撃によって民心が政府から簡単に離反し戦況を有利にする、という仮説を述べているのだろう。また第三項では日本本土から遠く離れた相手国航空母艦も目標の対象としており、一九二一年に定められた「陸海軍航空任務分担協定」で定められた陸軍の分担を超えている。[36]しかし独立空軍的用法を重んじた小磯は、航空機の多様な能力および性能の急速な進歩を信じていたのだろう。

第四項はエア・パワーの独立的な運用を目指したものだが、空軍独立としなかったのは、小磯自身が一九二一年から一九二二年の航空部員時代に、陸海軍航空協定委員会の空軍組織問題研究調査で海軍の空軍独立に対する頑固な反対があったことを十分承知していたからだろう。[37]またこの大本営直属構想は、後年海軍で九六式陸上攻撃機を開発した際、その高性能から天皇直属の爆撃部隊を創設し実質独立空軍として扱うべきであると海軍の一部から提案された意見とよく似ている。[38]小磯の優れた点は優秀な航空機の出現する前に構想したところだろう。

小磯の画期的意見も、その後彼が航空関係の職に補されることがなく[39]彼自身の手で実現できなかった。また陸軍航空の中で小磯の意見の信奉者も現れず、九二式重爆撃機の後継機はついに出現しなかった。この遠距離重爆撃機重視の構想も結局一将校の私的意見に終わったのであった。

(33) 参謀本部教育總監部「戰鬪綱要」(昭和四（一九二九）年一月、「陸軍省大日記甲輯　昭和四年」、防衛研究所図書館所蔵)、JACAR、R／C：C01001138000。同「戰鬪綱要編纂理由書」昭和四（一九二九）年一月、(「陸軍省大日記甲輯昭和四年」、防衛研究所図書館所蔵)、JACAR、R／C：C01001137900。防衛研修所戦史室『陸軍航空の軍備と運用〈1〉』二九五〜二九七頁。
(34) 小磯『葛山鴻爪』四二一〜四二五、九〇八〜九〇九頁。
(35) 小磯國昭「陸軍航空部隊用法の概要（其一）」『偕行社記事』第六五八号（一九二九年七月）九頁。
(36) 参謀総長上原勇作「陸海軍航空任務分担協定ノ件」(大正十（一九二一）年八月二十七日、「陸軍省密大日記　大正十二年六冊ノ内第一冊」、防衛研究所図書館所蔵)、JACAR、R／C C03022595800。
(37) 小磯『葛山鴻爪』三九六〜三九八頁。
(38) 日本海軍航空史編纂委員会『日本海軍航空史（1）』一二三三〜一二三五頁。
(39) 小磯『葛山鴻爪』九〇九〜九一二頁。

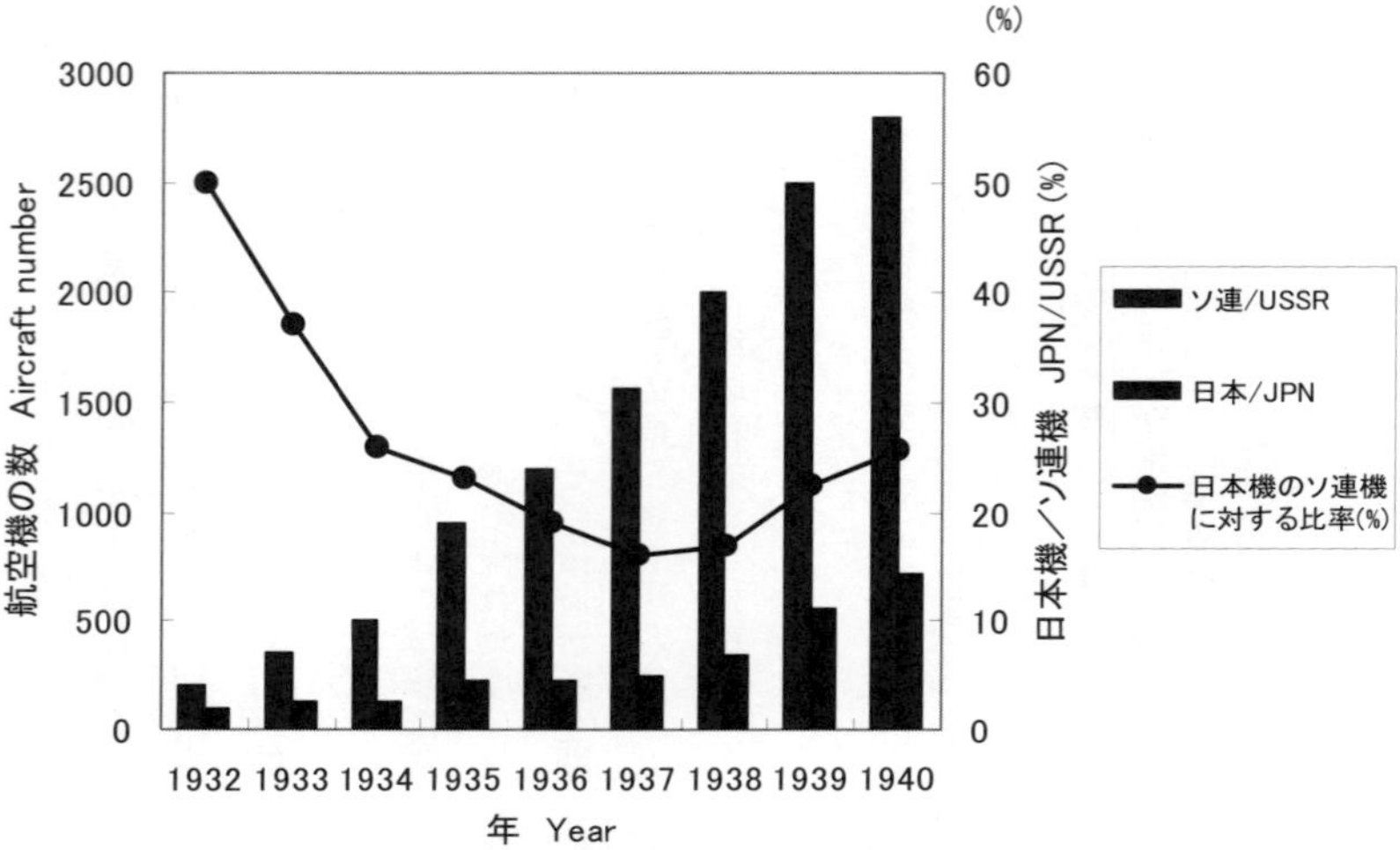

第１図：極東ソ連空軍機と在満州朝鮮日本陸軍機の比較

出典：防衛研修所戦史室『関東軍＜１＞——対ソ戦備ノモンハン事件』（戦史叢書）朝雲新聞社、1969年、194頁。

小磯のほかに、後に有名となる石原莞爾中佐もこの時期に将来戦に関する意見を複数発表している。いずれもエア・パワーの持つ力を高く評価したもので、将来の戦争が飛行機をもってする殲滅戦争になること、その威力が前線だけでなく全国民が対象となる国民戦争となること、飛行機の発達により一挙に決戦を求める殲滅戦が行われ、陸海軍は地位が低下することを述べた。しかし石原の意見に具体性がなく、どのような飛行機をもって、どの国に対して、どのように戦うのかなどの点は一切欠落していた。また石原の言う殲滅戦争が行われる時期も、飛行機が無着陸で世界を一周できるときとして、当時の尺度で言えばまだまだ先の話であった。[40] 結局石原の意見は、航空を増強する話は別として、陸軍航空として具体化できるものではなかった。

一方海軍航空の動きはどうであったろうか。一九二〇年から二一年にかけてアメリカで廃棄戦艦、戦利戦艦等に対し爆撃機による爆撃実験を行い、いずれも軍艦を沈めることに成功した。[41] この実験の情報は日本にも入ってきた。日本海軍自身も一九二四年以後廃棄戦艦等に対し航空機から爆撃実験を行った。これらの実験から海軍航空関係者の士気は高揚し、海軍部内の航空に対する認識も高まった。しかしいずれの実

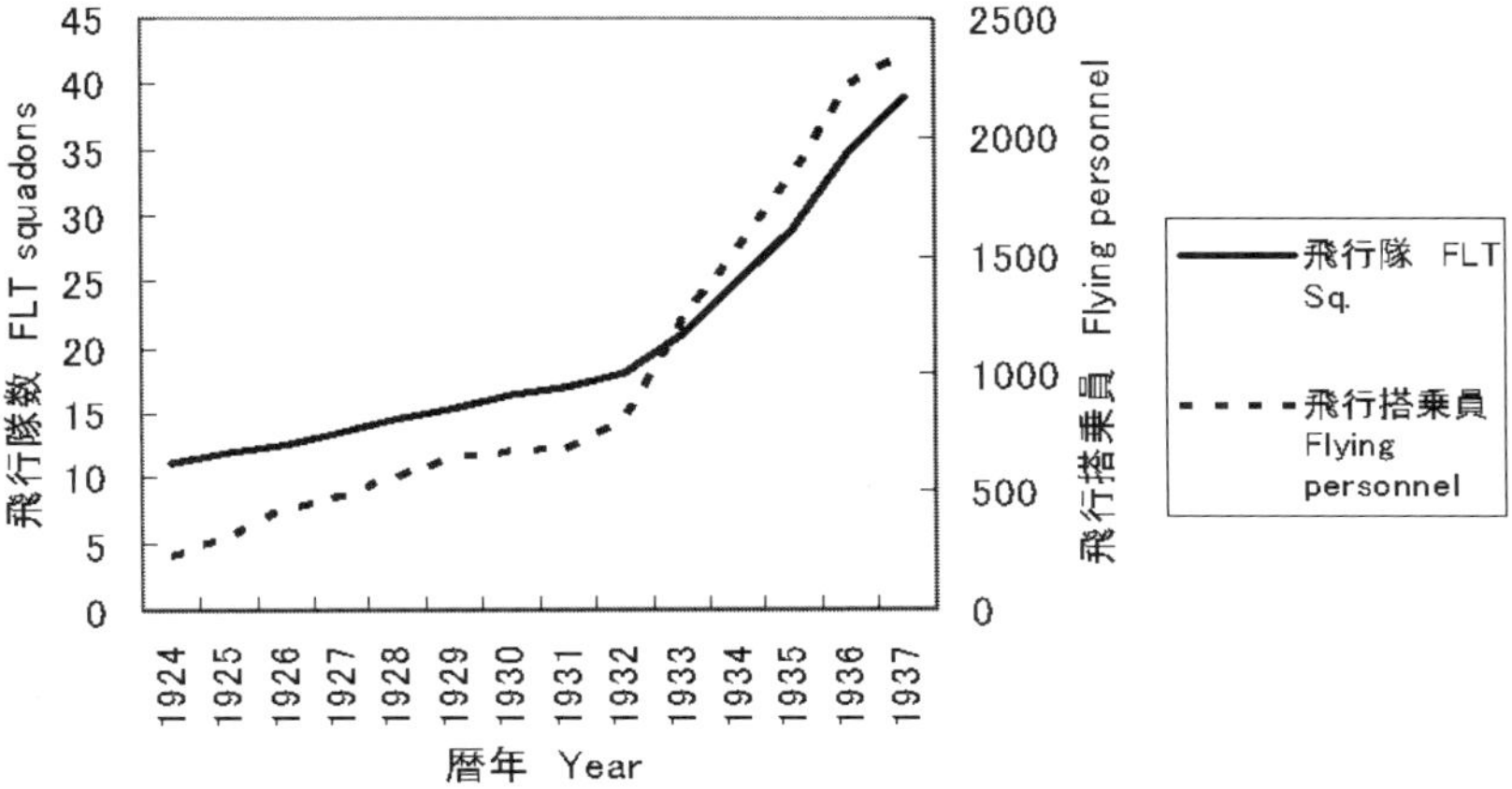

第２図：日本海軍の飛行隊数と飛行搭乗員

出典：「旧日本海軍に関する研究　4/4（航空軍備・予算）」（防衛研究所図書館所蔵）10—12頁。

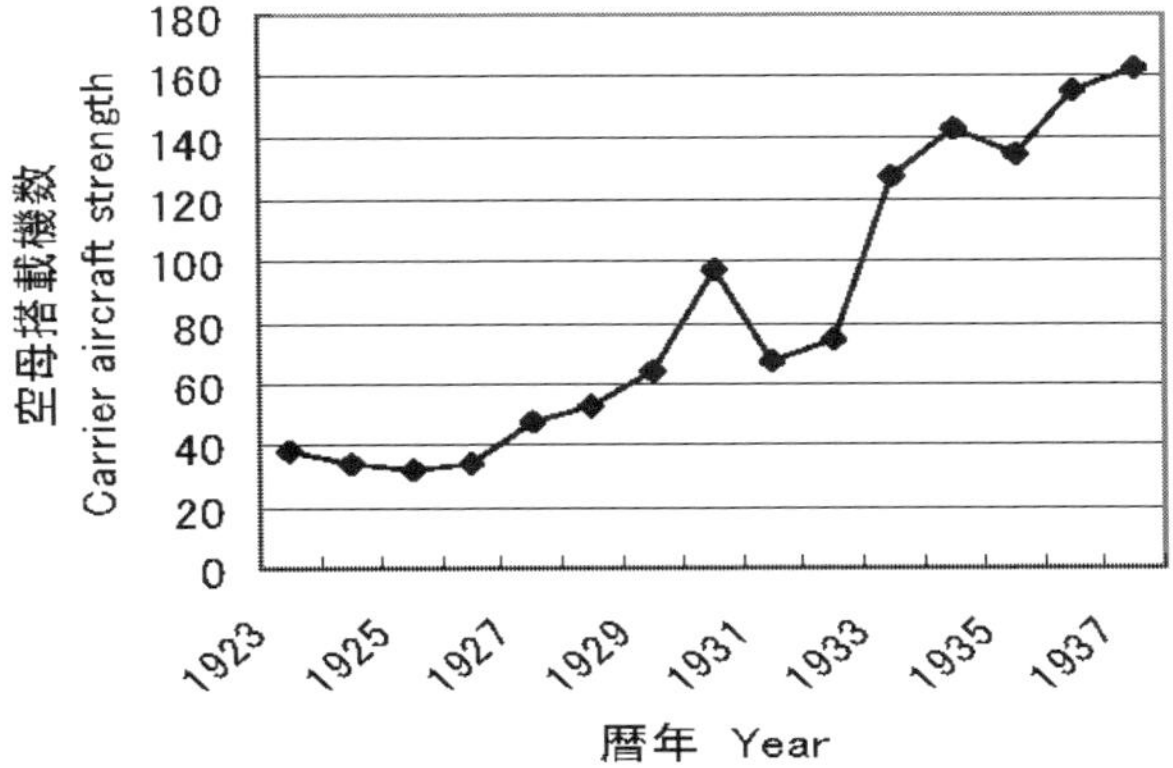

第３図：日本海軍の空母搭載機数

出典：「旧日本海軍に関する研究　4/4（航空軍備・予算）」（防衛研究所図書館所蔵）10—12頁。

験も静止目標で対空砲火もない状態での爆撃であり、戦艦主兵論者から見れば、戦艦は簡単に沈没することはなく、戦艦は依然として海上武力の根幹であると反論し、それは海軍全般の意見であった。[42]

航空母艦の運用では一九二七年に空母「赤城」が、一九二九年に同「加賀」が完成し、一九二八年から空母「赤城」、「鳳翔」と駆逐隊一隊をもって第一航空戦隊が編制された。この航空戦隊のもとで航空母艦の戦術的用法について熱心に研究訓練が行われた。しかし航空母艦の用法としては、依然として艦隊の主力である戦艦部隊の決戦に策応寄与することを主眼としていた。これは当時の艦上攻撃機の戦闘行動半径が一〇〇海里（約一八〇キロメートル）以内であったことと、当時の空母の設備、訓練の程度では第一次攻撃隊が発進してから第二次攻撃隊が発進するまで約四時間半を要し、兵力集中が難しいためであった。[43]

組織的には一九二七年にようやく海軍にも航空本部が設置された。すでに第一次世界大戦中から海軍航空関係者の間で航空関係中央統一機関の設置が希望されていた。しかし海軍省内では航空に関し別個の統一した機関を設けると海軍から航空が遊離してしまうことを恐れ、実現していなかったものだった。それが航空関係の部隊・機関が充実してくるに及んで必要に迫られ、航空に関する行政、教育及び技術の中央統一機関として海軍航空本部が誕生したのだった。[44]

航空機生産については陸海軍とも砲弾のように工廠に頼らず、民間航空産業の育成に力を入れていた。海軍においては、一九一五年航空技術研究委員会から、将来航空機の需要が増大しても工廠の能力では不足するので、民間大工場を勧誘して当局の保護の下におけばうまくいくであろう、との勧告がなされ民間の航空機製造が始まった。[45] 陸軍においても第一次大戦中に欧州からの航空機輸入が途絶えた経験から、航空機の製作を日本独自でできるように民間企業に製作を奨励した。[46]

また陸軍は、欧州戦線の様相から戦時に急速に消耗する兵器その他軍需品の補給を円滑にするため、海軍とも調整して軍需工業動員制度を推進した。一九一八年に軍需工業動員法が成立し、本法は、戦時に兵器、艦艇、航空機、弾薬等を生産する工場に、これに必要な土地建物の管理使用、収容や従業員の供用、労働者の徴用等を認め、そのための平時の調査、準備、軍需産業の保護奨励等に必要な規定を含む強力なものであった。[47] これらの動きがあって一九一七年から一九二四年にかけて中島、川崎、三菱、愛知、川西、立川などの、後に第二次世界大戦中に日本の主要航空機を生産する会社が誕生した。

その後も陸海軍はドイツ、フランス、イギリス、アメリカなどから、軍人や技術者を招いたり、航空機やエンジン等のライセンスを購入したりして航空機の運用ならびに技術の摂取に努めた。メーカーも同様に技術者の招聘やライセンスの購入等で技術力向上に努力した。

例を挙げれば、陸軍では川崎がドルニエ社の設計による八七式重爆撃（一九二七年採用、三四機生産）をライセンス生産し、また同じく川崎がドイツのフォークト（Richard Voigt）博士の設計または指導による八八式偵察機（一九二八年採用、七一〇機生産）、九二式戦闘機（一九三二年採用、三八五機生産）、九三式単軽爆撃機（一九三三年採用、二四三機生産）を製造した。中島はフランスのマリー主任技師の指導のもと九一式戦闘機（一九三一年採用、約四五〇機生産）を製造し、三菱ではフランスのベルニス技師の設計による九二式偵察機（一九三二年採用、二三〇機

(40) 石原莞爾「戦争史大観」（昭和四（一九二九）年七月四日）、同「軍事上ヨリ観タル日米戦争」（昭和五（一九三〇）年五月二十日）、同「現在及将来ニ於ケル日本ノ国防」（昭和六（一九三一）年四月）、角田順編『石原莞爾資料――国防論策編』原書房、一九九四年、三八、四八、六二頁。
(41) 日本海軍航空史編纂委員会『日本海軍航空史（1）』九二～九四頁。
(42) 同右、九四～九五頁。
(43) 同右、九七、九八、一〇三頁。
(44) 日本海軍航空史編纂委員会『日本海軍航空史（3）――制度・技術編』時事通信社、一九六九年、三三～四四頁。
(45) 同右、三一四～三一五頁。
(46) 高橋『日本航空史』乾巻、二五五～二五六頁。
(47) 防衛研修所戦史室『陸軍軍戦備』（戦史叢書）朝雲新聞社、一九七九年、七六～七七頁。

生産)、またドイツのユンカースG38のライセンスを購入し九二式重爆撃機(一九三三年採用、六機生産)、及びユンカースK37をもとにした九三式双軽爆撃機(一九三三年採用、一七四機生産)を製造した。(48)

海軍機では中島がイギリスのグロスター・ガンベットを三式艦上戦闘機(一九二八年採用、約一〇〇機生産)として、またアメリカのヴォートO2Uを九〇式二号水上偵察機(一九三一年採用、一五二機生産)として製造した。三菱は、イギリスのスミス技師による設計で十三年式艦上攻撃機(一九二五年採用、約四四四機生産)と、イギリスのブラックバーン社に設計を依頼した八九式艦上攻撃機(一九三二年採用、二〇四機生産)を製造した。愛知はドイツのハインケルHD66をもとに九四式艦上爆撃機(一九三四年採用、一六二機生産)を製造した。(49) その他サンプルで輸入した機体ならびに外国人設計であるが不採用になった機体は陸海軍とも多数にのぼり、技術力を向上するのに役立った。

三　満州事変から日中戦争まで

筆者が戦間期の時期を一九三〇年ごろで区切る理由は、この時期に日本の軍事的状況が大きく変化したことと、航空技術の面で自主独立が積極的に推進されそれが多くの面で実現したことによる。この時期に日本のエア・パワーは自立期へ入ったと言って良いだろう。

軍事的状況の変化については、陸軍については一九三一年関東軍が起した満州事変を契機とする。関東軍は翌年満州国を樹立し、日満議定書により関東軍が満州国の防衛を受持った。(50) 日本軍は極東ソ連軍と長大な国境線(モンゴルとの国境線も含め約三、六〇〇キロメートル)をはさんで対峙することになった。さらに極東ソ連空軍は一九三〇年代前半から大幅な増強がなされ、日本陸軍航空隊も戦力を増強するがソ連のそれにはかなわず対抗不能になってきた

（第1図参照）。そこで陸軍航空関係者から考えたものが独立空軍の設立であり、陸海軍の航空兵力を統一し、開戦当初に大空軍でソ連極東空軍に徹底した打撃を加えるものであった[51]。

世界においては、戦間期にジゥリオ・ドゥーエ（Giulio Douhet）、ウィリアム・ミッチェル（William L.（Billy）Mitchell）などのエア・パワーの創始者が活躍していた。これらはいずれもエア・パワーの価値を極めて高く評価し、独立した空軍による主体的な作戦を唱えるものであった[52]。日本陸軍航空関係者においても海外で発表される航空作戦に関する論文多数を訳し内部に紹介しており、前述の陸軍航空の置かれた状況とあいまって独立空軍創設を望む声はさらに強まっていた[53]。そこから第二回目の陸軍の空軍独立の動きが起るのであった。

これに列強諸国の空軍独立の動きも陸軍航空関係者の意識を後押ししていただろう。すなわち一九二〇年に空軍独立について検討したとき、独立した空軍を保有する国は英国のみであった。それが一九三〇年代半ばまでに列強の中でイタリア、ソビエト、フランス、ドイツが独立した空軍を持つに至った。一九三六年陸軍のドイツ航空視察団による報告は独立した大空軍の建設を訴えるものだった[54]。

（48）野沢『日本航空機辞典　上巻』四七、五二〜五七、五九〜六〇、六三、六八〜六九頁。
（49）同右、一四八〜一四九、一六二、一六四〜一六五、一六八〜一六九、一八二頁。
（50）満州事変には陸軍航空隊が最終的に一四個中隊投入され、勃発時から熱河作戦に至る二年八ヶ月の主要な作戦すべてに参加した。それ以前に航空隊が参戦した、青島、シベリア出兵、済南事変に比べると規模が大きかったが、対抗する敵航空兵力もなく、地上支援任務がほとんどの作戦であり、エア・パワーの観点から特に注目すべきものはなかった（防衛研修所戦史室『満洲方面陸軍航空作戦』（戦史叢書）朝雲新聞社、一九七二年、一〜七九頁）。
（51）柳葉「わが国における航空戦力に関する帰属論について」三八頁。
（52）デーヴィッド・マッカイザック「大空からの声――空軍力の理論家達」ピーター・パレット編、防衛大学校「戦争・戦略の変遷」研究会訳『現代戦略思想の系譜――マキャヴェリから核時代まで』ダイヤモンド社、一九八九年、五四五〜五四八頁。
（53）例えば航空兵少佐青木篤「偶感」『航空記事』第一六四号（一九三六年四月）二〜九頁。航空兵大尉横山八男「空軍は須らく獨立するを要す」『航空記事』第一六五号（一九三六年五月）二七〜三九頁。

一方海軍の置かれた状況は、一九三〇年のロンドン軍縮条約により、大型巡洋艦および潜水艦が海軍の所望量より少なく制限された。そこで海軍のとった対策の一つが航空隊の増強であり、一九三一年から一九三八年までの間に航空隊一四隊一七六機の増強を目指す第一次補充計画が立てられた。さらにこの計画執行中の一九三四年に第二次補充計画が追加され、一九三六年までに航空隊をさらに八隊追加新設し、第一次補充計画も同年までに前倒しで実行するというものだった。[55] また一九三三年の艦船補充および航空兵力増勢計画では航空母艦搭載機数を米海軍より多くすることを計画した。[56] この海軍の航空戦力増強の様子を第2図および第3図に示す。特に第2図では一九三一年以降飛行隊数と搭乗員数の増強が一段と加速されていることが良くわかる。

航空兵力の増強とともに航空機性能の向上及び国産技術の自立に海軍は努力した。その一つが一九三二年に創設した海軍航空廠であった。これは航空技術研究の総合機関であって、航空機の実戦的研究を主任務とする横須賀航空隊に隣接して設けられ、理論・技術とその実戦的応用を密接に関連付け発達させることを目的としたものであった。[57] もう一つは一九三一年から一九三二年にかけて航空本部技術部長であった山本五十六少将が試作機計画要求書を着想したことであった。これは航空本部の行政指導と航空廠の技術指導のもと、民間会社の航空機および航空エンジン試作を統制し効率的に高性能の航空機を開発しようというものであり、以後この流れのもとで海軍の航空機研究開発は進むのだった。[58]

このような努力のもと一九三六年から三七年にかけて日本の航空技術国産化は実を結び、国産航空機のカタログ・データは諸外国に並ぶか上回るものとなってきた。海軍では九六式艦上戦闘機、九六式陸上攻撃機、九七式艦上攻撃機がそれに該当する。陸軍においても同様で九七式戦闘機、九七式重爆撃機、九七式司令部偵察機がそれに該当する。しかし生産性、信頼性、整備性等はまだ欧米諸国に劣っていたのであった。[59] また通信装置、照準器、航空機搭載機関砲、可変ピッチプロペラなどは、まだ遅れていたのであった。

九六式陸上攻撃機の長大な航続性能の実現により発案されたものが、陸上基地から発進する航空部隊による敵艦隊漸減への参加であった。すなわち西太平洋に進攻するアメリカ艦隊が基地航空部隊の攻撃圏に入ったなら航空攻撃によりそれを減殺するというものであった。今まで海軍航空部隊は偵察と味方艦隊周辺の制空権確保が主任務だったものが、基地航空部隊及び航空母艦航空部隊をあわせて、主力の決戦に先立ち航空決戦によって敵航空母艦を撃滅し制空権下において決戦を行う思想に変化した(60)。

航空機の性能向上により海軍航空関係者の一部からは「航空主兵、戦艦廃止論」を唱える者も出てきた(61)。これらの考えは、前に述べた陸軍の空軍独立の考えとほぼ時期を同じくしているが、しかし海軍の意見が独立空軍に向かうことはなかった。その理由としては、統一独立空軍になると人数・政治力の大きい陸軍の支配下になり、海軍作戦に役に立たなくなりそうなこと、陸軍航空は海軍航空に比べて遅れており統一すると海軍航空のレベルが引き下げられてしまうこと、統一独立空軍となると長距離爆撃機が海軍から吸い上げられる公算が高いが、海軍はこれに依存して作戦を考えていたこと、が挙げられる。陸軍航空関係者から海軍航空関係者に対し直接空軍独立に関し呼びかけがあったが、海軍の反対によりこの二回目の動きは公式な陸海軍の検討委員会さえ作られずに終息した(62)。

(54)「自昭和十一年十月至昭和十二年二月　航空視察團報告　第一巻」（防衛研究所図書館所蔵、一九三七年）。
(55)防衛研修所戦史室『海軍軍戦備〈1〉――昭和十六年十一月まで』（戦史叢書）朝雲新聞社、一九六九年、四〇〇、四一二、四三五頁。
(56)日本海軍航空史編纂委員会『日本海軍航空史（1）』四三頁。
(57)日本海軍航空史編纂委員会『日本海軍航空史（3）』三九六頁。
(58)同右、三九六―三九七頁。日本海軍航空史編纂委員会『日本海軍航空史（1）』四〇五～四〇八頁。
(59)防衛研修所戦史室『陸軍航空兵器の開発・生産・補給』（戦史叢書）朝雲新聞社、一九七五年、三八四～三八五頁。日本海軍航空史編纂委員会『日本海軍航空史（2）』五六八～五七二頁。
(60)防衛研修所戦史室『海軍航空概史』一三六頁。日本海軍航空史編纂委員会『日本海軍航空史（1）』二五六～二五七頁。
(61)代表者として挙げられるのは大西瀧治郎中将や源田実大佐である（故大西瀧治郎海軍中将伝刊行会『大西瀧治郎』故大西瀧治郎海軍中将伝刊行会、一九五七年、三八～五二頁。源田実『海軍航空隊始末記　発進篇』文藝春秋社、一九六一年、一三七～一四六頁）。

陸軍航空関係者は空軍独立が実現しないなか、一九三六年に航空兵団を創設した。その目的は独立空軍的用法を前提として、天皇直隷の航空司令部を設け、さしあたり本土方面の全航空部隊を統率練成させることにあった。[63] 陸軍航空だけで独立空軍に近いものを建設しようという考えだった。[64] 翌年陸軍航空本部において「航空部隊用法」が作成された。これは対ソ戦を念頭においた独立空軍的な航空撃滅戦が最重要視され、次いで地上支援と戦略爆撃も任務の中に入っていた。[65]

また海軍航空本部内でも一九三七年七月「航空軍備ニ関スル研究」が作成された。そのなかで航空優勢が無いところに制海権はありえないこと、及び海軍の主体を航空兵力に置くことを主張し、航空作戦の内容として戦略爆撃、航空阻止、航空撃滅戦、並びに海上作戦支援を挙げた。[66] 日本の航空戦力が世界水準と比肩しうるものになってきたとともに、陸海軍の航空関係者は航空戦力をパワーとして用いることを主張したのだった。

しかし陸海軍で唱えられた戦略爆撃について言えば、当時の技術力で日本には地理的に対象国がなかったことを認識しなければならない。一九三六年の国防方針で日本は想定敵国をソ連、アメリカ、中国、イギリスとしていた。[67] このうちソ連、アメリカ、イギリスについては日本の支配している地域から、これらの国の政治、経済、工業の中枢地帯や人口の密集地帯へ爆撃をかけることはできなかったし、それらの地帯へ爆撃をかけうる場所を占領できる見込みも全く立たなかったのである。中国には人口密集地帯はあるが、国家の近代化途上であり、後にも触れるが、爆撃にとって好目標となる重工業はほとんどなかった。[68]

陸海軍個々に独立空軍的用法が主張された一九三七年に日本は中国との本格的な戦争に突入した。北京郊外で起こった日中両軍の小競り合いは、すぐに中国全土へ拡大した。日本の陸海軍航空部隊は前述の九六式艦上戦闘機、九六式陸上攻撃機、九七式艦上攻撃機、九七式戦闘機、九七式重爆撃機その他を航空優勢確保のための航空撃滅戦と地上部隊に対する近接航空支援に投入し、局地的な勝利獲得に貢献した。また日中戦争は航空機搭乗員に実戦経験を積ませた点で、並びにこの時期に出現した新型機の実戦テストの場として使われた点で、その後の太平洋戦争で日本軍に有利に働いた。[69] しかし局部的な戦闘では勝利しているのに、なぜ戦争そのものに勝てないのか、という真剣な反省は生れなかった。

　蔣介石政権が連続する敗戦により中国奥地に立てこもり、日中戦争が長期戦化の様相を示すと、日本の航空関係者の間には戦略爆撃によって蔣政権の屈服を図ろうという考えが生れた。[70] 中国奥地爆撃あるいは重慶爆撃と呼ばれるも

(62) 生田惇「帝国陸海軍の空軍独立論争」『軍事史学』一〇巻三号（一九七四年一二月）一七〜二二頁。角田求士「空軍独立問題と海軍」『軍事史学』一二巻三号（一九七六年一二月）一五〜二一頁。日本海軍航空史編纂委員会『日本海軍航空史（1）』四三八〜四七一頁。柳葉「わが国における航空戦力に関する帰属論について」一三〜二五頁。陸軍航空技術の遅れについては、一九四〇年の時点でも「列國ノ第二次的器材ヲ輸入シテ我ニ對抗シアル重慶政府ノ器材ニスラ及ハサルモノアル」（加藤邦男「加藤調査團報告結言　昭和十五（一九四〇）年九月」（防衛研究所図書館所蔵）、「加藤航空調査団長が百一号作戦視察後、南京において報告した中にも、整備技術、補給等、陸軍は海軍に比して格段に劣っていることが述べられていた」（井本熊男『支那事変作戦日誌』芙蓉書房、一九九八年、四五三頁）という状態であった。

(63) 防衛庁防衛研修所戦史室『陸軍航空の軍備と運用〈1〉』五〇八頁。

(64) 陸軍中将男爵徳川好敏他「航空兵團創設に對する祝辞」『航空記事』第一六八号（一九三六年八月）三〜三四頁。

(65) 防衛研修所戦史室『陸軍航空の軍備と運用〈1〉』五五〇〜五五五頁。

(66) 日本海軍航空史編纂委員会『日本海軍航空史（1）』一二〇〜一二二頁。

(67) 黒野耐『日本を滅ぼした国防方針』文藝春秋社、二〇〇二年、一七〇〜一七一頁。

(68) 当時においても以下のように陸軍航空関係者でこのことを指摘する声はあった。「從來考へられて居る爆撃機は歐洲の如く、國境相接し、重要都市が爆撃圏内にあり、しかも之等の重要都市の壊滅が直に國家機能の停止を意味する場合に於けるもの…（中略）…であると思ふ。然るに、我が國軍として其假想敵國は、かゝる弱點を有して居ない。残念ながら我が空軍は空軍の力のみにて假想敵國を撃滅することが出來ない」（素人生「『明日の爆撃機』を讀みて」『航空記事』第一七三号（一九三七年一月）三二頁）。

(69) 例として海軍の九七式艦上攻撃機は、一九三八年日中戦争の実戦に投入され、その実用試験報告書が作成された（第十二、十四航空隊「昭和十三年　支那事変第十二、十四航空隊関係綴（二）」（防衛研究所図書館所蔵）。

(70) 一九三八年一二月に陸海軍間で締結された「航空ニ關スル陸海軍中央協定」では、作戦方針を「全支ノ要域ニ亙リ陸海軍航空部隊協同シテ戰政略的航空戰ヲ敢行シ敵ノ繼戰意志ヲ挫折ス」としていた（防衛庁防衛研修所戦史室『中國方面陸軍航空作戦』（戦史叢書）朝雲新聞社、一九七四年、一二四頁）。

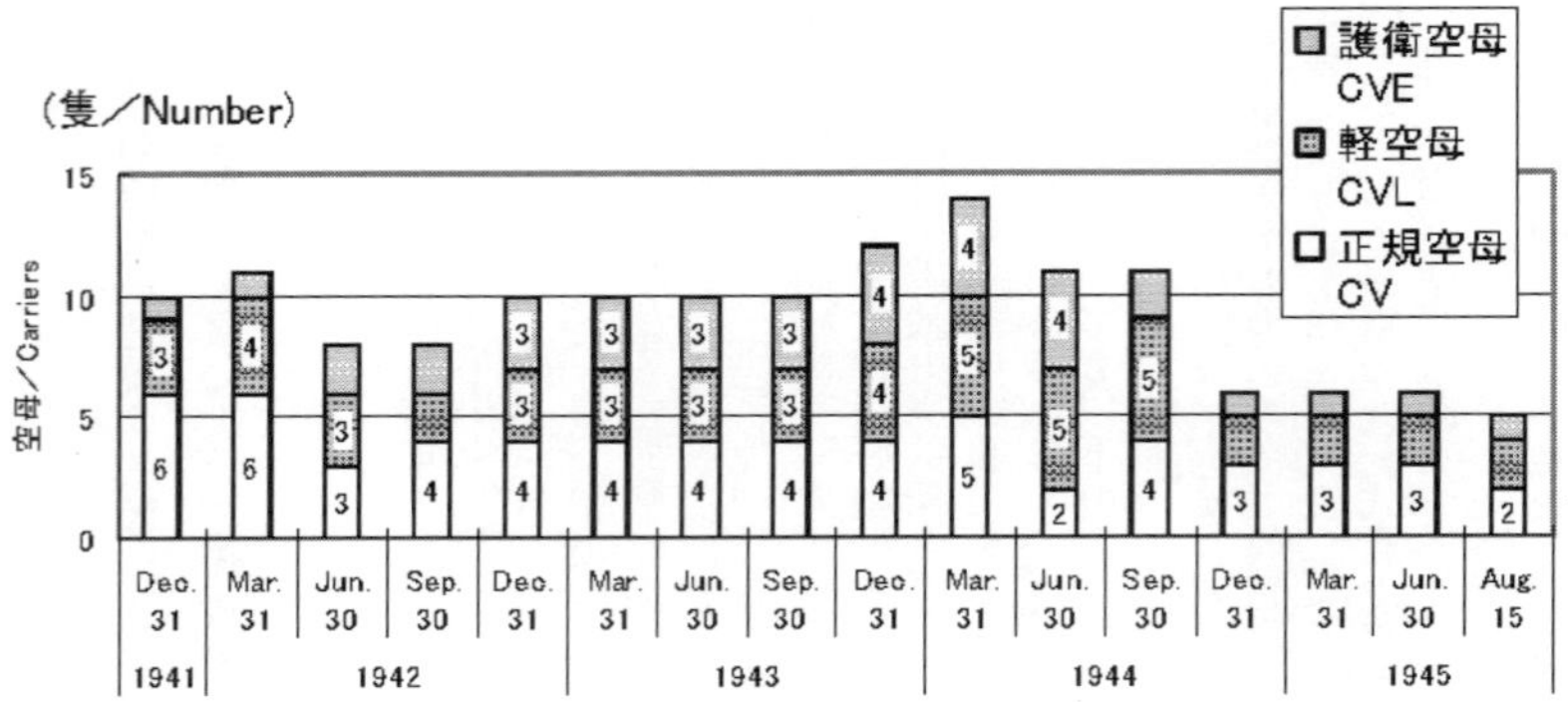

第 4 図：日本海軍航空母艦在籍数
出典：歴史群像編集部編『[歴史群像]太平洋戦史シリーズ14 空母機動部隊』（学習研究社、1997年）104—5頁。

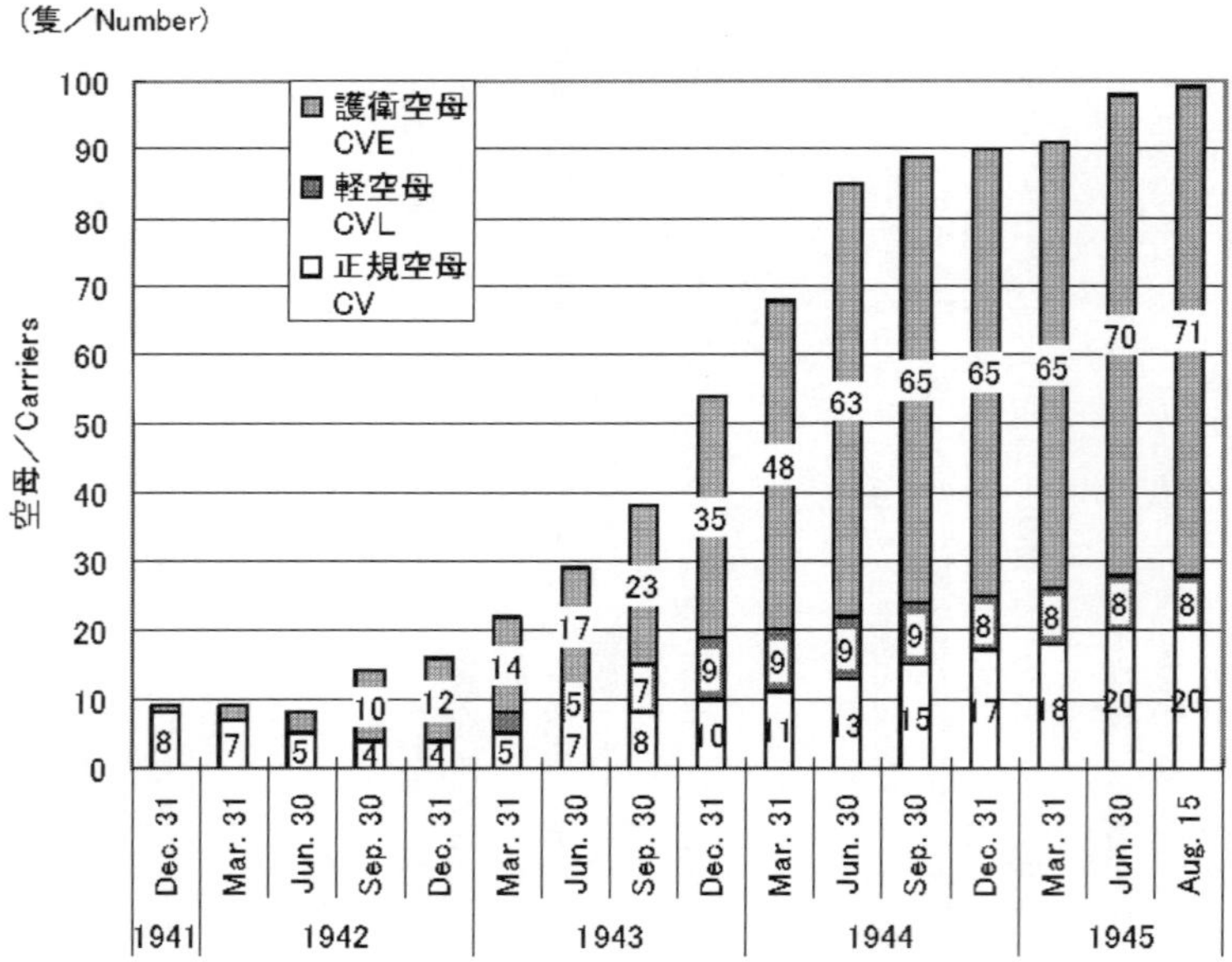

第 5 図：米海軍航空母艦在籍数
出典：歴史群像編集部編『[歴史群像]太平洋戦史シリーズ14 空母機動部隊』（学習研究社、1997年）106—7頁。Vandy-1. U.S. Warships<http://www5e.diglobe.ne.jp/~vandy-1/cve.htm>, accessed on Sep. 1, 2005.

のである。日本で初めてのエア・パワーの戦略的な使用であり、相手に意志を強制しようとしたものであった。

陸海軍両航空隊は九六式陸上攻撃機、九七式重爆撃機を中心に末期には一式陸上攻撃機を投入して一九三八年一二月から一九四一年九月の間断続的に合計約一万ソーティの爆撃を行い、[71]重慶の旧市街をほとんど破壊することに成功した。しかも出撃機数に対する損失の割合は極めて小さいものであった。[72]それにもかかわらず、蔣政権は屈服しなかった。これは中国がまだ近代化が始まったばかりで、重工業はなく戦略爆撃の好目標となるものがなかったことに起因する。[73]

さらに蔣の採った「空間をもって時間に換える」戦略の勝利でもあった。[74]すなわち蔣は、大量の消耗をともなう大部隊同士の会戦を避け日本軍が出てくれば引くという戦略で、武器の消耗を抑えかつ近代的兵器がなくとも継戦可能とした。これによりエア・パワーによる工場破壊の影響を低下させ、日本軍が同時に行った海上封鎖にも堪えられる

(71) 中国奥地爆撃の推定数で確定したものではない。以下の資料を参考とした。第三艦隊司令部「昭和十三年十月三十一日～昭和十四年五月三十一日　中支部隊（第三艦隊）戦闘概報」。同「昭和十四年六月一日～昭和十四年十月二十九日　中支部隊（第三艦隊）戦闘概報」。著者不明「百一号作戦攻撃記録　昭和一五、五～一五、十」。聯合空襲部隊司令部「百一号作戦の概要　昭和一五年五月一五日～九月五日」。嶋田繁太郎「嶋田繁太郎大将備忘録　第四」。同「嶋田繁太郎大将備忘録　第五」（以上いずれも防衛研究所図書館所蔵）。防衛研修所戦史室『陸軍航空の軍備と運用〈２〉――昭和十七年前期まで』（戦史叢書）朝雲新聞社、一九七四年、八四～一〇七、二四六～二五二、二六六～二八二、三五四～三五六頁。同『中國方面陸軍航空作戦』二二一～一六六、一八〇～一九〇、二一九～二三一頁。

(72) 陸海合わせて爆撃機の全損は二七機、出撃数に対し〇・三％未満。同右による。

(73) 一九四一年になって支那派遣軍は重慶側が塩不足で困っているという情報から、爆撃機部隊に対して塩遮断作戦として塩井を爆撃することを指導した。しかし塩水井戸は無数にあり、しかも個々の井戸は極めて小さく土地を掘った穴であるから爆弾をこれに命中させることは非常に困難であった。攻撃も淡白であり最大の塩井である自流井に四回爆撃したのみであった。実際その成果も十分でなく、目標情報資料、攻撃成果確認手段の不備等情報勤務の不振がその一因と反省された（遠藤三郎『日中十五年戦争と私』日中書林、一九七四年、一九五頁。防衛研修所戦史室『中國方面陸軍航空作戦』二二一～二二三一頁）。

(74) サンケイ新聞社『蔣介石秘録　12――日中全面戦争』サンケイ新聞社、一九七六年、一五五～一五八頁。

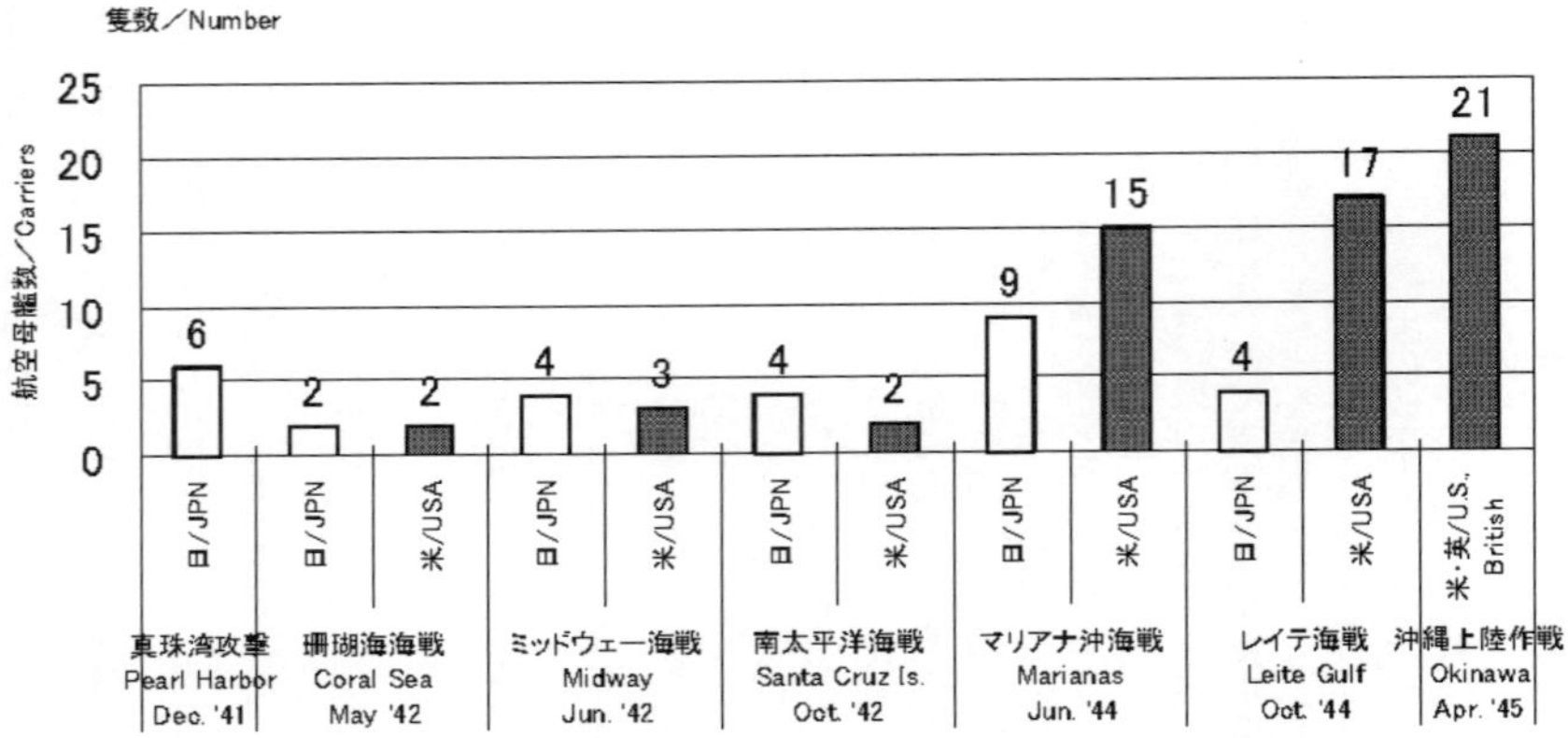

第 6 図 : 太平洋戦争主要海戦に参加した空母隻数

出典 : 中川務「第 2 次大戦における空母の戦い」(『世界の艦船』640号、2005年 4 月)87頁。

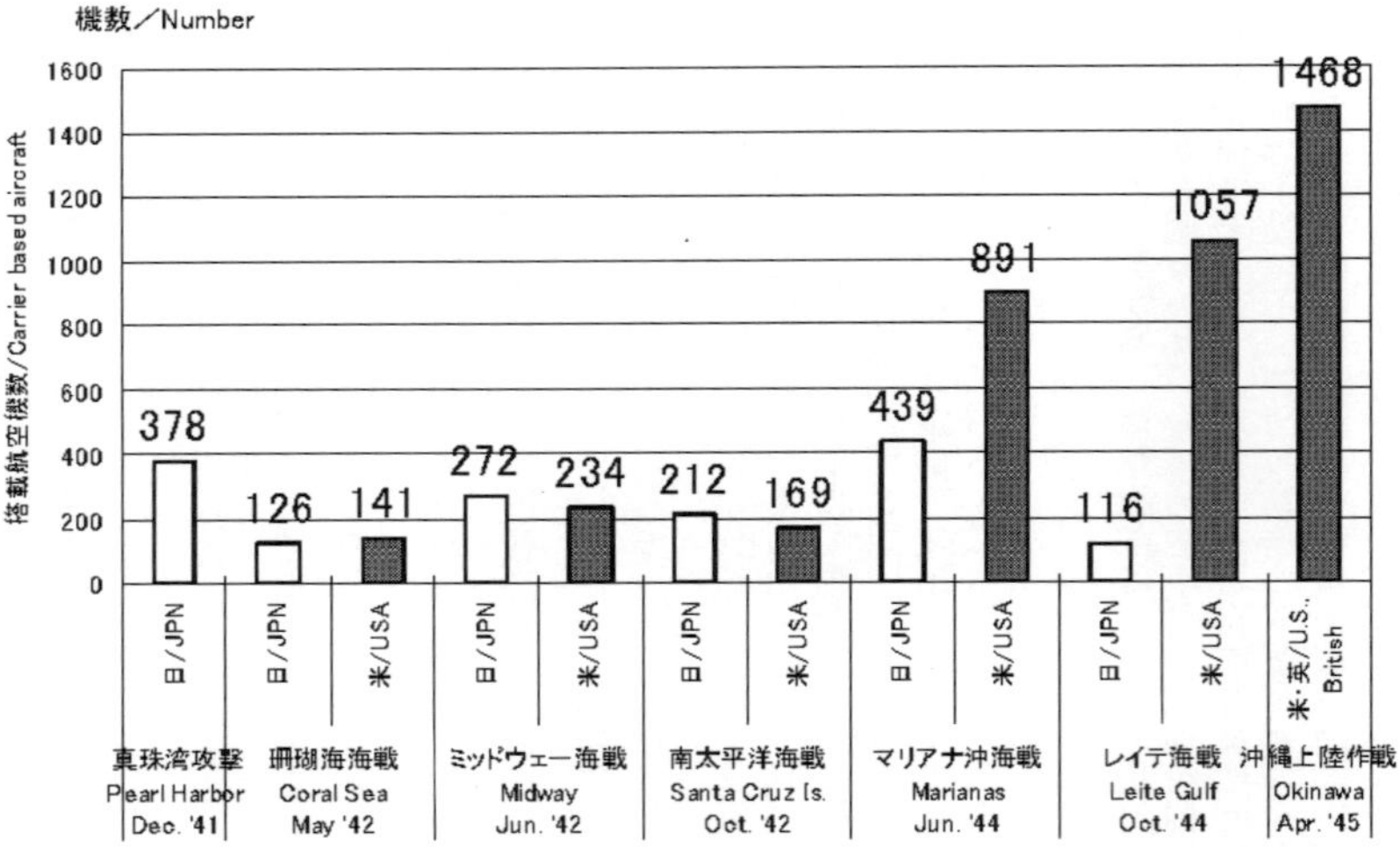

第 7 図 : 太平洋戦争主要海戦に参加した空母搭載航空機数

出典 : 中川務「第 2 次大戦における空母の戦い」(『世界の艦船』640号、2005年 4 月)87頁。

ようになったのだった。

陸軍内では一九三七年の「航空部隊用法」に対し、独立空軍的用法に傾きすぎることと爆撃隊に主体があることに批判が起き、一九四〇年に「航空作戦要綱」が制定された。[75]この制定により、航空撃滅戦は引き続き重視されているが、地上作戦支援の比重が高まり、航空部隊が作戦全般の要求に応じることが示された。また戦略爆撃については位置付けが下げられた。[76]つまり、より地上部隊に貢献することが求められたのであった。

また前述の海軍内での「航空主兵、戦艦廃止論」は、一九四一年井上成美中将が提案した「新軍備計画論」で海軍首脳部に投げかけられた。井上はその中で、もはや艦隊決戦は生起し得ないこと、日米戦争ではアメリカが潜水艦をもって日本の海上交通破壊に出てくること、互いの太平洋上の領土獲得争いになり持久戦となることを予見し、海軍は優秀な航空兵力、潜水艦兵力、機動水上兵力を保有して西太平洋の制空権を確保しなければならないこと、すなわち海軍の空軍化を主張した。しかしこの論も、この時点で海軍省、軍令部からは黙殺されてしまった。[77]海軍の主流は航空の重要性は認識するものの、依然としてそれを補助兵力と見なしていた。

技術的に航空が進歩し、陸海軍の補助兵種から独立した用法への展望が開けたが、陸海軍の主流はそれを認めなかった。また戦略的に見ても、陸軍は世界最大の陸軍国ソ連を、海軍は世界最大の海軍国アメリカをそれぞれ仮想敵国とするというように、国家戦略の調整が全く行われなかった。[78]日本のエア・パワーも陸海軍それぞれの戦略に沿って違っ

(75) 防衛研修所戦史室『陸軍航空の軍備と運用〈２〉』二一九〜二二八頁。
(76) 参謀本部、教育總監部、陸軍航空總監部「航空作戰綱要」（昭和十五（一九四〇）年二月十一日、「陸軍省密大日記昭和十五年第十二冊」、防衛研究所図書館所蔵）ＪＡＣＡＲ、Ｒ／Ｃ：C01004848400。
(77) 井上のこの意見は、一九四一年の時点で海軍の軍備計画が依然として大和級戦艦建造を含んでいるのに対し、それを止めもっと航空に重点を置くようにというものだが、戦艦建造が中止となったのは一九四二年六月のミッドウェー海戦敗北後のことであった（日本海軍航空史編纂委員会『日本海軍航空史（１）』一三三〜一四六頁。防衛研修所戦史室『海軍軍戦備〈２〉――開戦以後』（戦史叢書）朝雲新聞社、一九七五年、一四〜三一頁）。

た方向に整備されたのだった。すなわち陸軍航空は対ソ戦時における航空撃滅戦および地上支援勢力であり、海軍航空は敵艦隊の漸減と艦隊決戦前に航空決戦を実施し戦場の制空権を得ることであった。日本の官僚社会に顕著な縦割りの体制並びに国益より省益を優先する体質が最悪の形で現れたと言って良いだろう。

四　第二次世界大戦への参戦——日本のエア・パワーの頂点への到達と没落

太平洋戦争は日本のエア・パワーがそれまで四十年間つちかってきた実力を証明する時期となった。その最初は日本のエア・パワーの輝かしい成果で始まった。

太平洋戦争における日本最初の作戦の一つが一九四一年一二月の真珠湾奇襲攻撃であった。この攻撃の特徴は、航空母艦六隻を一つの艦隊に集中し、航空母艦数及び航空機数の増加により運用の柔軟性と打撃力を増強したこと[79]、機動部隊の隠密行動により日本本土より約六千キロメートル離れた相手に奇襲的攻撃を加え、敵の主力艦その他に大打撃を与えたことであった[80]。引続いて生起したマレー沖海戦の陸上攻撃機による行動中の英戦艦撃沈により、エア・パワーの戦艦に対する優位を実際に顕現したのであった。これらは日本海軍が長年想定していた洋上における艦隊決戦ではなかったが、海軍のエア・パワーが敵艦隊攻撃という目的にむけて開発・編制・訓練されていたため、うまく実行できたと言えよう。

空母搭載機は、零式艦上戦闘機、九九式艦上爆撃機、九七式三号艦上攻撃機であり、いずれも一九三九年以降採用された新型であり、かつ日中戦争で使用された実績のある機種であった。性能もアメリカ海軍の保有するF４F艦上戦闘機、ＳＢＤ艦上爆撃機、ＴＢＤ艦上雷撃機に対し同等か優っていた[81]。搭乗員は飛行時間が多い上に日中戦争で実戦経験を積んだ者もあり、実戦経験のないアメリカ軍に対して優っていた[82]。また太平洋戦争開戦時における航空母艦の数は、日本が十隻、アメリカが九隻でわずかに日本が上回っていた。[83]

空母機動部隊をエア・パワーの観点から見ると、真珠湾以後日本の空母機動部隊は一九四二年四月までの間、太平洋からインド洋まで各所に奇襲攻撃をかけ、一方的な戦闘を行った。[84]これまで航空の脅威が及ばなかったところに、空母機動部隊というシー・パワーとエア・パワーの結合で航空機の到達範囲を伸ばし、威力を及ぼしたのであった。

しかしながら、空母機動部隊だけで太平洋戦争に決着をつけるとことはできなかった。確かに太平洋から一時的に米国の戦艦が一掃されたが、それで米国が敗北したわけではなかった。真珠湾を攻撃したあとは、かえって、米国民の対日戦争にかける士気を鼓舞してしまった。また山本五十六連合艦隊司令長官は、真珠湾攻撃のあとに残存米艦隊を撃滅する具体的な手段を持っていなかった。それどころか陸海軍とも南方作戦成功後は、その次の段階の戦略になんら定見がなかったのだった。

日本の空母機動部隊のインド洋作戦のあと、イギリス東洋艦隊はその艦隊の戦力、空母航空戦力並びに在インド陸

(78) 黒野『日本を滅ぼした国防方針』一七〇〜一七三頁。
(79) 航空母艦の集中による運用の柔軟性の増加については、指揮の容易、通信上の有利、攻撃力の集中確実、防禦戦闘機数の増加の他、航空母艦を艦隊防空用と攻撃隊発着艦用に分け攻撃隊着艦時も艦隊防空戦闘機を発艦させられる利点がある。反面敵に一度に全兵力が発見され、一挙に全滅する可能性もあった（防衛研修所戦史室『ハワイ作戦』（戦史叢書）朝雲新聞社、一九六七年、一三二頁）。
(80) 戦艦四隻、その他二隻を撃沈、戦艦一隻、軽巡二隻、その他四隻を大破、戦艦三隻、その他二隻に被害を与え、航空機一八八機を撃墜・地上破壊した。日本側損失は未帰還機二九機、特殊潜航艇五隻であった。太平洋方面の米海軍戦艦の数は一時的に一隻に減ったのだった（防衛研修所戦史室『ハワイ作戦』三五九〜三六一、三九六〜四〇三頁）。
(81) 野沢『日本航空機辞典　上巻』二〇八〜二百九、二一八〜二一九、二二八〜二三一頁。航空情報編集部編『第2次大戦アメリカ海軍機の全貌――航空情報　10月号臨時増刊』、二三一号、（一九六七年一〇月）四三〜四七、七四〜八一頁。
(82) 日本の航空母艦搭載飛行部隊搭乗員の飛行時間は平均八百時間であった。また搭乗員のうち一〇%が日中戦争で実戦経験をつんでいた（米戦略爆撃調査団（大谷内一夫訳）『ジャパニーズ・エア・パワー――日本空軍の興亡』光人社、一九九六年、四〇頁）。
(83) 中村雅夫編『歴史群像太平洋戦史シリーズ　空母機動部隊』学習研究社、一九九七年、一〇四〜一〇七頁。

上航空戦力のすべてが、この脅威に対抗できないとして、根拠地をコロンボからアフリカ東岸に一時的に後退させた。[85]ここに短期間であるがパワーの空白が生じたのであった。それにもかかわらず日本はそのチャンスを利用しなかった。もし日本がセイロンを占領し西部インド洋の制空、制海権をにぎれば、連合国軍はペルシャ湾からの石油が手に入らないし、当時北アフリカでドイツ・アフリカ軍団との戦闘を続けていたイギリス軍への安全な海上輸送航路（イギリス本土から喜望峰、スエズ運河経由エジプト）が断たれてしまった可能性がある。[86]

これらは太平洋の側翼を空けながら日本がそのような作戦をできるのか、あるいは、そのような兵力があるのか、などの問題があろうが、要するに日本はエア・パワーを行使しながら、それが戦略的にどのような効果を及ぼすのか、およびエア・パワーを用いてこの戦争にどう勝ち抜くのかという戦略的視点が欠けていたと言えるだろう。

開戦からミッドウェー海戦の直前までは日本のエア・パワーの頂点であったが、そのあとは守勢の一方であった。ガダルカナルの米軍の反抗から日本は一度もその上陸作戦を阻止することができなかった。その米軍の方法は、太平洋の大海の中に島が点在する地理条件に適したものであった。米軍は航空基地を根拠に航空優勢を周囲に及ぼし、その中の島に所在する日本軍をエア・パワーにより孤立させる。日本軍は海上輸送が断たれ、武器弾薬はおろか食料さえ欠乏するようになる。そこを戦艦の艦砲射撃と航空機の爆撃で徹底的に叩き、海兵隊と陸軍部隊を上陸させ、陸海空の統合作戦で日本軍を駆逐するのであった。そしてそこに飛行場を建設し、さらに航空優勢の範囲を広げ、同じことを繰返すのであった。[87]

日本も航空優勢の重要性を認識し、米軍の反攻に対抗して南東部太平洋で航空優勢を奪回しようと努力した。しかしエア・パワーが国力の総力からなっていることに日本は気付くのが遅すぎた。例えば南東部太平洋でエア・パワーを発揮する場合に何が必要であるか項目を挙げると、ジャングルの中での飛行場設営技術、[88]損耗を上回る航空機の生産能力及び搭乗員等の養成能力、[89][90]通信・航法・早期警戒・気象・情報に関する装備とそれらを運用・維持する巨大な組織、[91]搭乗員・整備員等の保健衛生管理、前線の部隊を維持するための補給船団、船団を護衛するための護衛戦力等々であった。これらのことに日本は直面して気付いたのであって、しかもそれに対する対策はほとんどできなかった。[92]

(84) 一九四二年二月一九日のダーウィン空襲では、商船五隻を沈没、三隻を着底させ、二隻に被害を及ぼし、艦艇三隻を沈没させ、航空機二三機を撃墜・破壊した。日本側被害は二機自爆であった。(防衛研修所戦史室『蘭印・ベンガル湾方面海軍進攻作戦』(戦史叢書)朝雲新聞社、一九六九年、三四二〜三五四頁。Douglas Gillison, *Australia in the War of 1939-1945:Series Three Air Volume I-Royal Australian Air Force 1939-1942* (Canberra : Australian War Memorial, 1962), pp.430-431)。第一航空艦隊は四月五日のコロンボ空襲および九日のツリンコマリ空襲で重巡洋艦「ドーセトシャー」、「コンウォール」、空母「ハーメス」、駆逐艦、護衛艦、補給艦、商船各一隻を撃沈し、四〇機を撃墜した。日本側被害は七機自爆であった。また同時期に馬来部隊はベンガル湾を掃討し水上艦艇で商船二三隻十一万トン余りを撃沈した(防衛研修所戦史室『蘭印・ベンガル湾方面海軍進攻作戦』六二二〜六七二頁。S. Woodburn Kirby, *History of the Second World War : The War against Japan Volume II -India's Most Dangerous Hour* (London : Her Majesty's Stationery Office, 1958), pp.119-125 ; S.W. Roskill, *History of the Second World War : The War at Sea 1939-1945 Volume II : The Period of Balance* (London : Her Majesty's Stationery Office, 1956), p.28).

(85) Roskill, *The War at Sea 1939-1945 Volume II*, pp.28-29.

(86) J.R.M. Butler, *History of the Second World War:Grand Strategy Volume III June 1941-Augst 1942*, (London ; Her Majesty's Stationery Office, 1964), pp.481-489.

(87) 堀栄三『大本営参謀の情報戦記――情報なき国家の悲劇』文藝春秋社、一九九六年、一一一〜一一五頁。

(88) 航空基地設定について、米軍は東部ニューギニアに一九四三年八月までには二〇個からなる完備した大飛行場群を造成した。それに対し日本陸軍は同時期、同地方に二〇個程度の航空基地建設が進んだが所要の三分の一にも足らず、長さも短く、舗装など行っていないので大雨が降れば使用困難で、乾燥すれば埃がたち、1分に一機しか離陸できなかった。また一九四二年八月東條英機陸相は陸軍航空本部に対し「米軍は一週間で飛行場を設定している。日本は三日で設定できるよう至急研究せよ」との指示があったが、まず鹵獲した米英のブルドーザーの模倣から始めたことからも、その実現が困難なことは明白だった(防衛研究所戦史室『東部ニューギニア方面陸軍航空作戦』(戦史叢書)朝雲新聞社、一九六七年、三七八〜三七九頁。同『陸軍航空作戦基盤の建設運用』(戦史叢書)朝雲新聞社、一九七九年、二二九〜二三〇頁。田村尚也「東部ニューギニア――密林に急造された飛行場群」長谷川晋編『日vs米陸海軍基地』(歴史群像　太平洋戦史シリーズ)学習研究社、二〇〇〇年、一〇八〜一一一頁)。

第 3 表：第 2 次世界大戦参戦諸国の航空機生産数

暦年	日本	ドイツ	イタリア	イギリス*1	アメリカ	ソ連
1939	4,467	8,295	1,750	7,940	2,141	10,400
1940	4,768	10,826	2,723	15,049	6,019	10,600
1941	5,088	11,776	3,487	20,094	19,433	11,500
1942	8,861	15,556	2,818	23,672	47,836	25,400
1943	16,693	25,527	2,741	26,263	85,898	34,900
1944	28,180	39,807	1,043	26,461	96,318	40,200
1945	11,066	7,540		12,070	47,714	20,900
合計	79,123	119,327	14,562	131,549	305,359	153,900

*1：1945年は9月までの値

出典：Central Statistical Office, *History of the Second World War:United Kingdom Civil Series -Statistical Digest of the War* (London: His Majesty's Stationary Office, 1951), p. 152; Irving Briton Holley, Jr. *United States Army in World War II Special Studies -Buying Aircraft: Materiel Procurement for the Army Air Forces* (Washington D.C.: United States Government Printing Office, 1964), pp. 548-55; Grigori F. Krivosheev ed., *Soviet Casualties and Combat Losses in the Twentieth Century,* Christine Barnard tr., (London: Greenhill Books, 1993), p. 244; Hans Werner Neulen, *In the Skies of Europe:Air Forces Allied to the Luftwaffe 1939-1945*, Alex Vanags-Baginskis tr., (Wiltshire, U.K.: Crowood Press, 2000), pp. 329-31; United States Strategic Bombing Survey, *The Japanese Aircraft Industry* (n.p. : United States Government Printing Office, 1947), p. 155; "Aircraft Production during World War II" MSN Encarta <http://encarta.msn.com/media_701500594_761563737_-1_1/Aircraft_Production_During_World_War_II.html>, accessed on Aug. 30, 2005.

第 4 表：各国の四発爆撃機の生産数

暦年	イギリス*1	アメリカ	ソ連	ドイツ	イタリア	日本
1940	41	60	12			—
1941	498	313	23		} 24 (1941–1943)	—
1942	1,976	2,579	22	166		—
1943	4,615	9,485	29	415		—
1944	5,507	16,048	5	565		—
1945	2,069	6,413				—
合計	14,706	34,898	91	1,146	24	0

*1：1945年は9月までの値

出典：Central Statistical Office, *Statistical Digest of the War*, p. 152; Giancarlo Garello, *Ali d'Italia 15 Piaggio P.108* (Torino: La Bancarella Aeronautica, 2000), p.40; Holley, *Buying Aircraft,* p.550; Victor Kulikov, Michel Masslov, Christophe Cony, Michel Ledet, *Les Bombardiers Quadrimoteurs Soviétiques Tupolev TB-3 & Petlyakov Pe-8* (Paris: LELA PRESSE, 2001), p. 190; Frenec A. Vadja, Peter Dancy, *German Aircraft Industry and Production 1933-1945* (Warrendale: Society Automotive Engineers Inc., 1998) p. 146.

結局日本は米軍が反攻に移ってから航空撃滅戦を行うことはできず、逆に日本が撃滅戦をかけられ、多大の犠牲を払って前線を後退させなければならなかった。

一方真珠湾攻撃から始まった空母機動部隊運用であったが、その後約一年間の空母作戦を見ると、日米ともまだ完

(89) ルーズベルト大統領が航空機五万機生産の提案を議会に行ったのは、米国が戦争に突入する前の一九四〇年五月であった。一方日本は東條首相が航空を超重点とする軍備建設を指示したのは、一九四三年の六月であった（防衛研修所戦史室『陸軍航空の軍備と運用〈3〉――大東亜戦争終戦まで』（戦史叢書）朝雲新聞社、一九七六年、二〇〇頁。Irving Brinton Holley, Jr., *United States Army in World War II-Buying Aircraft : Materiel Procurement for the Army Air Forces* (Washington D.C. : U.S. Government Printing Office, 1964), p.209)。各国の第二次世界大戦中の航空機生産数を第3表に示す。また大戦後半は、日独が単発戦闘機の生産に重点をおいたのに対し、英米は四発重爆撃機も大量に生産した。だから英米と日独の航空工業力の差は第3表に示す以上に差が開いていた。第4表に各国の四発重爆撃機の生産量を示す。

(90) アメリカは陸軍航空隊だけで一九四〇年夏にパイロットのみで年間一万二千名養成する計画を立てた（Wesley Frank Craven, James Lea Cate, *The Army Air Forces in World War II Volume VI:Men and Planes* (Chicago : The University of Chicago Press, 1955), pp.431-434)。一方日本陸軍は一九四二年に年間一万人の搭乗員養成を一九四三年に操縦者だけで年間二万人要請の計画を立てた。日本海軍は一九四一年に年間約五千人、一九四四年に年間約二万八千人の搭乗員養成計画を立てた（防衛研修所戦史室『陸軍航空の軍備と運用〈3〉』二〇七〜二〇八頁。田中耕二他編『日本陸軍航空秘話』原書房、一九八一年、二五六頁。日本海軍航空史編纂委員会『日本海軍航空史（2）』六九一〜七〇六頁）。日本の場合、教官数、訓練機材の数等の差から質は低下しつづけ、終戦時部隊のパイロットの平均飛行時間は陸海軍とも約百時間となってしまった。それに対し米陸軍の戦闘機パイロットは戦争中訓練時間が増加し続け、終戦時には三二五〜四〇〇時間の飛行訓練を受けてから部隊配備となった（United States Strategic Bombing Survey, *The Fifth Air Force in the War against Japan* (n.p. : Military Analysis Division, 1947), pp.59, 61 ; British Bombing Survey Unit, *The Strategic Air War against Germany 1939-1945* (London : Frank Cass, 1998), Figure 31)。

(91) レーダーについて述べると、ニューギニアではないが、ミッドウェー海戦時日本の航空母艦部隊にレーダーが搭載されていなかった（防衛研修所戦史室『ミッドウェー海戦』（戦史叢書）朝雲新聞社、一九七一年、四一〇頁）。日本陸軍でパルス方式の警戒レーダーの実戦運用開始は一九四三年一月からであり、ニューギニアでは同年八月でもまだ試験段階であった。また航空優勢がないためニューギニアに送っても海没するものもあり、完璧な警戒網は形成できなかった（防衛研修所戦史室『陸軍航空兵器の開発・生産・補給』三四四〜三四六頁。防衛研修所戦史室『西部ニューギニア方面陸軍航空作戦』（戦史叢書）朝雲新聞社、一九六九年、二五六頁）。

成した運用術ではなかった。この間の海戦で日米とも保有していた空母の多くを失った[93]。この空母の損失に対するその後のアプローチに日米で大きな差があった。

日本海軍の航空本部の考えは、空母はしょせん脆弱なものであり、装甲を施すと完成までに時間がかかり造艦能力ではアメリカにかなわないので、簡易な空母を多数量産して対抗するしかないというものであった。そしてそれまでの戦闘の教訓から、空母同士の戦闘においては時間に差があっても結局互いを攻撃しあうので、一隻の空母で多数の敵空母を相殺することも可能である、と考えた。刺し違えの戦法で、あわよくばこちらの一隻でアメリカの多数の空母を仕留めようというものだった[94]。

他方、米海軍は航空機が主兵となることを手痛い経験で学ぶと、航空兵力発揮の根源である空母が中心となるよう体制を変更し、空母の脆弱性を保護するため体系的な努力を重ねたのであった。航空母艦を輪形陣の中心にすえ、今まで海軍の主兵であった戦艦ですら航空母艦のための防空砲台として運用した。それらの艦に多数の高射砲、高射機関砲をすえ、その発射する弾幕の煙が「真っ黒な雷雲」のようになったという。さらに大口径砲弾にはＶＴ信管が仕込んであったのだから日本の艦隊防空能力とはいっそう差がついた[95]。

しかしこれら対空砲は最後の防衛線であり、そのラインに敵機が達する前にそのほとんどを艦上戦闘機で撃墜する必要があった。そのために考え出されたのがＣＩＣ（Combat Information Center）を中枢とする防空戦闘のシステム化であり、それを助けたのが優秀なレーダー技術、通信技術であり、また日本の零戦に優るＦ６Ｆ、Ｆ４Ｕの艦上戦闘機であった。そして言うまでもなく以上の点はニューギニアにおける航空優勢獲得と同様国力の総合発揮なのであった[96]。

両軍の取組みの違いは一九四四年六月日米の空母決戦であるマリアナ沖海戦にてき面に現れ、一方的な米海軍の勝利に終わった。以後日本の空母機動部隊は味方からもエア・パワーとして計算されず、同年一〇月レイテ海戦でおとりの役を務めて事実上消滅した。一方、米国の機動部隊は猛威をふるい、終戦まで日本のエア・パワーその他に大きな打撃を与え続けた。日米の在籍空母数、主要海戦に参加した空母隻数及び空母搭載機数を第4図から第7図までに示す。日米の勢いの消長が良く現れている。

航空優勢獲得の見込みを失った日本軍の取った手法は航空特攻であった。この特攻こそエア・パワーの特性を無視したものであった。航空機搭乗員の養成には多くの時間と経費がかかるのだが、それを特攻は一回の出撃で消耗してしまうのであった。しかも特攻は一回だけの攻撃であるから搭乗員の経験が蓄積されて技量が上がることも無いのである

(92) ニューギニアを担当していた第八方面軍は一九四三年三月に大本営に現状をよく捉えた報告を行った。その中でこの方面の作戦を支配するものが航空優勢であり、米軍にその大部分を握られていること、現状においては日本の南太平洋方面における戦略態勢が崩壊の一途をたどっていること、この方面の日米航空戦力の差が将来ますます開きそうな兆候があることを警告した。さらに米軍の飛行場建設能力、戦闘機の火力装備、遠距離爆撃機の防弾及び行動半径、飛行場の諸施設、爆撃能力、航法能力等が優れていることを認めていた。また航空通信保安長官吉田喜八郎少将一行は一九四三年四月ラバウル、ニューギニア方面を視察し、施設、通信、情報、補給、修理、給養、衛生等のすべてが問題で手の下しようがない状況であることを認めた。吉田長官は杉山元参謀総長に第一線を後退させるよう意見具申をしたが採用されなかった。また先の第八方面軍の報告も大本営作戦課は認識せず米軍の航空優勢の存在を無視した計画を立てていた。ニューギニアの航空戦を担当していた第四航空軍司令官寺本熊市中将もそこにおける航空優勢の本質を見抜き、それなしでは日本軍は皆各島で孤立化し互いに支援できないこと、大本営作戦課がそれを理解せず、いまだに「軍の主兵は歩兵なり」と言っていることを批判した。(第八方面軍司令部「南太平洋方面戦略態勢確立ニ關スル意見　昭和十八(一九四三)年三月十五日」(「航空関係書類綴　其の一」、防衛研究所図書館所蔵)。防衛研修所戦史室『陸軍航空の軍備と運用〈3〉』八四～八五頁。井本『大東亜戦争作戦日誌』三八六頁。堀『大本営参謀の情報戦記』七九～九四頁)。

(93) 太平洋戦争開始から一九四三年一月までの時点で日本海軍は六隻の航空母艦が海没し一〇隻が就役中であり、米海軍は五隻が海没し七隻が就役中であった(中村『空母機動部隊』一〇四～一〇七頁)。

(94) 海軍航空本部「航空母艦整備方針ニ關スル意見」(昭和十七(一九四二)年七月七日、「海軍航空軍備関係計画・調査綴」、防衛研究所図書館所蔵)。

(95) 中川務「第2次世界大戦における空母の戦い」『世界の艦船』第六四〇号(二〇〇五年四月)八四頁。堀『大本営参謀の情報戦記』二三八頁。

(96) 中川「第2次世界大戦における空母の戦い」八四頁。阿部安雄「日本空母の脆弱性を斬る」『世界の艦船』第六四〇号(二〇〇五年四月)九一頁。

あった。また航空機も日本にとって高度な工業技術を結集した高価なものであるのに、それを一回で消費してしまうのだった。[97]さらに特攻は日本の軍事史上に大きな指揮・統率上の問題を残したと考える。太平洋戦争中に零戦部隊の隊長も経験したことのある小福田晧文中佐は一九四四年海軍内部の会議の席上で以下のように発言したそうである。

百パーセント死を命ずるような戦術を取らざるを得ない戦況では、もう司令官はじめ、幕僚なども不要である。したがって、最上級者から順番に、特攻攻撃に出るべきではないのか。これによってこそ、部下も納得し、喜んで死地に赴くであろう。それが軍隊というものである。[98]

命ずる側の無責任ぶりを明確に指摘した発言だろう

他方米国は航空優勢の範囲を一歩一歩日本に近寄せながら、ついに一九四四年マリアナ諸島を占領して日本本土空襲の足がかりを得た。またその空襲を実現できたのは、B-29という当時の水準を上回る爆撃機を製造できたアメリカの高度な技術力によるものだった。それに対して日本は、防空を全うするには積極防空が最良であるとの思想のため敵を上回る爆撃兵力をもって敵の爆撃兵力を先制して破壊するか、敵の戦略爆撃出撃基地を占領してしまう方法が優先されていた。[99]したがって防空戦闘機やレーダー、高射砲などの防空組織は軽視されていた。[100]マリアナに地歩を築かれてB-29で爆撃されると防ぎようがない状態だった。[101]そして最後にはB-29による原子爆弾投下の前に日本のエア・パワーは敗北を迎えたのだった。

おわりに

日本は明治から大正にかけてエア・パワーをそれなりに重要なものと見て海外から導入した。特にエア・パワーの発展が技術と密接不可分であることから、国内航空産業の育成を目指した。そして一九三〇年代後半には、日本国産機の性能は欧米に並んだように見え、また航空機エンジンも自主開発できるようになった。(102) エア・パワーの用法的には自国の戦略環境に適合していると考えられた陸軍の航空撃滅戦、海軍の敵艦隊邀撃に発展し、その成果は真珠湾攻撃やマレー進攻作戦として現れ世界に衝撃を与えた。

(97) 日本陸軍は簡易特攻機キ一一五を試作したが、完全な失敗作であった（高島亮一「回想―キ115剣――旧陸軍少佐の証言」『航空ファン』（一九九三年四月）一六八～一七一頁。同（一九九三年五月）一六八～一七一頁）。

(98) 小福田晧文『指揮官空戦記――ある零戦隊長のリポート』光人社、一九七八年、二七三頁。

(99) 積極防空を唱えた例として小磯國昭、武者金吉『航空の現状と將來』財団法人文明協会、一九二八年、三八-四八頁及び陸軍省軍事調査部「空の国防」昭和九（一九三四）年三月三十日、（「陸軍省大日記乙輯昭和九年」、防衛研究所図書館所蔵）JACAR、R／C：C01006573400 が挙げられる。また積極防空のため陸軍のとった行動としては一九四四年中国における一号作戦が挙げられる（防衛研修所戦史室『本土防空作戦』（戦史叢書）朝雲新聞社、一九六八年、二二七～二二八頁）。

(100) 太平洋戦争開戦直前の一九四一年一二月二日杉山参謀総長から国土防空の状況を聞かれた参謀本部担当部員の神笠武登中佐は「国土防空の現状では、戦争遂行はほとんど不可能に近い」旨を述べた（防衛研修所戦史室『本土防空作戦』一〇四頁）。特に夜間戦闘に対する備えはほとんどできておらず、英、米、独の技術水準から遠く離されていた。一九四五年三月の五回のB-29による夜間爆撃をみても有効出撃数一四六九ソーティに対し戦闘によると思われる損失は一五機であり、一%に過ぎない（小山仁示訳『米軍資料　日本空襲の全容―マリアナ基地B29部隊』東方出版、一九九五年、四〇～四四頁）。

(101) 第二次世界大戦中、イギリス爆撃軍団のドイツ爆撃の損害は三六四、五一四ソーティ出撃に対し全損は八、三二五機で二・二八%にあたる。マリアナ諸島から出撃したB-29日本爆撃の損害は二六、〇五六ソーティ出撃に対し全損は事故も含め三一三機で一・二〇%にあたる（Charles Webster, Noble Frankland, *The Strategic Air Offensive against Germany 1939–1945*, Vol.IV (London : Her Majesty's Stationary Office, 1961), p.437. 小山『米軍資料　日本空襲の全容』一五～二四五頁。奥住喜重他訳『米軍資料　原爆投下報告書――パンプキンと広島・長崎』東方出版、一九九三年、附録1）。

(102) 日本の航空機エンジンは馬力あたり重量など英・米・独の水準を上回っていた（林克也『日本軍事技術史』青木書店、一九五七年、二五〇～二五一頁）。また第二次世界大戦後半に第一線戦闘機のエンジンを自主開発できた国は米、英、独、ソ、日だけであり、イタリアはドイツ製エンジンのライセンス生産品をそれにあて脱落していた。

しかし日本はエア・パワーを戦術的道具とみなしていた。エア・パワーを「自分の意思を相手に強要する」という意味で、航空優勢なくして作戦実施が不可能であるという認識が開戦後しばらくの間はなかった。同時にエア・パワーを太平洋の作戦で発揮するにはどのような要素が必要であるかという認識もなかった。また日本は、エア・パワーの効果的発揮のため統一した戦略を立て統一した目標に向かって国力を調整することができなかった。

それでは、日本がエア・パワー中心の戦略を取っていたとしたら、太平洋戦争に別の結果をもたらせたであろうか。太平洋戦争中に大本営参謀や第八方面軍参謀を務めた井本熊男大佐は、戦後の回想で「わが方は、あくまで飛行機の増産によって米に対抗しようとした。即ち縮め得ない格差にもかかわらず、米国と同じ方法で争ったのである。これではとうてい勝負にならない。」として、アメリカの長所を発揮させえないような持久戦略を編み出す必要があったことを述べている。(103)

まず日本は自分のエア・パワーとアメリカの持つエア・パワーを比較して、どのような戦いの様相になるか予想しなければならなかった。そのうえでアメリカと戦うのか戦わないのか、戦うとしたらどのように戦うべきなのか、考えなければいけなかったのだろう。しかしエア・パワーの重要性が技術の進歩とともに急速に増大していく中で、欧米諸国への追随に手一杯だった日本の現状においては、軍人・政治家がエア・パワーの重要性を理解することは困難であったのかもしれない。(104)

(103) 井本『大東亜戦争作戦日誌』四八七〜四八八頁。
(104) 井本は別個な戦略の遂行について「始めから持久戦略戦術の発想の思想を持たず、判断の大誤りで始めた戦争が、八方破れの状態になりつつある逼迫した情勢下では言うべくして実行する余裕はなかったと思われる」とも述べている(同右)。

第6章　日本陸軍の軍事技術戦略とエア・パワーの形成過程

横山　久幸

はじめに

一九二四（大正一三）年四月に陸軍航空部本部長から陸軍大臣に認可を求めた「航空部管掌器材審査方針」には、冒頭、「研究審査は兵器独立の大方針に則り加成内地に於て製作し得るの点に留意し其統一を計り以て補給を円滑容易ならしめざるべからず」とある。[1]この方針は航空部が所掌する航空器材に関し、制式制定のための審査基準と現用器材の改善要領などを定めたに過ぎない。しかし、この頃には、ドイツ人技師の設計によるとはいえ、日本における初の金属製機である八七式重爆撃機の試作を開始するなど、欧米技術の模倣から脱して、ようやく航空器材を国産化できる段階に達していた。この方針は、航空兵器についても、生産の自立を達成しようとする「兵器独立」の姿勢を示したものとして大きな意義をもっている。

この「兵器独立」とは、日本陸軍が建軍以来、唱え続けた軍備整備に関する大方針であった。一八八〇（明治一三）年に陸軍卿に就任する大山巌元帥は、陸軍から派遣されて一八七〇（明治三）年から翌年にかけて普仏戦争を観戦している。この時、大山は近代戦においては国防上、「兵器独立」が当然の原則であり、軍備整備における「兵器独立」が必要であることを痛切に感じて帰国している。[2]このため、一八九六（明治二九）年に陸軍大臣を辞任するまでの約一七年間、大山は軍備整備に関し「兵器独立」を達成することに努めている。そして、大山が目標とした「兵器独立」とは、戦時を想定して兵器の国産化率を高めることを目的としたものであり、具体的には、原材料の自給自足を基本とし、兵器の開発や改良とその生産の自立を目指したものであった。この「兵器独立」こそが、国軍建設に乗り出した陸軍が欧米の近代兵器を所与のものとして、その兵器や軍事技術を導入し、その模倣を通じて国産化を試みることによって、技術力と生産力を育成しようとした明治期日本陸軍の「技術戦略」であった。[3]

すなわち、陸戦兵器に関しては、フランス革命と産業革命という二大革命を契機とした軍事上の革命とその後の戦争を通じて発展した近代的軍制と戦闘様式、そして近代兵器とその体系を導入することによって、欧米に追随し、さらには追いつくことが求められた。一方、航空兵器は、気球が軍事的に利用されたのはフランス革命まで遡るものの、航空機が兵器として最初に使用されたのは一九一二年のバルカン戦争であり、第一次世界大戦において顕著な役割を演じ、航空機は軍用として技術的にも運用的にも急速な発展を遂げている。[4] 日本陸軍は、第一次世界大戦において青島攻略戦に航空隊を参加させた程度で欧州の戦場のような本格的な航空戦を経験することはなかった。とはいえ、航空兵器は当時の最新兵器であったが故に、導入の当初から将来の航空戦を予想して、航空兵器とその運用思想を陸軍自ら生み出す必要があった。すなわち、航空兵器の登場をRMA（Revolution in Military Affairs）と見れば、陸戦兵器のように欧米の兵器体系に追随しなければならなかったのとは異なり、日本もまた航空兵器の開発を競い、この技術革新期に優位に立つことが求められていたといえる。[5] そして、この兵器の質的優位を導くものが軍事技術戦略であり、この戦略の成否が軍備整備においては重要な鍵を握ることになる。

日本陸軍が、技術戦略的な発想から航空兵器の研究と開発のあり方を示したものとして「航空兵器研究方針」を挙げることができる。そこで本章では、この研究方針の変遷と航空運用思想の発展を対比させつつ、陸軍航空の研究方針が抱えていた戦略的な曖昧性を明らかにする。続いて、太平洋戦争における航空消耗戦の敗因の検討から、技術革

（1）「航空部管掌器材審査方針ニ関スル件」陸軍省「大正一三年大日記甲輯」、アジア歴史資料センター http://www.jacar.go.jp/（以下同じURL）。なお、原文引用中、旧漢字は新漢字に改め、カタカナ表記はひらがなで記述した。以下、引用に際しては同じ。
（2）大山元帥傳編纂委員編『元帥公爵　大山巌』大山元帥傳刊行會、一九三五年、三四三頁。
（3）拙稿「技術戦としての日露戦争――日本陸軍による技術革新期への対応」『平成一六年度戦争史研究国際フォーラム報告書』防衛研究所、二〇〇五年三月、一一四～一一五頁。
（4）アレキサンダー・セバスキー『空軍による勝利』大本営海軍部訳、一九四四年、三六頁。
（5）RMA期を生き残る国家の選択としては、大別して改革競争を行うRMA先導型か、RMAの成果を導入する適応型か、RMAを無視するかの三つの選択枝がある。横山「技術戦としての日露戦争」一一三頁。

新期における技術戦略と軍備のあり方についての視点を提供することを試みたい。

一 「兵器独立」の思想と航空兵器の開発

陸軍において航空機の研究を組織的に開始したのは、一九〇九(明治四二)年に陸海軍・官民合同で臨時軍用気球研究会が設置された以降である。この研究会では、すでに実用化の段階にあった仏、独などから航空機を輸入し、日野熊蔵大尉や徳川好敏大尉が初飛行を試みるなど、操縦の習得や航空技術の導入を行っている。なお、陸軍最初の制式機となるモーリス・ファルマン式一九一三年型は、機体及び発動機(ルノー七〇馬力)とも国内生産が可能であったことから、国内で改造され、モ式四型機として採用された(6)。その後、第一次世界大戦の影響を受けて、外国からの輸入が一時困難となっていたが、陸軍は終戦の翌年(一九一九年)にフランスからフォール航空団を招聘し、操縦・射撃・偵察・爆撃の運用法や教育法のほか、航空技術など大戦間にめざましく発達した航空全般の吸収に努めた。この航空団による教育は、操縦及び戦技等が主体ではあったが、航空機を始めとして搭載無線機、機関銃など多くの航空器材をもたらし、航空技術の発展にも寄与し、ライセンスによる国内での生産体制も確立されていった。フォール航空団による教育終了後、研究会の業務の一部を受け継いで同年四月に陸軍航空部が発足し、初代本部長となった井上幾太郎少将は(7)、航空部隊の教育と整備に関して、フランスの航空機とフランスの教育法を採用して、フランスの水準に達することを第一目標とし、その後に「わが国独特段階」に入るという、「すべての範をフランスにとる」とした仏国機採用の方針を決定した(8)。

また、井上は航空機の製造に関して、航空機産業が総合産業という特性を有し、欧米の兵器産業の多くが民間製造業であることに着目して、民間の航空機産業を育成するために、一部を民間の製造会社に依託する方針も決定した。この方針は、冒頭に記した、審査方針においても「部外工場に要件を指示して設計試作」させるとして受け継がれている。こうした陸軍の方針を受けて、航空機が将来兵器として有望視され、軍の保護奨励が期待できるとの理由から、この頃までに航空機の製造に着手または新たに設立された主な民間の航空機製造会社は八社に及んでいた(9)。

第一次世界大戦後は各国とも航空兵器の戦力的価値を如何に高めるかということに関して模索の段階にあり、運用思想とそれに基づく航空兵器の開発、そして技術力の向上がより密接な関係を有するようになっていた。例えば、後述する一九三八（昭和一三）年に制定された「陸軍航空本部兵器研究方針」では、「常に世界最優秀機に対し性能の優越を期して」とあるように(10)、常に最先端を行く能力が求められ、極めて過酷な競争での研究・開発であることが次第に自覚されることになる。

二　戦略的思考の萌芽と宇垣軍縮

大正一三年の審査方針は、「兵器独立」のもとに国内生産を行うことを方針として、器材の審査要領では、第一に

(6) 防衛庁防衛研修所戦史室『陸軍航空兵器の開発・生産・補給』（戦史叢書）朝雲新聞社、一九七五年、一二～一四頁。
(7) 井上はこの当時、海軍などが脱退して陸軍独自の臨時軍用気球研究会となった同会の幹事を務めており、フォール航空団の受入に際しても、教育準備のために設立された臨時航空術練習委員長に任命されている。
(8) 井上幾太郎刊行会編『井上幾太郎傳』光文書院、一九六六年、二四一～二四二頁。
(9) 「飛行機ノ製造方針ニ関スル件」「陸軍航空本部創立当初の重要書類綴」大正八年、防衛研究所図書館所蔵、『陸軍航空兵器の開発・生産・補給』五三～五五頁、『井上幾太郎傳』二四七～二四八頁及び『日本航空史昭和前期編』日本航空協会、一九九五年、八七〇頁。なお、大正期における主な航空機製造会社としては、愛知時計電機（愛知航空機）、川崎造船所（川崎航空機工業）、日本飛行製作所（川西航空機）、石川島飛行機製作所（立川飛行機）、中島飛行機、三菱内燃製造（三菱重工業）があった。
(10) 「陸軍航空本部兵器研究方針改訂並増補ノ件覆申」陸軍省「昭和一三年密大日記」第七冊、アジア歴史資料センター。

制式未決定器材ついて、戦時における航空部隊の任務に適応するよう審査すること、第二に、前項の審査業務に支障を及ぼさない範囲で、制式器材の改善について長期を要する器材から研究に着手することなどを示している。しかし、整備すべき個々の機種およびその性能等に関する審査基準について言及していない。このため、この審査方針は具体的な審査要領を定めたというより、むしろ、これから整備しようとする航空器材の制式制定を急ぐことを目的としていたと見ることができる。すなわち、この審査方針が示された翌年の一九二五（大正一四）年に当時の陸軍大臣であった宇垣一成によって陸軍軍備の改革、いわゆる宇垣軍縮が行われたことを想起すれば、航空部において審査方針を示したこと自体が宇垣軍縮の一環であったとさえみることができよう。

宇垣軍縮は、四個師団削減という戦略単位の縮小を断行し、これに替えて大戦中に新兵器として登場した航空機、戦車、高射砲などの新戦力を付与することによって、近代化を図ろうとした改革であり(11)、それまでの軍備、すなわち「量」という考えに対して、「質」の概念を新たに導入したものである。この軍備改革に先立ち、陸軍は大戦の教訓を摂取する目的で設置した制度調査委員を一九二三（大正一二）年末に強化し、当時陸軍次官であった宇垣を委員長として、軍備の近代化のための改革案策定に動き出している。宇垣自身は翌年一月に陸軍大臣に就任することになるが、制度調査委員は、一九二四（大正一三）月七月に陸軍大臣に対して「第一次調査報告」を提出している。この報告で最も重視した整備が航空部隊の増強であり、「航空部隊拡張整備」として見積もられた経費は、軍備改革総所要経費約八八〇〇万円のうち約三〇％を占めた。そして具体的には、それまでの航空部隊に加え、戦闘機及び偵察機各二個中隊、爆撃機四個中隊、気球二個中隊を新設し、飛行隊は戦闘機一〇個中隊、偵察機一〇個中隊、爆撃機四個中隊の計二四個中隊、気球隊三個中隊とするものであった。この改革案は大正一四年軍備整理ではさらに増強され、結局、飛行隊二六個中隊（戦闘機一一個、偵察機一一個、爆撃機四個中隊）、気球二個中隊を平時編成の目標とした。

宇垣軍縮は航空戦力をそれまでの約一・六倍に一挙に増強するものであり、しかも、一九二五（大正一四）年から八年間で完整することを目途にした。航空部による審査方針の制定は、このような航空部隊の大規模な増強を意図する制度調査委員の検討作業を前提に、航空機の制式制定を急ぐ必要があったことから行われたと見ることができる。

しかも、軍縮による整備が始まった一九二五（大正一四）年九月には、審査方針を具現する形で、後継偵察機の試作にあたっては純国産とすることを決定している。この頃、民間における設計製造等の技術が進歩し、ようやく自力で開発が可能になってきた。加えて現偵察機の製造権の期限が満了することもあり、国産化の決定は、国内の航空機製造会社を育成するというねらいがあった。[12] しかし、国産化の真意は、原材料に乏しく工業が未発達な日本が戦時に速やかに航空戦力を整えるためには、平時から「必要なる空中威力を充実し不断且有為なる研究の設備を整へ又航空技術並製造の独立を計る為内地に於ける官民工場の能力を培養し置く事」が優れた工業力を有する欧米諸国よりも一層必要になると考えたからであった。[13] ここには技術戦略的な発想を認めることができる。すなわち、戦時所要を想定した航空軍備の充実を図るため、兵器研究体制の確立と生産体制の自立を目指したものであり、航空技術の進歩と航空産業基盤の育成を核とした技術戦略と見ることができる。こうした技術戦略のもとで、偵察機の純国産化が決定され、制式として採用されたものが八八式偵察機である。この偵察機は、実際には民間製造会社が招聘した外国人技師が設計し、発動機も外国製を国内で生産したものであったが、国内で設計試作を試みたという点で、陸軍の建軍以来の懸案である「兵器独立」を航空機についても達成したといえる。このほか、この時期の国内試作としては、八七式重爆撃機、八七式軽爆撃機がある。

また、この改革では、戦闘機部隊と偵察機部隊を同数とし、しかも、初めて爆撃機部隊を編成している。この戦力

(11) 宇垣軍縮については、拙稿「日本陸軍の軍事技術戦略と軍備構想について――第一次世界大戦後を中心として」『防衛研究所紀要』第三巻第二号、二〇〇〇年一一月及び第三号、二〇〇一年二月を参照のこと。ここでは宇垣軍縮がそれまでの陸軍軍備の「量」の追求に対して、新たに「質」の概念を導入し、この「質」の改善を目指したものであったことを指摘し、その「量」と「質」の調整を図る技術戦略の妥当性を論じている。

(12) 「民間ニ於テ飛行機設計ヲナサシムル件」陸軍省「昭和四年密大日記」第三冊、アジア歴史資料センター。

(13) 陸軍省「陸軍の新施設に就て」一九二四年、防衛研究所戦史部所蔵、五～六頁。

組成は、それまでの陸軍の航空運用に対する考え方を大きく転換させるものであり、従来の偵察機中心の運用から駆逐、爆撃を主体とした攻撃型の戦力へと脱皮させることを意図している[14]。この当時の陸軍航空の運用思想は、地上作戦協力が当然のこととして認識されてはいたが、それらの原則や準拠となる運用規範書が制定されていたわけではなく、陸軍大学校で「航空術」として講義されていた程度であった。これは航空機やその技術の革新が目覚しく、航空部隊の編制や運用要領が容易に定まらなかったことによる。例えば、一九二二(大正一一)年に陸軍大学校教官であった小笠原數夫少佐が航空戦術講義録として記した「航空部隊用法ニ關スル一般原則」では、航空戦力を騎兵とともに地上作戦における偵察機能として位置付け、地上作戦に密着して協力する機能であり、その能力も騎兵による偵察と相互補完の関係にあるとしていた。その一方、地上作戦における制空権の重要性にも言及し、敵飛行場などへの攻撃によって積極的に制空権を獲得すべきであることも強調していた[15]。

このような偵察を主体とした地上作戦協力の運用思想を転換させる契機をもたらしたのが、フランスから招聘したフォール大佐やジョノー少佐らの来日である[16]。彼らの思想もまた地上作戦協力が主体であったが、その一方で、制空権の価値を力説し、陸軍が爆撃機部隊を新設することを助言していた。特に、一九二一(大正一〇)年に来日したジョノーは、日本の地勢的環境を考慮して、陸海軍から独立した遠距離爆撃部隊が必要であることを説いた。宇垣軍縮における爆撃機部隊の新編は、これらの助言の具体化に向けて第一歩を踏み出したものである。

また、宇垣軍縮では、陸軍航空部を廃止して陸軍航空本部を新たに設け、航空兵科を独立させるなど、制度・機構の改革も併せて行っている。まさに、この改革によって、陸軍は初めて航空重視の姿勢を打ち出し、国産化の方針とともにその体制整備に着手することを意図したことになる。しかも、航空部隊の増強のほか戦車隊も新設しており、それまでの火砲を主体とした陸戦兵器から、新たな戦力による戦力再編の試みであり、単に最新の兵器による近代化というより、兵器体系そのものの変更ないしは転換を含んだ軍備改革であったといえる。しかし、これら新設部隊の規模は、いわば「近代化の芽を出す」程度であり、この戦力増強によっても戦時所要を満たすまでには至らないとの認識であった[17]。それゆえ、航空運用に関しては、偵察主体の地上作戦協力から脱することを示したに過ぎず、航空重視と国産化の方針を打ち出しても、将来における航空部隊の運用構想を明確に描いていたわけではなかった。

三　空軍的用法の発想と超重爆撃機の試作

陸軍における最上位の運用規範書であった「統帥綱領」に、航空運用が大幅に取り入れられるのは、一九二三（大正一二）年の国防方針の改定に伴う規範書の改訂作業以降であり、宇垣軍縮による航空部隊の増強を経て、一九二八（昭和三）年三月に制定された。この規範書での航空運用は、騎兵とともに偵察及び指揮連絡として運用することに主眼をおきつつも、地上作戦の決戦の際における直接協力を最も重視していた。このため制空権に関してはまったく触れることはなく、その認識も十分ではなかった。この時期には、宇垣軍縮による航空軍備が完整していたが、爆撃機部隊四個中隊を含め平時二六個中隊が整備されたに過ぎず、地上戦力の動員戦力三〇数個師団に較べれば圧倒的に少なく[18]、航空戦力の造成が緒についたばかりであった。したがって、統帥綱領では地上作戦においてこの新兵器をいかに使用するかが課題であり、特に、新たに整備された爆撃機部隊については、敵の航空戦力や政戦略目標に対する

(14) 横山「日本陸軍の軍事技術戦略と軍備構想について」八二頁。
(15) 小笠原數夫「航空戦術講授録」大正一一年、陸軍大学校将校集会所。なお、この制空権に対する認識は、あくまで味方の偵察活動を容易にし、敵の航空活動を妨害するという偵察の優位が地上作戦を有利に導くという考えからであった。
(16) 小笠原は、一九一七（大正六）年一二月以降約四年間、参謀本部で航空統帥関係の業務を担当し、この間、フォール大佐の仏国航空団及びジョノー少佐の航空術教育を受けている。
(17) 横山「日本陸軍の軍事技術戦略と軍備構想について」八二頁。
(18) 防衛研修所戦史室『陸軍航空の軍備と運用〈1〉』（戦史叢書）朝雲新聞社、一九七一年、二九三〜二九四頁。

攻撃について原則論を述べたに過ぎず、その運用法が確立されていたわけではなかった。

一方、爆撃機部隊の運用に関して、この当時、ジョノー少佐の意見により、「戦場爆撃隊」と「戦略爆撃隊（重爆撃隊）」に区分され、戦場爆撃隊が決戦時に昼夜間を問わず波状的に攻撃地点付近を爆撃し、戦略爆撃隊は後方から長距離飛行をもって戦略爆撃と偵察を行うという違いは認識していた。このような戦略爆撃隊の運用を具体化したのが、統帥綱領が制定された年に、航空本部総務部長であった小磯国昭少将によって具申された超重爆撃機の整備構想である。この爆撃機は台湾を基地としてマニラ付近にあるアメリカ軍の施設などを攻撃することを想定したものである。小磯がこうした提案を行った理由は、それまで整備された重爆撃機は航続距離が短く、戦略爆撃を行うには不向きであると感じていたからである。そこで、試作のために航続距離を決定する必要があり、対ソ戦や対中国戦を想定した場合、遠距離爆撃機の行動半径は長い程有効であるものの、決定的な目標がないことから、万一、対米戦となった場合を考慮して要求したものであった[19]。小磯の提案を受け、陸軍省は、世界の航空軍事情勢に鑑み「国内陸上根拠地より船舶輸送に由ることなく直接主要地域に独立飛行し爆撃及び偵察に任じ」ることができる航続距離を有する超重爆撃機の設計、試作に着手する必要を認め、早速、航空本部に試作を命じている。この「超重爆撃機設計竝試作要領」に示された作戦上の要求は、行動半径一〇〇〇キロメートルのほか、目標上空における行動及び予備のために五〇〇キロメートル以上の行動能力を有し、二〇〇〇キログラムの爆弾を搭載し、自衛のための武装を装備し、単独で行動できること、また爆撃任務のほか偵察任務にも服することとなっていた[20]。

この超重爆機の試作は、ユンカース社とのライセンス契約に基づき三菱が担当し、陸軍航空初かつ唯一の四発機として一九三三（昭和八）年に九二式重爆機として準制式制定された。この重爆機は技術的奇襲を狙う参謀本部の強い要求により、「特殊試験機」に指定され、要求性能はもちろんのこと、試作や制式制定後の運用研究及び訓練も極秘扱いとされた。しかしながら航空技術の進歩は目覚しく、その速度があまりにも低速であったため[21]、一九三五（昭和一〇）年までに試作機を含めて六機が生産されたに留まった。九二式重爆機の運用研究は、その後一九三七（昭和一二）年まで継続されたが、結局、航空支廠内に分解格納された(22)。

九二式重爆撃機の試作は、戦略爆撃機としての能力はともかく、戦略爆撃思想が確立されていない陸軍航空においては、技術が運用をリードしてその運用法を確立し、地上作戦協力から脱して陸軍航空独自の作戦、すなわち後の陸軍航空が提唱した「空軍的用法」を生み出す好機であったといえる。小磯は「此の飛行機が若し満州事変、支那事変に実用され、之に伴ひ更に改善が加えられていたならば、恐らく世界軍事航空の権威」となっていたであろうと回顧している。そして、超重爆機の「整備と活動を適当に処理したならば、大東亜戦争に於いてもＢ二九等を見て驚く必要もなく、或は日本本土爆撃等の憂き目をも予防し」えたであろうとも付け加えている(23)。

小磯の回顧は、九二式重爆撃機の不遇な運命に見られたように、技術革新の成果が際立ったものでない限り、戦術や戦略を変革することの難しさを物語っている。それ故、小磯の指摘は技術と運用の相互作用に関する重要なことを意味している。すなわち、軍事技術を育てるためには、失敗を恐れることなく、戦訓などを通じて兵器を「更に改善」し続けることであり、そのためには兵器の「整備と活動」を適切に調和させることが必要であり、そこに戦略的思考が求められる。しかし、当時の日本にあっては、開発された兵器に即効性を求め、これを技術的に育てるという余裕がなく長期的な視点に立った兵器研究に欠けていたといえる。まして、運用法が確立されていない中で、その存在が極秘扱いされたことは、戦略爆撃思想が育つことはなく、技術的な改善もまた停滞することになり、結局は技術的な

(19) 小磯国昭自叙伝刊行会『葛山鴻爪』中央公論事業出版、一九六三年、三九五、四二三頁。
(20)「超重爆撃機ノ設計竝試作ニ関スル件」陸軍省「昭和八年密大日記」第四冊、アジア歴史資料センター。
(21) 航空同人会陸軍航空史刊行会『日本陸軍航空秘話』原書房、一九八一年では、九二式重爆撃機の最大速度が一七九キロメートル／時で、当時の九一式戦闘機の三〇〇キロメートル／時よりなるかに鈍速で、大型機の技術が遅れていたと指摘している。六〇頁。
(22)『陸軍航空兵器の開発・生産・補給』八三頁。
(23) 小磯『葛山鴻爪』四二四頁。

陳腐化を招くことになった。しかも、この試作の失敗は、その後の陸軍航空の爆撃機開発におけるトラウマとなり、長距離爆撃機の試作を計画するものの、ついにこれを実用化させることはなかった。

四　空軍的用法の模索と兵器研究方針の制定

日本陸軍が兵器の研究開発に関して、戦略的な発想を行うようになるのは一九三二（昭和七）年五月に陸軍技術会議を廃して、[24]「陸軍軍需審議会」を設置した以降である。それまでの技術会議は、作戦上の要求を斟酌して、その実現に向けて技術的可能性を検討するところであり、将来の軍備のあり方や兵器研究の方向性を示すことはなかった。その一方で、満州事変を経て軍備の質的改善が要求されるようになり、しかも兵器の近代化が遅れ、かつ軍備整備にも多大な不均衡が生じていた。このため、これらを是正する目的で設けられたのが陸軍軍需審議会である。軍需審議会は、陸軍大臣の諮問機関として、まず、「重要陸軍軍需品に関する研究方針及制式」を審査・制定することが任務とされ、次いで、技術会議と同様に「陸軍技術に関する重要事項」を審議するとされた。[25]軍需審議会の設置は、作戦上の要求と技術的可能性を調整することはもちろんのこと、陸軍における兵器研究と軍備整備をそれまでの個別的な対応から、総合的かつ長期的な観点から計画的に行うことを意図したものであった。すなわち、兵器の「研究方針及制式」の策定を通じて、兵器・技術の研究と開発に方向性を与え、陸軍における将来の兵器体系を示す、いわゆる技術戦略を策定する機関として位置付けられたものと見ることができる。[26]それはまた、陸軍の軍備整備において、それまでの個々の兵器を対象とした整備から関連兵器も含めて、それらを兵器体系として整備する方向へと向うことを期待させるものであり、陸軍の軍備整備における転換点といえよう。[27]

航空兵器に関しては、それまで外国器材の輸入や招聘外国人技師の設計に依存していたために独自の研究方針を策定することが難しく、しかも、航空技術の進歩が目覚しく、方針の策定が研究に硬直性を招くとの危惧もあり、航空本部長が示す「審査研究に関する特別指示」に基づいて年度ごとの研究や審査が行われていた。前述した九二式重爆機の開発の失敗は、まさにそうした個別的な研究体制の欠陥を露呈したものであり、ある発想を長期的な視点に立って関連技術を育成し、実戦に適応するよう改修するといった着意を持たなかったためである。それでも、宇垣軍縮以降の国産化の方針を受けて、国内における航空機の製造能力は、大正末期から昭和初期にかけて、外国製発動機を搭載した外国人技師の設計による準国産機ともいうべき八七式重爆撃機、八七式軽爆撃などの生産が可能となり、次いで、三菱航空機株式会社が一九三一（昭和六）年に国産初の発動機を装備した偵察機の試作を行い、翌年には初の国産機として九二式偵察機に仮制式されるまでなっていた。[28]

このように一九三二（昭和七）年頃になると国内での開発と生産が可能となり、航空兵器に関する研究計画を策定する環境が整い、しかも、陸軍軍需審議会の設置による兵器研究方針の制定が制度化されたこともあって、航空本部は「陸軍航空本部器材研究方針」を上申している。この研究方針は陸軍が初めてまとめた航空兵器全般に関する研究

(24) 陸軍技術会議は、一九一九（大正八）年、技術関連機構の改編によって陸軍技術審査部を発展的に解消して陸軍技術本部が新設されたことにともない、技術審査部がそれまで所掌していた陸軍大臣の諮問に応ずる機能を新たな機関として独立させたものである。技術会議は作戦上の要求と技術の調和を図ることを目的に陸軍大臣に直属し、「陸軍技術に関する重要なる事項を審議し意見を開申す」ることが任務であった。『陸軍航空兵器の開発・生産・補給』四三～四四頁。

(25)「昭和七年勅令第七三号・陸軍軍需審議会令制定陸軍技術会議令廃止」（御署名原本、アジア歴史資料センター）。第一条には「重要陸軍軍需品ニ関スル研究方針及制式竝ニ陸軍技術ニ関スル重要事項」とある。

(26) 技術会議においても、陸軍技術本部管掌の兵器については同部が発足した一九一九（大正八）年以降、「陸軍技術本部第一部（第二部）管掌兵器研究方針」を審査していたが、技術会議の性格から、それぞれの関係部署の研究を横断的に調整することはなく、提出された項目を追認することに終始していた。

(27) 当時の陸軍には兵器体系という用語はなく、したがって、兵器そのものと関連器材を含めて組織的に戦闘力を発揮させるといった考えに乏しかったといえる。

(28)『陸軍航空兵器の開発・生産・補給』八二～八三頁。

計画であり、軍需審議会の審査を経て一九三三（昭和八）年一〇月に制定された。なお、ここではその名称を「器材研究方針」としているが、一九三六（昭和一一）年に航空に関する器材が「航空兵器」と改められ、それ以降は、「兵器研究方針」と呼ばれることになる。ここでは引用以外はすべて研究方針と記述する。

この研究方針が策定されるまでの作戦上の要求と機種選定の関係は、競争試作の制度が確立していたこともあって、陸軍航空が意図するような航空機が選定されていた。しかし、それでもまだ「よい飛行機ができたから採用する」という程度であり、[29]個々の作戦上の要求に基づくものではあっても、兵器体系として考慮されたものではなかった。ようやく、この研究方針によって、参謀本部の作戦上の要求に基づいて航空兵器の研究を統一的に示し、軍需審議会において参謀本部を含むメンバーによって総合的な観点から決定されることになった。したがって、この研究方針は要求性能の決定や機種の選定において、作戦上の要求を根拠するだけではなく、陸軍の航空兵器に関して、将来具備すべき兵器体系と兵器研究の目標を明確した技術戦略とみることができる。

この研究方針は、主に「九三式」から「九五式」の各種航空機の研究方針を定めたものとみられるが、原文が不明であるため定かではない。しかし、この研究方針は一九三五（昭和一〇）年十二月に改訂されており、この時の軍需審議会の議事録から、この間の当時の航空運用に対する認識の変化を読み取ることができる。この改訂は、参謀本部の要求により行われたもので、主要な改正事項は、重爆撃機の速度増加、単発軽爆撃機の採用、長距離偵察機の採用及び超重爆撃機の再開発である。[30]この改訂に共通して見られるのは、敵の航空戦力を撃破する能力の向上を意図していることである。すなわち、重爆撃機の用途に関して、昭和八年の研究方針では「威力を要する目標又は重要施設の破壊」であったものが、明確に「敵飛行場に在る飛行機並に諸施設の破壊」となっており、軽爆撃機では、水平爆撃よりも急降下爆撃が対地攻撃に有効であるところから、従来の双発と単発の混用であった編隊を急降下に適する単発軽爆撃機にするというものである。なお、重爆機の速度増大は、追撃をかわすための自衛力向上の手段である。次に、偵察機は「特に遠距離捜索を主任務とする」として、地上部隊への協力からさらにその活動範囲を拡大し、遠距離偵察と軽爆機と同程度の爆撃も行うとしている。こうした偵察機の運用を、説明にあたった航空本部総務部長の牧野正迪少将は「空軍的の戦闘」と表現している。また、超重爆撃機の開発は陳腐化した九二式重爆撃機の後継であり、「遠距離にある重要施設の破壊若は震撼的威力を発揮する爆撃」に用いるとしている。この超重爆撃機に対する要求性能は、行動半径が九二式重爆撃機より長く、標準爆弾搭載量一五〇〇キログラムで一二〇〇キロメートルとしている。

このようにわずか二年間の間に、地上作戦協力主体の作戦から「空軍的」という言葉で表現されたように、敵航空戦力の撃破と長距離の爆撃や偵察機能を参謀本部が要求した背景には、開戦初頭、敵航空戦力を急襲撃滅する戦法、いわゆる後に「航空撃滅戦」と言われる思想が「昭和一〇年度作戦計画」で主戦法として全面的に採用されたことが作用している。この戦法は、一九三二（昭和七）年に満州国が誕生し、その防衛を全面的に担任する場合、航空戦力の発達によって、日本本土と満州国間に横たわる南部沿海州の戦略的価値が増大し、そこに配備されているソ連空軍の増強が懸念されたことによるものであった[31]。この作戦計画は、この対ソ戦において陸軍航空のほぼ全力をもって、緒戦、南部沿海州方面の敵航空基地を先制急襲し、航空撃滅戦によってこの方面の航空戦力を一挙に撃滅するという構想であった[32]。昭和一〇年の研究方針改訂における新超重爆撃機の開発要求は、この作戦の緒戦での航空撃滅戦のためと見ることができる。九二式重爆撃機の試作の際に、対ソ戦では具体的な攻撃目標がないことから、一応の目安としてマニラ攻撃も可能な性能を要求したのとは異なり、昭和十年の研究方針では、明確に南部沿海州方面の攻撃を想定し、高尾―マニラ間が九〇〇キロメートルであるのに対し、東京―ウラジオストック間は一二〇〇キロメートルで

(29)『日本航空史昭和前期編』三八頁。
(30)「航空器材假制式ニ関スル件覆申」陸軍省「昭和一〇年密大日記」第四冊、アジア歴史資料センター。
(31)『陸軍航空の軍備と運用〈1〉』四二三頁。
(32) 同右、四三〇、四三三頁。

あったことから[33]、これが新超重爆撃機の要求性能の根拠となったのであろう。

しかし、一九三四（昭和九）年に航空部隊の規範書として初めて編纂された「航空兵操典」では、研究方針でのこうした「空軍的」運用とは異なり、地上作戦協を本旨として、航空撃滅戦は地上作戦を有利に導く手段としている[34]。昭和一〇年度作戦計画が航空撃滅戦を重視したのは緒戦だけであり、もともと圧倒的に優勢な極東ソ連軍の航空戦力を撃滅することが困難であったことから、その後は地上作戦協力が主体となると考えていた[35]。この時期の研究方針の制定と続く改訂は、計画的な兵器研究を目指しつつも、運用の要求に応じて兵器の改善や新たな試作をその都度行っている様子もうかがえる。しかし、それでも軍需審議会の席上、「空軍的」と説明したように、航空撃滅戦の採用によって地上作戦協力に変わる航空運用思想として、航空関係者の間に航空撃滅戦を重視する考えが芽生え始めてきたことも確かである。

五　空軍的用法への傾倒と兵器研究方針の充実

（一）空軍的用法の採用と技術戦略の不在

日本陸軍はソ連の極東における軍備拡張に備え、対ソ戦の作戦構想の変更とともに、一九三四（昭和九）年春以降、陸軍軍備の抜本的な対策と強化を図るため軍備計画に関する検討を開始した。これが一九三六（昭和一一）年一二月に「軍備充実計画の大綱」として示された。この大綱における長期航空軍備計画は、一九三四（昭和九）年末の航空部隊三九個中隊を昭和一二年以降、一七年度までに内地、朝鮮、台湾及び満州を含めて一四二個中隊に増強するとしていた。しかも、その戦力配分は現時点での爆撃・戦闘・偵察の比率四：五：四を五：三：二として爆撃部隊に重点を置く戦力に転換するものであった[36]。すなわち、この軍備計画は航空部隊の増強にとどまらず、その装備、制度、用法に至るまで抜本的な改善を目指したもので、航空軍備の質的改善と量的充実が求められることになった。[37]このため、研究方針も大幅に改訂され、一九三七（昭和一二）年二月に「航空本部航空兵器研究方針」が策定された。

この研究方針では、航空軍備計画の策定に伴い、作戦上の要求として新たに複座戦闘機、司令部偵察機、司令機、輸送機、連絡機等の試作が追加された。なお、昭和一〇年の研究方針に基づき試作されている単座戦闘機、軽爆撃機、重爆撃機等は試作・審査中であることからそのまま盛り込まれることになった。このため、新たに機種が追加されたことによって、昭和一〇年の研究方針では七機種であったものが一一機種に増加している。[38]しかも、前年の官制改正に伴い、それまで陸軍技術本部の担任であった航空用の武器、弾薬が航空本部の管掌に変わり、航空機も含めてこれら全てを航空兵器と呼称し、航空本部の所掌となって、研究方針に盛り込れることになった。[39]

この研究方針は、「方針」及び「研究基礎要領」からなっている。「方針」には兵器研究に対する姿勢と目標が示され、また、「研究基礎要領」には各機種別に具体的な要求事項が記されている。まず、方針に新たに加えられた事項は、航空兵器の研究試作対象に関する第二項で、野戦及び要地防空の中で特に「野戦就中航空作戦に重点を置く」と

(33)『陸軍航空の軍備と運用〈1〉』三二二頁。
(34) 拙稿「日本陸軍におけるエア・パワーの発達とその限界——運用規範書を中心に」『戦史研究年報』第七号（二〇〇四年三月）四〜五頁。
(35) 拙稿「南方戦線における航空作戦指導——マレー進攻航空作戦にみる陸軍航空の空軍への脱皮」防衛研究所『戦争指導——第二次世界大戦の日英を中心に』平成一四年度戦争史研究国際フォーラム報告書（二〇〇三年三月）一七六〜一七七頁。
(36)『陸軍航空の軍備と運用〈1〉』四〇四、五二八、五四九頁。
(37) 同右、五二八頁及び『陸軍航空兵器の開発・生産・補給』一三一頁。
(38) 昭和一〇年の研究方針では戦闘機、重爆撃、軽爆撃機、超重爆撃機、軍偵察機、直協偵察機であったが、昭和一二年の研究方針では、複座戦闘機、司令部偵察機、司令機、連絡機、輸送機が加わった。
(39)「陸軍航空本部兵器研究方針改訂並増補ノ件覆申」陸軍省「昭和一二年密大日記」第七冊、アジア歴史資料センター。

したこと、発動機に関する第四項で、「耐久性特に信頼性に重点を置く」としたこと、航空兵器の基本性能に関する第五項で、冒頭、「飛行機装備用各種兵器は飛行機の進歩に即応し」としたこと及び整備性に関する第六項で、「特に出動準備時間を至短ならしむ」としたことである。[40]

この研究方針も軍需審議会の審議を経て制定されており、[41]冒頭の「方針」に「作戦上の要求を基礎としてこれに応ずる為技術の最善を尽す」とあるように、この時期の航空運用に基づくものとして、陸軍内で合意が形成されたといえる。しかし、実際には当時の陸軍全般の航空運用思想と陸軍航空のそれに相違をみせており、そのことが「航空作戦に重点を置く」とした第二項の修正に現われている。つまり、陸軍が昭和一〇年度の作戦計画から対ソ戦において「航空撃滅戦」を主戦法として採用していたのであれば、何故、その様な文言を研究方針に用いないのか。そもそも、この当時の「航空作戦」とは如何なる作戦形態を指していたのかが疑問となろう。

この「航空作戦」の挿入に関し、軍需審議会で趣旨説明に当たった航空本部総務部長の牧野は、「敵の航空に対する戦闘を主眼とする意志に基づきまして総ての器材を之に適合させる」ために記載したと述べている。この説明に対し、出席者からは特に異論が出されていない。[42]この当時、航空撃滅戦という言葉そのものはまだ用いられることはなく、この研究方針が審議される前年の昭和一一年度作戦計画における「飛行隊用法」では、緒戦「急襲撃滅し爾後増加する敵空軍を逐次各個に撃破す」とあり、開戦初頭での敵航空戦力の撃滅の徹底がより一層図られるようになっているが、地上作戦開始後は「全局の作戦に最大の寄与を齎らす如く運用す」となっている。[43]出席者は、ここに記された作戦形態を航空作戦として捉え、特に異議を唱えなかったと思われる。

しかし、牧野のいう「敵の航空に対する戦闘」とは、作戦の終始を通じた航空撃滅戦であり、地上作戦を有利に導くための航空作戦とした年度作戦計画や航空兵操典の思想とは大きく異なっている。すなわち、徹底した航空撃滅戦による「空軍的用法」とみることができる。航空本部は同年に長期航空軍備計画による航空部隊の拡充に伴い、航空兵操典よりも上位の運用規範書として「航空部隊用法」を編纂している。航空本部はこの規範書の作成を爆撃分科の浜松飛行学校に命じているが、牧野は同年八月にその校長として赴任している。このことから、この航空部隊用法における「航空作戦」の捉え方こそが、当時の陸軍航空が目指していた作戦形態といえる。

航空部隊用法での航空作戦の定義は、「航空撃滅戦に依りて開始せらるるを通常とし、爾後作戦の全期間常に航空撃滅戦を敢行しつつ、地上作戦の緊要なる時期に之に協力し、又適時政略攻撃を実施するものとす」としている。[44]これは、明らかに地上作戦協力を第二義的なものとして扱っている。また、航空部隊用法が想定する「空軍」とは、この規範書の編纂に影響を与えた「大島遣独航空視察団」の報告の中で、[45]「精鋭ナル大空軍建設」が日本にとって国防の完璧を期すために「先決ノ要件」であるとして次のように述べている。すなわち、「空軍」とは、陸海軍作戦協力と防空のために航空戦力を集中的かつ一元的に運用することを可能とする新軍種であり、対ソ戦において戦争末期に持久戦に陥り易い地上軍に代わって決定的な大打撃を与えて戦争を終局に導くための戦力であった。そのための前提となる「敵空軍の撃滅を第一」とする徹底した航空撃滅戦思想を採用し、陸軍作戦から独立した航空作戦を行うことが「空軍的用法」であるとみていた。[46]なお、航空撃滅戦という用語はこのとき初めて使用され、その定義は「敵航空戦力を撃滅する目的を以て敵航空部隊若は航空施設、資源を対象として行ふ航空部隊の戦闘」とされた。[47]

(40)「陸軍航空本部兵器研究方針改訂並増補ノ件覆申」。
(41)この時の参加者は、陸軍次官を会長として、委員に航空本部総務部長、同第二部長、航空技術研究所、陸軍航空本廠長、参謀本部第三課長、陸軍省軍事課長、同戦備課長、同整備局長、教育総監本部長などである。(同右)。
(42)同右。
(43)『陸軍航空の軍備と運用〈1〉』四六六頁。
(44)陸軍航空本部「航空部隊用法（附同編纂理由書）」防衛研究所図書館所蔵。
(45)この視察団は、長期航空軍備計画策定の資を得るため、駐独大使の大島浩少将を団長として、航空本部第一課長の菅原道大大佐ら航空関係者をドイツ空軍視察に派遣したものである。(横山「南方戦線における航空作戦指導」一一七頁)。
(46)横山「日本陸軍におけるエア・パワーの発達とその限界」七頁。
(47)「航空部隊用法」。

航空部隊用法は、航空戦力を陸上戦力とは明らかに異なる戦力として意識し、それまでの地上作戦協力重視の姿勢から脱却しようとするあまり、航空撃滅戦そのものが航空作戦の目的と化しているといえる。このような陸軍内における航空作戦への認識の相違、すなわち地上作戦協力と航空撃滅戦の何れを優先するかという思想上の対立があるにもかかわらず、この研究方針では、技術戦略の拠り所としての航空運用思想に関して議論されることなく、曖昧にしたままとなっている。

それ故、この研究方針は、軍需審議会の審議において技術戦略としての曖昧性を露呈することになる。その第一は、研究方針において重点主義を採るか、否かの問題である。研究方針の「方針」の第一項では、作戦上の要求に応えるほか、「更に進んで用兵上に於ける新生面を拓きえる如く着意し」として、輸送機、司令部機、複座戦闘機などの新機種の研究を追加している。陸軍省軍事課長の町尻量基大佐は、この機種増加に関して、「日本のように非常に立ち遅れた航空を質的に於て優良ならしめようとするには或程度重点主義」を採るべきであることを主張している。例えば、超重爆機は使用する機会が非常に少なく、むしろ軽爆撃機や重爆撃機のように多くを必要とする一機種に絞って、質、量ともに整備すべきである、「外国がやっているから各種の種類を皆研究する」のではなく、将来戦の様相を見据えて重点を指向することが今日採るべき研究の方針事項であると説いている。そして、「新生面を拓く」というより、「外国に追随しているような感がする」と皮肉っている。これに対して牧野は、「飛行機の趣向を察し之に先して完成」するよう努めるべきであると航空関係者の立場を主張しつつも、「航空作戦に重点を置く」としたことは、当然のことながら、爆撃機に重点があると考えていると苦しい答弁している。

この「爆撃機重点主義」について、先行研究では、牧野の答弁によって陸軍としての共通認識として、このことが確認されたとしている。(48) しかし、町尻の指摘の意義は、著しく技術力に劣る日本が欧米に伍して航空戦力を造成するためには、資源を集中して戦力を特化させなければならないことを見抜いたことにある。すなわち、技術力が劣勢な国家にあっては、軍備の「質」を確保するためには技術戦略として重点主義を採することが必要であることを説いたものである。その一方で、牧野は航空兵器の革新期にあって、この変革を先導しようとする航空関係者としての意気込みを研究方針に盛り込もうとしたといえる。しかし、欧米に伍してすべてに「質」の優越を求めることは困難であり、技術力の実態とかけ離れた理想主義に囚われて、「重点主義」を研究方針に明記できないところに技術戦略としての現実性に欠けるといわざるを得ない。

第二は、戦時における生産力を如何に確保するかという問題である。「方針」の第七項で、戦時における急速大量生産と速成教育に適することと及び資源不足などを考慮して戦時生産対策の研究も実施するとしている。これに対し、陸軍省戦備課長の長谷川基大佐は、その要求を貫徹するためには「制式の単一化、簡易化」を明記する必要があり、そのための具体的な研究も行うべきであることを指摘している。この長谷川の意見は、航空機の構造の複雑化と部品数や関連器材の増大、さらには機種の増加に伴って、戦時の大量生産あるいは搭乗員や整備員の急速育成のためには制式を統一し、共通性を持たせることが重要であることを説いたものである。この指摘は、町尻の「質」の確保とは異なり、「量」の確保を説いたものであるが、町尻の重点主義と同様の危惧から発している。すなわち、劣弱な生産力であるにもかかわらず、機種を限定して試作することができないのであれば、同一機種でも改修の都度に各個に制式化し、結局は機数が増大してしまう現状を「単一化、簡易化」によって改善しようとしたものである。しかし、この指摘も航空本部長から航空技術研究所長に研究方針を命ずる場合の考慮事項とすることで明文化されることはなかった。

第三は、技術戦略と位置付けられるべきこの兵器研究方針がどの程度先の将来戦を予測しているかという問題である。航空本部第二部長の中川泰輔少将は、軽爆撃機の研究基礎要領に関し、現在試作中のものが年末には審査対象となることから、そのまま盛り込んだと説明している。一方、町尻は、研究方針では現在試作中の基準を示すのではな

(48)『陸軍航空兵器の開発・生産・補給』一四〇頁。

く、将来戦を予測した要求性能について審議すべきであると述べている。これに対して、中川は、今回の改訂の趣旨が本年から来年にかけて審査対象となるものについての部分的な改正にあり、これまでの研究方針の例から二年が限度であり、この間に技術動向と作戦上の要求を加味してまた修正すればよい、研究方針は「永久的」ではなく「一時的」なものであると答えている。

ここには急激に進歩している欧米の航空技術に対して、如何に常に「性能の優越」を確保して陳腐化を防ぐか、それと同時に常に追随しなければならないという当時の航空関係者の苦悶が伺える。しかし、そもそも軍需審議会は、兵器の近代化と軍備整備の調和を促進するために設置されたはずである。それにもかかわらず、航空兵器の進歩に追随しようとするあまり軍備整備の斉一さを欠き、結局は年度ごとに航空本部長が示した「審査研究に関する特別指示」の域から出ることがなく、研究方針を軍需審議会で策定する目的から大きく外れていくことになった。結果的には、現時点での作戦上の要求を満たすことに主眼があり、将来戦を洞察した航空軍備のための技術戦略とは程遠い感がある。

昭和一〇年及び一二年の研究方針による試作機は、その多くが「九七式」あるいは「九八式」として一九三七(昭和一二)年末から翌年にかけて仮制定された。これが太平洋戦争緒戦での主力となる九七式以降の航空機である。[49]

(二) 研究方針の改訂と戦略的発想

陸軍における航空兵器の研究方針の性格は、その時々の作戦上の要求と航空技術の進歩に敏感であったため、昭和一二年の研究方針が制定された以降も、同年七月に生起した日中戦争、さらには欧州での第二次世界大戦の勃発を受けて、結局、一九三八(昭和一三)年、一九三九年、一九四〇年と毎年改訂されることになる。それでも、実戦経験などを通じて徐々にではあるが、昭和一二年の研究方針が抱えている技術戦略としての曖昧性が徐々に是正されていくことになる。

改訂作業は早くも一九三七（昭和一二）年九月から始まり、翌年五月に軍需審議会で審議されている。[50]この改訂の特徴は方針事項について、「一般的事項」、「作戦上特に要望の達成を期す事項」、「整備補給上特に留意する事項」及び「研究実施上特に留意する着意」に区分して具体的に示したことである。この中で、昭和一二年の研究方針と異なる点は、まず「作戦上特に要望の達成を期す事項」で「極寒の作戦に適すること」として予定作戦地域を明示し、性能に関して、「世界最優秀機に対し性能の優越を期して其の研究を促進すること」として試作機の性能に関する目標を設定したことである。次に、日中戦争での消耗を考慮して、今回の改訂で「整備補給上特に留意する事項」が具体的に記されたことである。また、各機種別の要求性能を記した「研究基礎要項」は、一九三八（昭和一三）年一月に参謀本部から陸軍大臣に「次期飛行機の性能に関する作戦上の要望」として提出された事項がほぼそのまま採用されている。[51]この結果、新たに装備する機種として、「主として飛行場に在る飛行機並に地上軍隊の襲撃」を行う襲撃機が追加され、さらに多座戦闘機と攻撃機が研究機として挙げられている。また、主な性能上の改正点は行動半径の増大である。なお、参謀本部からの要望には完成時期が明示されているが、この研究方針には依然としてそれが明記されていない。

この研究方針は、昭和一二年の研究方針と比較して、技術戦略として見た場合、日中戦争での実戦経験からの改善が見られる。まず、地上作戦協力と航空撃滅戦に対する運用思想上の認識の相違に関しては、「方針」では依然として「航空作戦に重きを置く」となっている。しかし、「地上軍隊の襲撃」用に超低空、降下爆撃を行う襲撃機が追加され、軽爆撃機もその用途に「地上軍隊の攻撃」が加えられたことは、航空作戦における空軍的用法が後退し、地上

(49)『陸軍航空兵器の開発・生産・補給』一四六頁。なお、新機種の機体開発に要した期間は二～二年半であり、発動機の開発には四～五年の年月を要していた。
(50)「陸軍軍需審議会ニ於テ審議の件覆申」陸軍省「昭和一三年密大日記」第四冊、アジア歴史資料センター。
(51)「次期飛行機ノ性能等ニ関スル作戦上の要望」陸軍省「昭和一三年密大日記」第三冊、アジア歴史資料センター。

作戦協力の必要が認識されたことを物語っている。

次に、町尻や長谷川が指摘した重点主義の採用や制式の単一化・簡易化に関しては、新たに追加された「整備補給上特に留意する事項」で応えようとしている。例えば、「経済的整備及急速大量調達の可能なること」、軍備の「整備の緩急に順応すること」、「海軍航空兵器との共通性を及ぶ限り保有せしむること」などが記されている。これは日中戦争における大量消耗によって、戦時の急速整備と補給の容易性を確保するため、制式の単一化・簡易化の必要性が認識された結果といえる。特に、「整備の緩急に順応」とは、重点主義を考慮したものとも考えられるが、ここでの「整備の緩急」も研究方針上において優先順位を付すことではなく、あくまで軍備計画上の緩急に応じて研究を進めるという意味合いである。むしろ、襲撃機が追加され、将来研究すべきものとして研究機の機種が具体的に明記されたように、研究方針としてはおよそ重点主義と懸け離れたものとなっている。

この機種の増加は、作戦上の要求が多様化するに従って、それを満たすために当時の研究・試作能力の限界から生じたものである。例えば、単座と複座に区分された戦闘機は、今回さらに軽単座と重単座に分けられ、しかも多座戦闘機も研究しようとしている。こうした戦闘機の区分は、速度と旋回性能のいずれを重視するかによるものであった。また、軽爆撃機の運用要領が「水平及び急降下爆撃」から「水平爆撃を主とし、降下爆撃も実施」に改められ、襲撃機は、軽爆撃機とは別に、急降下爆撃や垂直爆撃などの新たな戦法と爆弾搭載量と機体重量との関係から区分されたものであった。これら相反する要求を一機種で実現することが困難であったことから、研究方針ではそれぞれの要求を満足する航空機を試作する結果となっていった。[52]

しかも、この研究方針では、それまでの「飛行機の進歩に即応し」を「常に世界最優秀機に対し性能の優越を期し」と改めている。これは昭和一二年の研究方針の審議の際に、町尻が航空機の速度を具体的に明示すべきことを主張したこと対して、[53]技術的な限界を承知していた陸軍航空の関係者が明記することを嫌い、包括的な表現で応えたものと思われる。しかし、このような過酷な目標を方針に掲げたことは、作戦上の要求の多様化とともに、すべての機種にそれを求めることであり、ますます機種の増加を招くことになる。

昭和一三年の研究方針は一九三九（昭和一四）年に部分的な改正が行われたが、同年には欧州大戦が勃発し、ドイツによる空地一体の電撃戦や英本土航空作戦など航空戦力の重要性が高まってきたことから、陸軍としても次期新鋭機の試作と大量整備を急ぐことになった。また、その一方で日中戦争の教訓から次のような技術上の重要な改善事項も明らかになっていた。それは、航続距離の増大と航法及び通信能力の強化、飛行高度の増大、用途、活動空域の拡大と性能向上に伴う機種の増加、爆撃機の火力装備強化、防火及び防弾装備の必要、整備力及び補給力の強化、優秀機急速大量生産の必要などであった[54]。このため、一九四〇（昭和一五）年四月に研究方針が改訂された[55]。

この改訂で最も特徴的なところは、方針事項の「要綱」の第1項で「航空諸般の任務就中航空撃滅戦に重きを置く」として、それまでの「航空作戦」に代わって、初めて「航空撃滅戦」という用語が使用されたことである。また、初めて審査完了時期を明示し、審査の遅延によって整備計画が遅れ大量整備に支障をきたさないよう配慮された。「航空撃滅戦」という用語が使用されたことは、一見、航空運用思想との整合性が図られたように見える。しかし、「航空撃滅戦」という用語の採用は、この研究方針が策定される直前の二月に、「航空作戦綱要」が運用規範書として正式に用いたためであろう。この規範書は、全作戦を通じて航空撃滅戦を強調した航空部隊用法での航空撃滅戦ではなく、航空撃滅戦と地上作戦協力を作戦の進捗に応じて適宜実施するという作戦形態の中での航空撃滅戦である[56]。航空

(52)『陸軍航空兵器の開発・生産・補給』一七八頁。
(53)「陸軍軍需審議会ニ於テ審議の件覆申」。
(54)「航空総監隷下学校長技研ニ於ケル打合及懇談行事ニ関スル記事調整配布ニ関スル件」陸軍省「昭和一五年密大日記」第一七冊、アジア歴史資料センター。昭和一四年八月二九日に行われた懇談会において、「事変ノ教訓中技術上重要ナル事項」として安田武雄航空技術研究所が説明している。
(55)「陸軍航空兵器研究方針ノ件達」陸軍省「昭和一五年陸機密大日記」第三冊その三、アジア歴史資料センター。
(56) 横山「日本陸軍におけるエア・パワーの発達とその限界」八〜九頁。

部隊用法に対しては、陸軍全般の空気として「空軍的用法」を強調し過ぎるとの批判があり、航空撃滅戦と地上作戦協力を同列に記した航空作戦綱要が制定されている。[57] この規範書は明らかに航空部隊用法の「空軍的用法」とは異なる航空運用思想であり、地上作戦協力を主体とした航空兵操典への回帰であった。[58] これはまた、日中戦争における徐州、漢口作戦などの戦訓に基づき地上作戦協力の必要性を認識した結果でもあり、[59] 実戦を通じて地上作戦協力と航空撃滅戦のそれぞれの重要性が認識され、航空運用思想も二者択一の論争ではなく、両者を追及する姿勢に変わってきたことを示すものであろう。その顕著な例が、新機種として重爆撃機編隊を直接援護する爆撃援護機、垂直爆撃による重要施設の破壊に用いる攻撃機、部隊間連絡用の連絡機が追加される一方で、重爆撃機の用途にも「地上軍隊の攻撃」が加わったことであろう。

その結果、装備する機種がこの研究方針でも増加し、さらに研究機として超高速飛行機、超遠距離行動機といった偵察用の航空機が取り上げられている。この結果、昭和一二年の研究方針で危惧された重点主義、制式の統一化・簡易化がますます軽視されることになった。

六　兵器研究方針の限界と太平洋戦争の陥穽

太平洋戦争では研究方針が戦場と想定した「極寒時の作戦」ではなく、陸軍航空は緒戦、マレー方面に航空戦力の主力を投入することになった。この南方進攻航空作戦は、この作戦を計画立案した南方軍総司令部航空幕僚の谷川一男大佐とこの航空作戦を指揮した第三飛行集団長の菅原道大中将による「空軍的用法」、すなわち作戦の終始を通じた航空撃滅戦の敢行によって圧倒的な勝利を収めることになる。[60] しかし、この間の航空機の損耗は激しく、実働機に対する一ヶ月平均戦闘損傷比率は戦闘機五二％、襲撃機五〇％、軽爆撃機三八％、重爆撃機三二％であった。しかも、航空機の生産実績が当初の計画目標を上回ることはなく、[61]損耗に対する補給は平均で七五％台であった。このため、開戦翌年の一九四二（昭和一七）年五月に開かれた軍需審議会において、東條英機陸軍大臣は、冒頭に行った訓示で、今後の戦力造成に関して、ますます「航空優先に徹し航空兵力の画期的飛躍を期す」と述べ、航空軍備の特質上、「質」確保だけではなく、「量」的増強を図るため、大量生産の態勢を確立することが急務であるとの見解を示した。それにもかかわらず、連合国軍によるガダルカナル島への反攻以降、中部・南部太平洋方面での大消耗戦に巻き込まれ、ますます航空戦力の格差が拡大していった。一九四一（昭和一六）年～一九四四年の間の日本の航空機総生産数が五万八千機であったのに対して、アメリカは二六万二千機であり、[62]実に、五分の一程度の生産力でしかなかった。また、航空機の性能に関しても、B‐24やP‐38Jの出現により、一九四三（昭和一八）年半ば以降は、「質」においても劣勢に立たされることになった。[63]

太平洋戦争における航空戦力劣勢は、航空軍備において、陸軍がこれまでの研究方針で追求してきた「常に世界最優秀機に対し性能の優越を期す」とした「質」の優位だけではなく、戦時においては「量」の優越もまた決定的な要

(57)『陸軍航空の軍備と運用〈1〉』五五六頁及び防衛研修所戦史室『陸軍航空の軍備と運用〈2〉』（戦史叢書）朝雲新聞社、一九七四年、二一五頁。このため、航空部隊用法は教範とはならず、航空本部長名で運用の参考として関係方面に配布された。
(58)横山「日本陸軍におけるエア・パワーの発達とその限界」八頁
(59)『陸軍航空の軍備と運用〈2〉』七七頁。
(60)横山「南方戦線における航空作戦指導」一七四頁。
(61)開戦時、陸軍は同年度の計画目標を四八〇九機としていたが、その実績は三五六〇機に留まり、うち練習機九九五機を含むため、作戦機は二五六五機に過ぎなかった。防衛研究所戦史室『陸軍航空の軍備と運用〈3〉』（戦史叢書）朝雲新聞社、一九七六年、二〇一～二〇二頁。
(62)同右、四九四頁。
(63)『陸軍航空兵器の開発・生産・補給』三〇九～三一〇、三二六～三二七及び三七六～三七七頁。

素であることを教えている。このため、一九四三（昭和一八）年五月に改訂された研究方針では、「量」の確保のため大量生産への対策が強く打ち出されることになる。生産力の問題は、直接的には製造技術や原材料の確保など産業基盤に左右されるものであるが、戦前の日本にあっては欧米に比して産業基盤が劣っていたことが自明であり、特に、自動車工業を基盤として発達した欧米の航空機産業とは懸隔の開きがあった。したがって、そうした産業基盤を前提とした場合、太平洋戦争における航空戦での敗因は、まさに生産力を十分に加味しなかった陸軍航空の研究方針の限界を露呈したものであり、以下、その要因について昭和一八年の研究方針との比較において検討する。

昭和一五年の研究方針改訂のための検討は、開戦後まもなく開始された。その一方で、陸海軍の航空兵器研究方針の統一に関する調整も進められたが、航空運用思想を異にするなどその統一は容易ではなかった。そこで、昭和一五年の研究方針による試作機のほとんどが審査できる見込みとなったこともあり、陸軍は独自に「陸軍航空兵器研究及試作方針」を決定している[64]。なお、航空兵器行政機構の改革により「陸軍航空審査部」を新設したことに伴い、その名称も変更され研究方針と試作方針に区分されている。

この研究試作方針では、いずれの方針事項にも航空運用に関する記述はなく、「航空撃滅戦」という用語も見当たらない。そして、試作方針の「試作実施に方り特に留意すべき事項」では、「大量生産を容易ならしむる如く考慮すること」、「構造簡易にして信頼性、耐久性に富み整備取扱を容易ならしむること」、「単一化を図り彼此互換性を有せしむること」などとなっている。大量生産に関しては、昭和一二年以降の研究方針でも方針事項に挙げられ、それ以前の満州事変の際には、「大量生産対策」及び「原材料取得対策」として航空本部が検討していることであった[65]。このように戦時における航空兵器の「量」の確保に関しては、太平洋戦争における消耗戦を待つまでもなく認識されていた。むしろ、陸軍航空の兵器生産における本質的な問題は、それまでの研究方針が試作にあたって、「単一化」や「簡易化」に着意しなかったことであろう。「単一化」、「簡易化」に関しては、すでに述べたように昭和一二年度の研究方針の審議おいて、戦備課長の長谷川が指摘したことであったが、研究方針には具体策として「単一化」が示されることはなかった。研究方針で大量生産への着意を方針事項として謳っても、その具体策がなければ「標語」に過ぎず、むしろ試作の段階から「単一化」や「簡易化」が真剣に追求されるべきであったといえる。

また、試作基礎要項においては一層の高性能化が求められたが、特に、地上及び海上の敵に対するため、軽爆撃機に替えて急降下爆撃機とし、地上兵団協力のほか敵艦船攻撃にも使用することが初めて明示された。しかも、昭和一五年の研究方針では作戦機が一五機種、研究機が三機種あったものが、作戦機一〇機種に減っている。昭和一二年の研究方針の審議の際に、軍事課長の町尻は数機種に限定して試作する「重点主義」を方針とすることを主張していた。しかし、その後も研究方針が改訂される度に機種が増加していったことは既に述べたとおりである。このような機種の増加に対して、一九四〇（昭和一五）年に中国戦線に派遣された加藤邦夫大佐を団長とする調査団も、「製造会社は奔命に疲れ部隊は其適正なる使用に困難を感じ」ているため、作戦上の要求を減殺することなく機種を少なくするよう要望していた[66]。昭和一八年の研究試作方針は、それまでの欧米の航空機の動向に追随して機種を増加させる研究姿勢から、実戦の経験を通じて作戦に必要な機種に技術力と生産力を集中することに転換したことを示したものである。

機種の増加を招いた要因として、陸軍航空の単一用途機の採用がある[67]。一九三二（昭和七）年頃から国内での試作・生産が可能となったとはいえ、その実態は独自の技術ではなく、研究機として欧米から輸入し、これをベースに国産化しており、研究方針にある「常に世界最優秀機に対し性能の優越」を満たすためには、単一用途機の採用、航空機の重量軽減が優先された。その結果、個々の作戦上の要求に応じて機種が増加し、製造の複雑さを招き、また制式制

(64) 陸軍技術本部第五研究所「軍需審議会に関する綴」昭和一七〜一八年、防衛研究所図書館所蔵。
(65)「軍需工業動員ノ見地ヨリスル時局ニ伴フ航空器材整備状況調査報告」『陸軍航空兵器の開発・生産・補給』九八頁。
(66)「加藤調査団報告結言」昭和一五年、防衛研究所図書館所蔵。
(67) 名和田雄「旧日本陸軍航空兵器の開発に関する考察」防衛研究所研究資料、一九七六年、一六〜一七頁。

定後も度重なる改修が行われるなど、量産性を著しく低下させていった。まさに、航空兵器の革新期にあって、欧米の航空兵器に伍して、航空戦力の全てにおいて「質」の優位を追求するあまり、「量」を犠牲にすることになったといえる。

おわりに

陸軍航空は、航空兵器が第一次世界大戦後に登場した新兵器であったがゆえに、生産力・技術力において欧米に劣っていたにもかかわらず、航空軍備造成において常に優位に立つことが求められていた。このため陸軍航空は、「兵器独立」のもと国産化を達成し、かつ常に「世界最優秀機」を目指そうとした。一九三三（昭和八）年以降の研究方針は、まさにそのような軍備の「質」の優位を目指した技術戦略であった。その一方、太平洋戦争での消耗戦は航空戦力が戦時においては、「質」と同時に「量」においても優勢であることの重要性を認識させた。まさにこの航空消耗戦における敗因は、技術革新期において、性能の優越を追究するあまり、劣勢な技術力・生産力に相応にした「重点主義」、制式の「単一化」を遂に採用することが出来なかったことにある。

しかし、より根本的な背景には、陸軍における航空運用思想の迷走があったことが指摘できよう。陸軍における航空運用に関し、地上作戦協力と航空撃滅戦の何れを優先するかという思想上の対立が存在し、航空作戦綱要ではそれらを同列に扱い、その論争に終止符打ったかに見える。しかし、航空運用思想を統一し得なかったことは、研究方針において地上作戦協力と航空撃滅戦のための「世界最優秀機」それぞれ生み出すという「二兎を追う」ことを求める結果を招いたといえる。昭和一二年の長期航空軍備計画において、航空部隊をそれまでの約四倍に増強したとはいえ、実際には、第三飛行集団の「空軍的用法」にみるように、同時に地上作戦協力と航空撃滅戦を遂行することが困難であったことはマレー進攻作戦が如実に示しているところである。しかも、陸軍航空による航空撃滅戦の希求は、地上作戦協力から脱しようとするあまり、「空軍的用法」そのものが目的であり、それ故に、その空軍としての航空作戦の目的が示せないままとなった。そして、その結果として、長期的な視点に立つはずの研究方針が、欧米の航空兵器の進歩に追随して、その都度「世界の最優秀機」を求めて改訂を繰り返すことになった。

結局、航空運用思想の迷いが航空軍備の本質である「質」と「量」の同時追求を見失わせ、研究方針もまた迷走する結果となったといえよう。

第三部　今日のエア・パワー　一九四五～二〇〇〇年

第7章　米国とエア・パワー(1)

ベンジャミン・ランベス
小谷　賢監訳

はじめに

一九九一年の「砂漠の嵐作戦」で、米国のエア・パワーが多国籍空軍に支援され、サダム・フセインの軍隊を撃破し、イラク部隊をクウェートから追い出す際に重要な役割を演じたとき、軍事作戦の帰趨を左右するとまで言われるようになったエア・パワーの能力に未だ疑問を抱く職者は、この驚くべき偉業を一つの例外として片付ける傾向があった。懐疑派は、「地上軍」が決定的な軍事的勝利を収めることができたのは、果てしなく続き、障害物がない砂漠の環境や極めて脆弱なイラクの機甲部隊、あるいはペルシャ湾岸戦争を一般原則の例外とした地理的・作戦的状況が理由であると述べていた。

湾岸戦争におけるエア・パワーの貢献が実際に並外れた、前例のない歴史的な偉業であったので、多くの者にとってこの反論には信憑性があった。しかし、一九九一年の湾岸戦争に続く一二年間、NATOによる一九九五年の「デリベレート・フォース作戦」と一九九九年の「同盟の力作戦」におけるバルカン半島でのセルビアとの二回の対決に始まり、二一世紀の大きな戦争である二〇〇一年から翌年にかけてのアフガニスタンのテロ勢力に対する「不朽の自由作戦」、及びサダム・フセインの支配を終わらせた二〇〇三年の「イラク解放作戦」での三週間にわたる大規模戦闘までの極端に異なる連続した四つのケースで、世界は米国主導の連合軍のエア・パワーが何度も同様な方法で勝ち続けるのを見せ付けられた。勿論、「砂漠の嵐作戦」以降の五つのケースにおいて、究極の結果を左右したのは米国のエア・パワーだけではない。しかし、各々のケースで、米国のエア・パワーが、比較的少ない友軍兵の犠牲と装備の損失で功を奏する結果をもたらした極めて重要な戦力要素であったと言うことができる。それらの成果に照らして見ると、米国の航空宇宙戦力が繰り返し示したものは、間違いなく例外の連続ではなく、航空兵器が質的に新しくかつ過去に経験したもの以上に優れた高度な能力を示す武力行使の新しい傾向である。この武力行使の新しい傾向は今では、米国はその軍事志向、能力、優先作戦方法で世界の先進国中でも独特な「エア・パワー国家」と呼ぶことができるほど、恒常的で顕著なものとなった。

国際情勢の専門家で戦略家であるコリン・グレイはこの点に関して、「砂漠の嵐作戦」以降に米国がエア・パワーで達成した一連の成果以前から、「米国は、歴史上のいかなる国も主張できない程のエア・パワー国家である」と明言した。(2)グレイはこの独創的な意見のインスピレーションを、湾岸戦争の勝利の余韻にあった、米空軍退役大佐ジョン・ワーデンの思慮深い主張から受けた。それは、エア・パワーができるだけ少ない友軍兵の犠牲で敵を圧倒する機動力を有することと、先端技術における米国の競争力を運用する実証された能力に基づく「典型的な米国の戦争形態」であることであった。(3)この概念を練る際に、グレイは「米国のエア・パワーは米国のシー・パワーと異なって、自然発生的である」ことを示唆した。彼はさらに、湾岸戦争の例が示すように、「米国のあらゆる軍事作戦におけるエア・パワーの貢献は、伝統的に独特なランド・パワーとシー・パワーの概念に疑いを挟むほどになった」と提言した。グレイは、米国の工学的手法、性急さ、そして最終的には遅ればせながらの大規模な武力行使に訴える傾向などのような、米国の戦略的風土の独特な面と、エア・パワーが両立するように見える理由に言及し、米国に特有なものであるが、「航空宇宙戦力が戦略的主役を演じる能力を有し、演じることが許されるような紛争では、そのような部隊は勝利を収め、中心的な役割を演ずることが可能である」と結論付けた。(4)

(1) この論文は、防衛庁防衛研究所の主催で二〇〇五年九月一四～一五日に開催された「戦争史研究国際フォーラム」での発表のために作成された。この論文に含まれる見解はすべて筆者の見解で、ランド研究所の公式見解、あるいは政府もしくは民間研究スポンサーの意見を反映するものではない。
(2) Colin S. Gray, *Explorations in Strategy*, Westport, Connecticut, Praeger Publishers, 1996, p.83.
(3) John A. Warden, III, “Employing Air Power in the Twenty–First Century,” in Richard H. Shultz, Jr., and Robert L. Pfaltzgraff, Jr., eds., *The Future of Air Power in the Aftermath of the Gulf War*, Maxwell AFB, Alabama, Air University Press, July 1992, p.61.

上述したエア・パワーの最近の一連の成功以前でも、米国は、エア・パワーの開発で現在利用されている最先端技術の研究の本拠地であったことは、多くのオブザーバーにとって明白なことであった。一例を挙げると、F-117、B-2、F/A-22などの軍用機に現在搭載されているような高性能ステルスの応用技術を求める余裕があるのは米国だけである。確かに、旧ソ連も冷戦絶頂期の一時、投資レベルと現役軍用機及び戦闘支援機の機数の面だけではあるが、ある意味「エア・パワー国家」と明確ではないが間違いなく呼ぶことができた。ソ連は、一九一二年の世界初の多発エンジン爆撃機の実戦配備まで遡る軍用航空を他に先駆け開拓した誇り高き長い伝統を持つと堂々と主張できるであろう。最後のソ連空軍司令長官だったデイネキン将軍は、機会あるごとに「翼のないロシアはロシアではないし、ロシアは昔も今も、そして今後も翼を持つ」と話すのが好きだった。[5] しかし、その後のソ連崩壊後の数年の間に、大幅に縮小されたロシア空軍自慢のソ連空軍のかすかな面影を考えると、ロシアの翼はかなり弱体化し、欧米の防衛計画立案者に正当で深刻な躊躇を与えた昔の巨大なソ連空軍とはまったく似ても似つかないものとなった。[6] 同様の理由で、広く尊敬を集めるイスラエル空軍も、半世紀の歴史を通じた紛れもない技術的洞察力、作戦能力、過去の軍事的勝利にもかかわらず、戦術中心の局地的な空軍でしかない。

これらの事実は、英国空軍退役中将トニー・メイソンが数年前に指摘した全体規模、技術能力、影響力と持続力の限界、作戦・支援任務の領域などの点に関する、米国と他のすべての国の航空力に対する姿勢の格差の拡大を反映している。[7] 現在、世界各国の空軍の中でも陸上・海上攻撃、大陸間爆撃機、及び給油機、空輸機、偵察衛星、目標捕捉装置などを保有しているのは米国だけで、それらが全世界で戦力を展開し、全天候下の精密攻撃を可能にする能力を米国に提供している。このことは、米国の主要な同盟国の空軍の特徴である装備・要員面における長所を中傷するものではない。このことは、米国のエア・パワーの特異性とエア・パワーの贈り物の範囲についての事実を単に認めることである。それ故に、長期的な世界の不測事態対応策の計画において、米国の指導部の「空母はどこにいるのか」という最初の質問は偶然ではない。同様に、「砂漠の嵐作戦」以来、主要な戦闘行動の前に行われる最初の質問が

「エア・パワーに何ができるのか」ということであることは、もはや驚くに当たらない。侵入そして占領後の回避できない安定化と統合を図るため、同盟国の多数の「地上部隊」を危険な状況に置かざるを得なかった二〇〇三年のイラクの状況を除き、部隊を危険な状況に置くことが最後の手段になったように、米国のエア・パワーは、「砂漠の嵐作戦」以降のエア・パワーの蓄積された能力故に、米軍が最初のよりどころとする戦力となった。

本論は、米国がどのようにして事実上の「エア・パワー国家」に成長したか、そして、どのようにこの独自の地位が、第二次世界大戦以降に発展した米軍の能力と遂行に反映されてきたかを広範に検討することを目的とする。本論は、冷戦の初期からベトナムにおける衝撃的な経験を通じて、米国のエア・パワーが抱えた問題の簡潔な検討から始める。そして、この戦争で初めて明白な効果で模範を示した米国のエア・パワーの質的変化を遂げた核心にスポットライトを当てる目的で「砂漠の嵐作戦」を再検討する。その後、一九九〇年代のバルカン半島での緊急事態対応及び二一世紀の最初の三年間（この期間の後半では、米国の海上航空戦力の劇的な能力改良が生じた）を含むその後のアフガニスタンとイラクでの戦争で証明された米国の空中兵器のその後の改良をたどる。そして最後に、変革を遂げた米国のエア・パワーの性質とそのエア・パワーがどのように近年の米国流の戦争に独特な影響を与えたかを検討していく。

（4）Gray, *Explorations In Strategy*, pp.87, 101, 103.
（5）Yelena AgapovaによるColonel General Pyotr S. Deinekinへのインタビュー。"A Russia Without Wings Is Not Russia : It Does and Will Have Them," *Krasnaia zvezda*, August 15, 1992を参照。
（6）さらに詳しい論考は、Benjamin S. Lambeth, *Russia's Air Power in Crisis*, Washington, D.C., Smithsonian Institution Press, 1999を参照。
（7）この現実に関する詳述は、"The Era of Differential Air Power" in Air Vice Marshal Tony Mason, RAF (Ret.), *Air Power : A Centennial Appraisal*, London, Brassey's, 1994, pp.234-278を参照。

一　形成期からベトナムまで

米国のエア・パワーの有名な最初の提唱者である米国陸軍准将ウィリアム・ビリー・ミッチェルは早くも一九二五年に、米国人の特徴を「飛行機で移動する国民」と表現したが、米国の航空宇宙部隊が、その作戦能力で米国を真の「エア・パワー国家」として呼べるほど発展したのはベトナム戦争からペルシャ湾岸戦争に至る比較的最近の二〇年間である。(8) 米国空軍とその前身は、航空戦の半世紀の大半を通じ世界の他の空軍と同様に、都市・産業基盤の目標を弱体化させる戦力を中心とする力ずくの戦略であった。このような戦略は、現在の「戦略」兵器、少なくとも非核兵器が、意図する結果を保証する唯一の運用選択肢であったからである。冷戦期間の大半を通じて、米軍の概念における「戦略」エア・パワーは、主に長距離爆撃機と核兵器に結びつく傾向があり、これらの兵器は、その言語に絶する破壊力のため、敵国ソ連によるその使用を阻止することを唯一の存在理由とする装備として扱われた。「戦略」エア・パワー以外のものは、「戦術」、あるいは「戦域」エア・パワーと見なされ、その唯一の目的は統合作戦において米地上軍を支援することであった。しかし、米国の防衛計画では、作戦や戦争の経過と結果を左右する可能性のある「通常」エア・パワーの潜在的能力に対してはなんらの配慮もされなかった。やがて、「戦略」エア・パワーは核の問題として考えられ、その他の戦闘航空部隊は、歩兵と機甲部隊が米国の非核戦力の最先端を構成する戦闘への統合アプローチでの脇役へと格下げされた。

この概念と装備の欠乏は、ベトナム戦争の大半を通じた米国のエア・パワーの期待外れの結果に明白に現れた。対北ベトナム戦争末期の一九七二年の二回の「ラインバッカー作戦」では、レーザー誘導爆弾（ＬＧＢ）が空軍の効果を確保する目的で初めて通常的に使用されたが、ベトナムにおける米国のエア・パワーの早期の出現は、それ以前の一〇年間の後半の「戦域」エア・パワー開発に大きな影響を与えた優勢な冷戦的戦略指向を反映していた。戦域航空部隊は唯一の主要任務が核である戦略空軍（ＳＡＣ）と競り合っていると一般的に言われるほど、戦略核任務は重視され、通常兵器の訓練は軽視された。この結果、米国空軍のＦ-105戦闘機（対北ベトナムとの航空戦の主力機）は、最初から核攻撃機となることを目的として設計された。この戦闘機はいくつかの通常装備を搭載していたが、戦術空軍（ＴＡＣ）にとりＳＡＣが支配的な空軍にこの航空機を調達させる唯一の方法は、その航空機に核運搬能力と任務を与えることであった。その結果、二重の操縦系統の油圧パイプは並行して配置され、一発の被弾で両系統が同時に破壊され、航空機は制御不能となる可能性があった。この理由と航空機が要求された任務の遂行に関係する数多くの設計不具合により、合計で八三三機生産されたＦ-105の内、三八三機が北ベトナムとの戦闘で失われた。

ベトナム戦争の最後の最後まで解決されなかった通常地上攻撃作戦に関するもう一つの問題は、エア・パワーが夜間では信頼できるほど効果を発揮できなかったことである。夜間能力システムの開発と運用における着実な進展にもかかわらず、実際に夜を支配していたのは米軍部隊ではなく北ベトナムとベトコンであった。さらに、その当時の優勢な米軍のエア・パワーは、北ベトナムで最高の条件下でも有意義な形で目標と交戦することが不可能であった。北ベトナムの地対空ミサイル（ＳＡＭ）、高射砲（ＡＡＡ）、及びソ連が供給したミグ戦闘機は、危険な高度でも機能を果たしていた。南での戦争では、北ベトナムの米国軍司令官に与えられた限定的な情報・監視・偵察（ＩＳＲ）能力は、米国のエア・パワーにとり重要な目標を提供できなかった。

一九七二年に北ベトナムで投入された米国の航空部隊は、その能力面で一九六五年から一九六八年にかけて投入された部隊よりもかなり高度であったことは事実である。それらの性能の改良点の中でも特に顕著なのはレーザー誘導爆弾で、橋梁やその他の標的に対する運用では、レーザー誘導爆弾の将来の可能性を示す予告編であった。しかし、

(8) William Mitchell, *Winged Defense : The Development and Possibilities of Modern Air Power–Economic and Military*, New York, Dover Publications, 1988, first published in 1925, p.6.

二回目の「ラインバッカー作戦」で最終的に北ベトナムの防空手段を徹底的に撃破するまで、敵のSAMとAAAは米国のエア・パワーに相当な脅威を与えた。夜間及び全天候作戦はこの戦争を通じて極めて困難で、北端のルートパッケージの堅固に防衛された目標を攻撃する際の犠牲は、エア・パワーの徹底的な投入を妨げるほど大きかった。

しかし、一九七二年から一〇年以上の間に生じた米国の「通常」エア・パワー全体の本格的な復活は、米国が最終的にベトナムでの長期にわたる関与から解放されて、すべてを大きく変化させた。(9) ベトナム戦争以降に達成された米国のエア・パワーの主要な進歩の中で最も顕著なものは、搭乗員の熟練、装備能力、そして作戦構想の三つの分野である。これらの三つの分野の進歩は、新型や改良されたプラットフォーム、兵器、及びその他のハードウェアによる訓練と戦術の大幅な強化から、より効果的な運用技術及び統合軍戦略まで及んだ。これらの進展がもたらした結果として生じた米国のエア・パワーの変革は、「砂漠の嵐作戦」での多国籍軍の空爆作戦による予想もしなかった劇的な成功により、その有効性が完全に証明された。このような重複し、相互に補強し合う進展の結果、米国のような本格的なエア・パワー国家は、第二次世界大戦を通じて米国が行っていた空中投下型戦力の行使を検討する必要がなくなった。現在では、より多くの選択肢があり、敵の抵抗能力に直接的な影響を与える（最初に配備された敵部隊を直接攻撃する）ためには、敵の戦闘空間の全域での空中投下型兵器で十分である。この復活の結果、典型的なエア・パワーの思考で勢力を振るい、かつ純粋に懲罰を目的とした第二次世界大戦のヨーロッパと太平洋戦域での連合国の爆撃を支えたような戦略の種類は、罪に対する報復を求め、敵の経済・社会復興を遅らせることを望まない限り、現在の米国にとっては時代遅れとなった。

二　「砂漠の嵐作戦」の試練

米国のエア・パワーは、「砂漠の嵐作戦」の開始後の数日でその信頼性を大きく高めた。多国籍軍による成功裏の空爆作戦で証明された高度先端技術、集中訓練、確固たる戦略の統合は、第二次世界大戦における前途有望なスタート、そして一九六五年から一九六八年にかけての北ベトナムに対する「ローリング・サンダー空爆作戦」での三年以上にわたる誤用以来、米国の空中兵器の戦略的実効性の躍進を反映した。イラクでの迅速な制空権の確保、及びこの成功により、米国の航空宇宙戦力が、多国籍軍の地上での目的の早期達成に貢献することで成し遂げたものは、エア・パワー時代の到来であった。実際に、当時の米国空軍参謀総長メリル・マクピーク将軍は彼の個人的意見として、「野戦軍がエア・パワーに敗北したのは砂漠の嵐作戦が歴史上初めてだ」とまで述べた。[10]

この個人的意見に対して何と言おうとも、米国のエア・パワーがすべての軍種で（米国空軍に限らず）過去二〇年間、戦闘機能の高いレベルでの統合作戦の結果に貢献する能力において、非線形の成長を達成したことは疑いない。この成長は、指揮・統制・通信・コンピュータ・情報・監視・偵察の近年の発展により可能となった敵のセンサーに対する低可観測性（より一般的に「ステルス」として知られている）、固定目標を常に比較的安全な発射最適距離からより正確に攻撃する能力、及び戦闘空間認識の拡大（「情報優位性」とも呼ばれる）の統合により可能となった。それらの発展の結果、米国のエア・パワーは、統合作戦における勝利の条件を決定するというエア・パワーの開発者の長期的な約束を守る上で必要な多くの能力を最終的に獲得できた。多国籍軍がイラク陸軍をわずか六週間で、しかも少数の友軍の犠牲（五〇万人以上の兵士が配備された中で、米国人の戦死者はわずか一四八名）で撃破したことは、

（9）この歴史の概要は、Benjamin S. Lambeth, "The Air Force Renaissance," in General James P. McCarthy, USAF (Ret.), ed., *The Air Force*, Andrews AFB, Maryland, Hugh Lauter Levin Associates, Inc., for the Air Force Historical Foundation, 2002, pp.190–217.

（10）General Merrill A. McPeak, USAF (Ret.), *Selected Works 1990–1944*, Maxwell AFB, Alabama, Air University Press, August 1995, p.47.

戦力の行使における新境地を意味した。

ＳＡＭとＡＡＡによる敵防空網の制圧（ＳＥＡＤ）及びイラク空軍の早期の無力化は、「砂漠の嵐作戦」における多国籍軍のエア・パワーの最も高く評価された戦果であった。しかし、それらの戦果はそれ自体見事であるが、戦争の究極の結果を決定するエア・パワーが演じた中心的役割を説明するものではなかった。それどころか、それらの戦果は、米国のエア・パワーがその最も注目すべき真の力、すなわち精密攻撃による敵陸軍と被害を受けることなく大規模な交戦力を行使するのに必要な「責任」条件である。この点に関する正しい認識は、エア・パワーそれ自体が「砂漠の嵐作戦」で初めて証明したように、エア・パワーが適切に管理されている限り、その成し遂げる能力を正確に理解するために重要である。戦闘の開始を熟知している強力な敵に対して航空優勢を短時間に確保し、多国籍軍地上部隊がクウェート作戦区域での僅か一〇〇時間の一掃作戦で無血の勝利を獲得する地点まで敵部隊を招き寄せる米国航空兵器の能力は、「砂漠の嵐作戦」での空爆作戦をエア・パワーの成功物語のリストに堂々と載せることを保証する戦果である。このことは、成熟した米国の航空戦に対する姿勢の構築を目的とするベトナム戦争以来のすべての試みを裏付けただけではなく、多国籍軍の死傷者を極端に低く抑えた成功は、近代戦争における空中運搬兵器と陸・海上運搬兵器との関係に対する基本的に新しいアプローチを考える時が来たことを示唆している。

当然のことながら、「砂漠の嵐作戦」における多国籍軍の空爆作戦が演じた中心的役割と、エア・パワーの戦果の結果としてのその能力に関する広範な主張を考えると、米国の役割と資源に関する議論はますますエア・パワーに焦点を合わせた論争へ向かっている。今日の米国の防衛計画の中心的課題は、敵軍に関する情報を取得、処理、送信し、敵軍を精密な空中投下兵器で攻撃する近い将来における米国の能力増強の持つインプリケーションであり、この論争は米国が、戦域闘争目的を遂行し、米国の死傷者を最小限に抑えるために、地上部隊に代わる正確な空中長距離攻撃兵器に対する米国の信頼度に関わるようになってきた。

湾岸戦争を通じてのイラク地上部隊に対し何度も繰り返し行使されたエア・パワーの明白な戦果で示されるリアル

タイムの偵察と精密攻撃能力の統合は、統合作戦における空中運搬兵器と陸上・海上運搬兵器の新しい関係の到来を告げた。この変革の一つの概念は、その結果もたらされる相乗効果が、より一般的な消耗による削減ではなく、機能的な効果により、敵軍の敗北を促すために何をするかに関係する。丁度、初期のＳＥＡＤ作戦がイラクのレーダー誘導ＳＡＭを物理的に破壊するのではなく、ＳＡＭのオペレータがレーダーを作動させせないように威嚇することで無力化に成功したように、Ｅ‐８総合査察目標攻撃レーダー・システム（ＪＳＴＡＲＳ）とその他のセンサー・プラットフォームによる千輌以上の戦車に対するその後の夜間精密攻撃の成功は、潜在的に敵対的な軍隊に夜間聖域や隠れ場所が無いことを知らしめた。また同時に、昼間あるいは夜間の行動は、迅速、かつ致命的な攻撃に繋がることを示した。このことは、敵の砲火の範囲内の地上軍を精密爆撃に置き換えて友軍の死傷者を出さないエア・パワーの新しい役割の前兆となった。

航空戦装備の面におけるイラクに対する多国籍軍の明らかな技術的優位性は、この戦争の経過と結果を決定するのに重要な影響を与え、多国籍軍のいくつかの「魔法の解決策」は、その数に比べ遥かに一方的な影響を与え、「砂漠の嵐作戦」での比較的楽な戦果をもたらした。それらには、各種のプラットフォーム、兵器及びシステムの中でも、Ｆ‐117ステルス攻撃機、Ｆ‐４Ｇに搭載されるＡＧＭ‐88高速抗放射線ミサイル（ＨＡＲＭ）とＡＰＲ‐47敵レーダー脅威センサー、レーザー誘導爆弾、ＪＳＴＡＲＳなどが含まれていた。もしこれらの装備が無かったら、この戦争における多国籍軍の犠牲はより大きかったであろう。「砂漠の嵐作戦」の比較的早期の成功が証明するように、この戦争の前の一〇年間は、米国の空中兵器の実効性と致死性の広範囲にわたる改善があった。それらの改善の多くは漸進的であったが、いくつかは性能において真に画期的で、イラクに対する多国籍軍の一見容易な勝利の原因である。

しかし高度先端技術は、「砂漠の嵐作戦」における多国籍軍の成功にとって重要な決定要因であったが、それだけが決定要因ではなかった。優れた訓練、モチベーション、熟練度、リーダーシップ、戦術の手際よさ、実行の際の大胆さも最終結果を出す上で同様に重要であった。「砂漠の嵐作戦」の最終結果を左右した戦力多重増加力は、何よりも統合軍の立案者が考えた多国籍軍の多種多様な戦力を相乗効果が出るように一つに統合した方法であった。エア・パワーの慎重な提唱者は、一九九一年の湾岸戦争における勝利はエア・パワー単独の力でもたらされたとは決して言わなかった。むしろ、それらの提唱者はその意見に近いが一つの重要な違いがある意見を述べている。エア・パワーは他のすべての戦力要素にとり戦争の最終段階を容易にする勝利の条件を作り出した。

「砂漠の嵐作戦」に続く冷戦後の初期段階、米国の航空戦力の大幅な兵員削減の大部分は、戦力体制をかつてないほど優れたものにした広範な質的向上により補われた。一つの理由には、米国の軍用機のほぼすべてに、精密誘導兵器を投下する機能が装備されていたことである。もう一つの理由は、湾岸戦争でF-117により最初に有意義な形で立証されたように、ステルスの出現は、一九九三年に導入された空軍の第二世代のB-2ステルス爆撃機のその後の展開により、さらに進歩を遂げた。現在のステルス技術は、脅威に関する正確な最新の情報に基づく優れた戦術と結び付き、既存の早期警戒・交戦レーダー及びそれらに依存する兵器を無用なものにした。その他に、「砂漠の嵐作戦」以降に軍に導入された新型兵器は、陸上攻撃及び空対空の任務で米国のエア・パワーの致死率を高め、空軍の爆撃機構成は核から通常兵器主体への戦争手段の変遷を成し遂げた。それらの二つの作戦の特性が提供した能力により、統合軍司令官は、その目標が配備された部隊であろうが施設であろうが、敵戦力の中核システムに敵の反撃を受けることなく精密攻撃を遂行でき、米国のエア・パワーの新しい優位性を伝えた。そしていつの間にか、それらは統合作戦の顔を根本的に変えてしまったのである。

三 「同盟の力作戦」

唯一独自の「エア・パワー国家」としての米国の出現についてのさらなる証拠は、NATO軍が展開し、米国が主導した旧ユーゴスラビアに対する一九九九年の三月二四日から六月七日までの空爆作戦であった。この作戦の目的は、セルビアのコソボ地区市民に対するセルビア人指導者のスロボダン・ミロシェビッチによる人権侵害を中止することであった。[11] 後で分かったことだが、「同盟の力」と呼ばれた七八日間にわたる作戦は、エア・パワーが地域紛争の結果を決定するのに極めて重要であることを証明したケースとして、一九九〇年代の湾岸戦争とその後の「デリベレート・フォース作戦」（一九九五年にNATOが展開し米国が主導したボスニアのセルビア人勢力による同様な人権侵害の挑発に対する二週間のウォームアップ作戦）に引き続き三度目となった。

「同盟の力作戦」は現在配備されている三機種の重爆撃機（B－52、B－1B、及びB－2）が同時に運用された初めての空爆作戦でもあった。この中でも特に重要なのは、作戦の最初の夜、ミズーリ州のホワイトマン空軍基地から無着陸で目標まで飛行した空軍のB－2ステルス爆撃機の待ち望んだ戦闘での初舞台となったことである。多くの者が驚かされたのは、B－2がこの空爆作戦全体を通じて最も安定し、有効的な実行者となったことである。B－2の任務はたった五〇回で、連合軍側の総戦闘出撃回数の一％にも満たなかった。しかし、B－2はこの作戦を通じて費やされたすべての精密爆弾の三分の一を投下した。通常、極めて正確な爆弾一六発を搭載し、一回の飛行で一六の異なる目標地点に投下できるGBU－31 二千ポンド衛星誘導爆弾（JDAM）の初の実戦投入により、B－2爆撃機は、友軍の軍用機が出撃できない天候でも作戦を展開できる能力を証明したのである。[12] 無人機（UAV）も連合軍の戦闘支援にこれまでの作戦以上に運用され、とりわけ移動SAM、セルビア軍の兵站地、及び野外に駐機された敵機などの探索に従事した。

連合軍の作戦遂行には、主にこの作戦の多国籍的性質により引き起こされる深刻な内部摩擦や非能率が決して無かっ

（11）この作戦の詳しい内容については、Benjamin S. Lambeth, *NATO's Air War for Kosovo : A Strategic and Operational Assessment*, Santa Monica, California, RAND Corporation, MR-1365-AF, 2001 を参照。
（12）Paul Richter, "B-2 Drops Its Bad PR in Air War," *Los Angeles Times*, July 8, 1999.

たわけではないが、エア・パワーの行使が、友軍の陸上戦闘なしで敵の指導者の降伏を強要した最初の事例となった。この点に関して、この作戦の遂行と結果は、オーストラリアのエア・パワーの歴史家であるアラン・スティーブンズによる「近代戦争は、土地を占拠し保有するよりも、最終的な政治的結末により関心がある」という事後の考察をよく裏付けている。[13] この作戦の成功裏の結果は多くの不満にもかかわらず、米国のエア・パワーが連合軍特有の非能率に関係なく、作戦を漸増的にエスカレートする戦略を引き受けるに十分な能力を保有するようになったことをさらに証明している。連合軍の漸増主義をもっと前のベトナムでの戦争での漸増主義よりも、受け入れやすくしたものは、ステルス技術、長距離精密攻撃、及び電子戦争によって優勢な連合軍がミロセビッチと一方的な戦争を行ったことであり、最も理想的な形ではないとしても、望んだ結果を得ることが可能であったことである。[14] このことは、米国のエア・パワーが現在ほど発達していなかった当時、選択肢ではなかった。

最後に米国は、予期せぬ損害による非戦闘員の死傷者という点において、十分準備されていない戦場においても、おどろくべき低いコストによって、エア・パワーによる強制力を行使できることを示したのである。この作戦の経験は、八年前の湾岸戦争と同様に、友軍の地上部隊は早い時期に容赦なく戦う必要はないことを示していたが、信頼のおける地上部隊が作戦戦略（連合軍にはこれが不足していた）に含まれていないと、エア・パワーが多くの場合、その全潜在能力を発揮できないことが再確認された。

後から考察すると、コソボにおけるNATO軍の航空戦でおそらく最も注目すべきことは、ミロセビッチに楽々と勝ったことではなく、連合軍の指導者がリスクを冒そうともせず、下らないことでまとまっているにもかかわらず、エア・パワーが勝利したことである。一九九一年の湾岸戦争は、エア・パワーの限界を理解し、エア・パワーが妥協することなく明確で実現可能な計画の達成を目指して使用されると、エア・パワーが決定的であることを最終的に証明した。「砂漠の嵐作戦」における米国の介入の目標は結局のところ、サダム・フセインを懲らしめることでもイラクを政治的存在に変化させることでもなく、イラク軍のクウェートからの撤退を余儀なくさせ、それ以前の外交活動や経済制裁でも無駄だったイラク軍に可能な範囲内で打ち勝つことであった。この目標は最初から最後まで明確であった。しかし、連合軍では、米国とＮＡＴＯが最終的に「デリベレート・フォース作戦」を実行する決意を固める前のボスニア紛争のときと同様に、連合軍の多くの指導者がこの基本的なルールを忘れてしまったと言えるような状態にあった。しかし、米国空軍マクピーク退役将軍はこの作戦の成功の後に、「あらゆる選択肢をもっていたほうがもっと賢明だったと思う。陸上での戦闘を回避したいわれわれの計画をユーゴスラビアに合図していたら、軍事・外交的手段としてのエア・パワーの限界を試すこの爆撃が成功する確率はもっと低かっただろう」と語った。(15)

四　「不朽の自由作戦」

二〇〇一年九月一一日のイスラム過激派による米国への攻撃は、米国を一晩で通告なき対テロ戦争に陥れ、この戦いは今も続いている。「不朽の自由作戦」と呼ばれるこの戦争の第一段階は、二一世紀最初の大規模な戦争となった。この戦いは主に、アフガニスタンのテロリストの重要拠点とその組織に安全な場所を提供するタリバン原理主義政権に対する、米国と同盟国の特殊作戦部隊（ＳＯＦ）による航空戦とアフガニスタン先住民の抵抗組織による陸上戦で行われた。すでに考察した「同盟の力作戦」以上に、この戦いでは湾岸戦争以降も高度化された米国の航空力が革新

(13) Alan Stephens, *Kosovo, or the Future of War*, Paper Number 77, Air Power Studies Center, RAAF Fairbairn, Australia, August 1999, p.21.
(14) Colonel Phillip S. Meilinger, USAF, “Gradual Escalation : NATO’s Kosovo Air Campaign, Though Decried as a Strategy, May be the Future of War,” *Armed Forces Journal International*, October 1999, p.18.
(15) General Merrill A. McPeak, USAF (Ret.), “The Kosovo Result : The Facts Speak for Themselves,” *Armed Forces Journal International*, September 1999, p.64を参照。

的で前例のない方法で使用された[16]。

基本的には、「不朽の自由作戦」はSOFを中心とする統合エア・パワーにより、米国にとっての新しい戦闘法となった。数ある中でも、この作戦は、目標地点から数千マイル離れた陸上基地と海軍航空戦力による歴史上初の陸封の作戦となった。米軍は、攻撃地点から遠く離れた海軍空母の作戦基地より、航空力を成功裏に投入する能力を示した。この作戦を可能にした三つの重要な要素は、遠く離れたサウジアラビアに位置する前例のないほどに高度化され、機能的航空作戦センターに制御された長距離精密エア・パワー、常に適切なリアルタイム戦術情報、及び陸上の移動SOFチームがアフガニスタン先住民の抵抗戦士と緊密に連携、位置状況を把握し、独自に作戦を展開して、敵の待ち伏せを回避するために十分な通常火器と電子機器で装備されていたことである。

「不朽の自由作戦」で達成した航空戦での「最初のもの」に関しては、RQ-4グローバルホーク高高度無人機の初の戦闘投入とヘルファイアミサイルを搭載したMQ-1プレデター無人機及びB-1BとB-52爆撃機による衛星誘導爆弾GBU-31（JDAM）の初の実戦投入である（「同盟の力作戦」では、B-2爆撃機のみがこの衛星誘導爆弾を投下できた）。アフガニスタンでの航空戦ではさらに、一〇年前の湾岸戦争で初めて見られた重要な傾向が依然として引き継がれているものもあった。湾岸戦争で投入された精密空中投下爆弾はこの戦争で使用された弾薬の九％だけであったが、連合軍（コソボ紛争）で二九％、「不朽の自由作戦」では六〇％となった[17]。精密誘導兵器とこれらの兵器の運搬が可能な軍用機の入手が容易になった結果、作戦出撃一回当たりのPGMの数量は、過去一〇年間着実に増加してきた。戦力全体の劇的な増強により、われわれは、特定の目標を攻撃するのに必要な出撃回数ではなく、一回の出撃でいくつの目標を成功裏に攻撃できたかで語ることができるようになった。同様に、湾岸戦争以降の一連の米国の戦闘で、長距離爆撃機が投下した弾薬数の割合は着実に増加している。湾岸戦争では三二％だったが、コソボ紛争では約五〇％、そして「不朽の自由作戦」では約七〇％へと増加した[18]。

「不朽の自由作戦」は近代戦争の歴史上初めて、敵の行動を探り容赦なく睨みを利かす空中・宇宙配備の情報・監視・偵察（ＩＳＲ）の傘の下で行われた。この相互接続・相互支援型センサーの多様性により、以前の紛争で入手できたものよりＩＳＲ入力の大幅な改良が可能となった。それはまた、ＩＳＲの統合は、「不朽の自由作戦」をそれまでの全ての航空戦から区別した。「不朽の自由作戦」で開発されたもう一つの注目すべき新機軸は、エア・パワーと地上戦力の緊密な同時提携であった。ＳＯＦチームは反タリバン北部同盟の未組織部隊に方向を指示し、米国の搭乗員に精密爆弾攻撃を行うための正確かつ有効な標的情報を提供した。航空戦が終了する頃には、連合軍搭乗員が攻撃した目標の八〇％は事前に計画されたものではなく、彼らの航空機が指定されたアフガニスタン上空の待機点へ向かう途中に指示されたものである。地上の空軍攻撃指揮と陸海軍特殊部隊の連携は、恐らくこの戦争における最も偉大な戦術革新である。

テロに対する世界戦争における最初の軍事行動としてのその主要な役割に加え、「不朽の自由作戦」は同時に、過去二〇年間に登場した最重要のエア・パワーのいくつかの新製品を実戦の下で試験する戦場の実験場であった。その中には、精密攻撃兵器としての無人ＩＳＲプラットフォーム（ＭＱ‐１プレデター）の初の投入があった。これはまた、米国中央情報局（ＣＩＡ）を主とする「他の政府機関」が、空中戦闘作戦に直接統合された最初のケースでもあった。この主要な特徴は、新技術によるデータ統合の改良、航空作戦センターの管理能力向上、宇宙空間からの支援の増加、より優れた作戦構想などの結果による敵に対する粘り強い圧力と実行の迅速性などが含まれる。粘り強い圧力

(16) 以下に述べるのは要点で、Benjamin S. Lambeth, *Air Power Against Terror : America's Conduct of Operation Enduring Freedom*, Santa Monica, California, RAND Corporation, MG-166-CENTAF, 2005では、さらに詳しく論じられている。
(17) Christopher J. Bowie, Robert P. Haffa, Jr., and Robert E. Mullins, *Future War : What Trends in America's Post Cold War Military Conflicts Tell US About Early 21st Century Warfare*, Arlington, Va. : Northrop Grumman Analysis Center, January 2003, p.60.
(18) *Ibid.*, p.4.

の多くは精密兵器の広範な普及と、それらの兵器を運搬する米国の攻撃プラットフォームに由来する。

この統合の成功要因は、運用した技術というよりも、それらの技術を統合して作戦構想を練り上げた方法にあった。実効性に焦点を置いた作戦計画は、正確でリアルタイムな目標情報に大きく頼っていた。この際に大きな進展が見られたのは航空機や兵器ではなく、E-8、プレデターとその他の空中・宇宙配備型センサーのデータを二四時間体制でリンクするISRの統合にあった。この結果は「同盟の力作戦」の二年間で得られたものより遥かに優れていた。通信の接続性向上と使用できる帯域幅の増加により、敵の行動の常時監視を可能にし、センサーから射手へのデータサイクル時間（口語的には「キル・チェーン」と呼ばれる）を大幅に短縮することができた。さらに、敵地上部隊に対する攻勢的航空運用の新構想の実験は、「不朽の自由作戦」で成功した。この構想は、近接航空支援（CAS）としばしば混同されているが、友軍と接していない敵部隊に対する直接の空中攻撃が伴うという点で、根本的に新しいものであった。[19]

最終的に、前代未聞の暴虐に直面しての「不朽の自由作戦」では、米国は圧倒的に優勢な軍事力を示し、その航空作戦の大半で優勢であった。遠いインド洋のディエゴ・ガルシア島英軍基地からアフガニスタンまでの爆撃機の平均的な任務は一二時間から一五時間を要した。米国海軍と海兵隊の典型的な艦載攻撃戦闘機は、北アラビア海からの任務に四時間から六時間を要し、一部は一〇時間もかかった。ペルシャ湾からの陸上戦闘機の出撃には通常一〇時間か、それ以上を必要とした。この作戦はエア・パワー、連合軍の特殊作戦部隊（SOF）、そして陸上のアフガニスタン抵抗勢力の戦闘員とのユニークな組み合わせだけでなく、さらに米国の重機動作戦部隊の不在も目立った。それらの代わりに、SOF小部隊は米国のエア・パワーが相互に支援する能力に基づく独自の相乗効果をもたらした。SOFの支援により、エア・パワーはSOFの支援がない場合と比べ、より高い実効性を発揮でき、抵抗勢力がアフガニスタンのタリバン勢力と外国テロ部隊（組織）との地上戦を展開する中、エア・パワーは、その支援がなければ不可能と思われるSOFチームの成功に貢献した。この結果、タリバン部隊の位置への正確な空中攻撃により、連合軍SO

Ｆチームはアフガニスタン抵抗勢力の指導者に対して、エア・パワーは即効性があり、米国のターミナル攻撃コントローラーはこれを可能にする決定要因であると説き伏せることができた。連合軍の地上監視は、敵の戦闘員を識別・特定し、北部同盟部隊が敵の戦闘員を隠れ場所から追い出し、直接攻撃の目標にした後、彼らを識別・特定して米国のエア・パワーの実効性をより高めた。連合軍はさらに意図しない付随的損害だけでなく、友軍に対する誤射も低減させた。米国側に関しては、爆撃機と戦闘機の搭乗員が付随的損害を回避する最も厳しい規則を守り、賞賛に値する規律を示した。陸上のＳＯＦはさらに、潜在的な敵の目標を監視する根気のいる待機を可能にし、正確な地理位置と目標情報を取得し、攻撃に最適な時間まで粘り、そして敵が最も攻撃されやすい状況にあるときのみ攻撃の合図を送った。この中で、ＳＯＦの存在が「不朽の自由作戦」の結果にとって極めて重要であった。

もし、「不朽の自由作戦」において、「トランスフォーメーション」の兆候があったとすれば、それは作戦を成功に導いた、武器、弾薬とその運搬全般をカバーする、情報の統合化による優位である。この新しい原動力は、精密攻撃エア・パワー、目標位置誤認の最小化、付随的被害の回避、及び後方からの命令におけるＳＯＦとの統合も含め、この戦争の他のすべての重要な側面を可能にした。エア・パワーを行使する際に、人間によるＩＳＲセンサーとしてＳＯＦチームを活用したことは、その方法と目的において近接航空支援の伝統的な概念と大きく異なり、まったく新しい概念であった。リアルタイム画像と通信接続性の向上などにより、「キル・チェーン」（訳注：発見・固定・追跡・照準・交戦・査定の六段階からなる米国空軍の目標サイクル）は、以前より短くなり、目標攻撃の正確さは驚異的である。「不朽の自由作戦」を通じて、米国は執拗なＩＳＲ（情報、監視、偵察）と精密空中攻撃により、敵に聖域を与えることを拒否する能力が備わった。このようなネットワーク中心の作戦は、現在進行している米国の戦闘形態に

(19) 陸上戦におけるエア・パワーの運用へのこの新しいアプローチに関する詳述は、Major General David A. Deptula, USAF, Colonel Gary Crowder, USAF, and Major George L. Stamper, USAF, "Direct Attack : Enhancing Counterland Doctrine and Joint Air–Ground Operations," *Air and Space Power Journal*, Winter 2003, pp.5–12を参照。

おけるパラダイム・シフトの最先端であり、二〇世紀初頭の戦車の登場に比べても、潜在的により重要な時期である。

五　米国の空母航空戦力の向上

二一世紀の幕開けは、米国の航空母艦を基地とする航空隊にとって新時代の到来である。一〇年前の一九九〇年八月のイラクによるクウェート侵攻は、米国の空母エア・パワーにとり、冷戦後初の危機だけではなく、経験したことのない新時代の要求に直面していた海軍にとり、警鐘となる一連の挑戦であった。「砂漠の嵐作戦」は、米国海軍がその前の二〇年間にソ連を想定して計画し、準備をした相対峙するハイテク装備の部隊が外洋で展開する戦闘とはまったく異なっていた。この戦争は、沿岸作戦に特有の挑戦に満ちていた。海軍はそれらの挑戦に直面して、一九九一年の湾岸戦争の初期に始まった冷戦後時代に必要な再整備を目指して後方へ急いで退いた。一九九一年の湾岸戦争の経験から判明した欠点に応えて、海軍はその後、精密攻撃力を高め、新しいシステムを配備し、現有のプラットフォームに改善を行うことにより、湾岸戦争を通じて空母航空隊が不足していた柔軟性を備えた。

しかし、二〇〇一年九月一一日の米国に対するテロ攻撃は、空母航空隊の慣れ親しんだ展開方法におけるもう一つの重大な変化の兆しとなった。テロ攻撃は、米国に対し、前方航空作戦基地へのアクセスをほとんど持たない南西アジアの遠隔地への侵攻作戦能力の必要性を突きつけた。この必要性は、同時に米国の空母部隊に新しいユニークな挑戦を突きつけた。前節で短く言及した「不朽の自由作戦」では、北アラビア海から作戦を行う空母を基地とする海軍と海兵隊の攻撃戦闘機が、陸上戦闘機の大規模投入を遂行するために交戦地帯に十分近い適当な作戦基地がないという理由で、空軍の大部分の陸上戦闘機の代わりを果たした。結果、この地域で展開した空母航空部隊は、この戦争を通じて行われた攻撃戦闘機の出撃のほとんどを担った。

約一年後、海軍空母部隊は、二〇〇三年三月一九日に始まった「イラク解放作戦」に備えるため、五個戦闘群と戦闘航空団を基地（ペルシャ湾の三基地と地中海東部の二基地）へ配備し、再び重要な役割を果たすことになった。大規模な戦闘が展開されたこの三週間には、五隻の空母（もう一隻は他の一隻と交代するため戦闘地域へ向かう途中で、七隻目は予備として西太平洋に残り、八隻目はすでに配備済みで出動できる状態）がイラクのサダム・フセインの部隊に対する作戦を展開した。米英空軍の長距離給油機による空中給油の支援により、地中海東部の二隻の空母からの戦闘機は、時には一〇時間にもわたる侵攻任務を繰り返し行った。

相次いだ艦載機による二回の空爆作戦は、米国海軍の戦力が沿岸域以遠でも持続的運用が可能であることを証明した。このようなことは、これまでの米国の空母エア・パワーの発展で経験したことのないものであった。さらに海軍航空隊が、この二回の戦闘であらゆる航空作戦の中枢であったサウジアラビアの米国航空司令センターを通じて、これほどまでに代役を完全に務めたのは初めてである。その上、海軍航空隊はこれらの作戦での成功をもたらした統合・連合航空作戦の計画と遂行に完全に統合されていた。

一九九一年の湾岸戦争を含むこれまでの海軍航空隊の運用と異なり、二一世紀初頭の二回の戦闘は、海軍戦闘機による精密誘導兵器のほぼ専属的な運用が象徴的であった。さらにこの二回の作戦は、海軍の空母部隊もデジタルデータと統合され、アナログからデジタルネットワーク中心の作戦への転換が顕著であった。これらの偉業は、米国海軍航空隊の編制が現在とは異なり、多種多様な異なる挑戦への対処を志向していた冷戦の頂点では不可能であったろう。これら二回の戦闘における海軍空母の戦闘群と航空団の戦力は、冷戦の終結に続く一〇年以上の後退と迷走の後の米空母エア・パワーの最終的な成熟を明確に証明した。

「不朽の自由作戦」と「イラク解放作戦」は、海軍の空母が、航空団の個別で自立したプラットフォームとしてよりも、航空司令官の与えられた作戦目標を達成する上で必要で、常に効果的な幾多の出撃を行い、持続することが可能な結集した部隊としてのみ、その運用が可能であることを証明した。この功績は、海軍が一九九一年の「砂漠の嵐作戦」で初めて明らかにした作戦、構想、部隊の能力不足の大部分を解消したことによる直接の結果である。一九八三年の対レバノン及び一九八六年の対リビアそして一九九〇年代の「デリベレート・フォース作戦」と「同盟の力」などその後の緊急事態対応での懲罰的攻撃における比較的短距離の出撃と異なり、これらの任務には一〇時間も必要とし、沿岸地域から遠いアフガニスタンとイラクの中心地までにわたった。特にアフガニスタンは、南西アジアの奥地に位置する陸封国である。それぞれのケースでは、米国空母のエア・パワーは、数百マイル内陸の目標に対し持続的攻撃を加え、作戦上の必要があれば、新編成による給油機と必要な補給の定期的な支援を受けて数週間あるいは数ヶ月にわたる攻撃を続けることができることを証明した。以前は不可能だった空母航空隊による遠隔地での信頼がおけ、継続した戦闘力の投入は、一九九〇年代を通じて、海上攻撃航空の役割と任務の論争における批判の根強い共通のテーマであった。海上からの攻撃と支援の強みによる二つの戦争への貢献は、広く行き渡った深い疑念を払拭することになった[20]。

米国は現在、空母を基地とする一定規模の攻撃部隊を展開できる世界で唯一の国である。侵攻作戦用空母航空隊は、現存する世界唯一の超大国としての米国の地位の自然の付属物であるとともに、米国海軍を独特な形で他の世界の国々の海軍から区別する。ニミッツ級空母は、米国の指導者が要求する場所ならどこへでも行ける四・五エーカーの米国の領土だと言われてきた。この特性は長い間、空母の必要性が急に生じても、一時に一ヶ所にしかいられない単なる宣伝文句として、空母エア・パワーへの批判者により片付けられていた。このような批判は、海軍が常に二個あるいは三個の空母戦闘群を海上に配備し、その他の戦闘群と関連する航空団が米国で各種の整備と再適格性確認の訓練を受けるため急な命令でも展開できない状況であった冷戦時代には有効であったであろう。しかし、米国海軍が過去三年を費やして独自に開発し、「イラク解放作戦」での大成功で立証された空母の能力増強を考えると、この批判はもはや妥当ではない。

空母エア・パワーが世界中の米国戦闘司令官に与える戦力に関しては、多くの評論家は、一九九一年に中止された

A-12艦載ステルス爆撃機の後を継ぐ中型攻撃機の開発計画がないことに対して、海軍は事実上侵攻作戦から撤退するという暗黙の意思表示であると過去何年間も主張してきた。しかし、「不朽の自由作戦」に参加した四個航空団が示した三ヶ月以上にわたる任務効果の高い毎日の出撃と、これら航空団の任務を象徴する目標までの長い距離を考えると、その主張が正当ではないことを示している。今日の米国の空母航空隊の本質は、米空軍と同盟国の給油支援を受けることによって、海上からの持続的侵攻にある。それらは、「不朽の自由作戦」時のように近くに陸上基地がない場合の主役として、あるいはイラク解放作戦時のように近くに陸上基地がある場合の統合作戦での必要かつ歓迎される対等の貢献者として存在している。さらに、F-35C統合攻撃戦闘機がこの一〇年の終わりにかけて初期の作戦能力を達成すれば、海軍は一九九六年一二月に三〇年にわたる艦隊任務の後に最後の飛行を行った由緒あるA-6中距離攻撃爆撃機に匹敵するステルス攻撃プラットフォームを保有することになる。

六　変革を遂げた米国のエア・パワーについて

これまでに述べた米国のエア・パワーの多様な運用例が証明するように、米国のエア・パワーは過去二〇年間、その潜在効果が完全に戦略的になるまで変革を遂げてきた。しかしこのことは、ステルス性の到来、正確な迎撃能力と情報能力の向上が実現するまで真実ではなかった。これまでの空爆作戦は、あまりにも多くの航空機を必要とし、かつ膨大な損失が伴い、その効果を上げることができず、作戦・戦略面での実効性が限定的であった。これとは対照的

(20) さらなる検討は、Benjamin S. Lambeth, *American Carrier Air Power at the Dawn of a New Century*, Santa Monica, California, RAND Corporation, MG-404-NAVY, 2005を参照。

に、現在の米国のエア・パワーは、戦闘の開始から敵にその存在を感じさせ、統合作戦の経過と結果に決定的な影響を敵に与えるまでになった。[21]

第一に、つい最近まで必要であった戦力を蓄積する必要性がなくなった。戦闘空間意識の向上、航空機の高い生存率、及び兵器の精密度の向上により、戦力を蓄積しなくても質量効果を達成することが可能となった。これにより現在のエア・パワーは、以前には実現できなかった効果を上げることが可能となった。残る唯一の課題は、昔とは違いこれらの効果を上げることが可能かどうかではなく、いつ達成するかである

もちろん、統合軍の要素は、統合軍司令官の判断で、新技術と作戦構想を最大限利用する方法により、それらの効果を上げる機会が増えてきている。現代の米国エア・パワーの特徴は、エア・パワーがそれらの効果を上げる相対的能力において、地上部隊の要素を陸上でも海上でも追い越した。これはステルス性、精密、情報能力などエア・パワーが最近獲得した優位性だけではなく、そのスピード、範囲及び柔軟性における不変の特徴の結果である。現在、そして今後の航空力を投入する選択肢は、戦域司令官に安全な地域から敵の反撃を受けずに敵軍と交戦し、無力化することを約束し、さもなければ直接敵の部隊と戦い多くの負傷者を出す危険がある米国兵への脅威を緩和する。これらの選択肢はさらに、統合作戦の初期段階から敵の主要な弱点を同時に攻撃し、衝撃を与え、戦略的効果を上げる潜在的戦力となる。

前述した米国の航空・宇宙システムの意味と潜在力を考察した航空関係者やその他の者は、現在起こっているのは統合作戦における進展よりも、作戦と戦力の関係における技術主導の変化であると主張する。B－2やF－117などの侵攻作戦のプラットフォーム及び全天候下で敵の戦車や装甲車を発見し標的とするＪＳＴＡＲＳなどのセンサー・システムにより、米国の攻撃航空戦力は、現在、地上の脅威に安全な地域から対処できる状況にあり、敵陸上部隊と敵の反撃による致死範囲内で交戦しなければならない米国の陸上部隊に対する大きな脅威を軽減することは言うまでもなく、陸軍の至近距離攻撃システムの仕事量を軽減している。航空兵はこれらの新戦力の観点から、米国エア・パワー

の継続的発展を導く唯一の原則があるとすれば、地上での接近戦や人力集約的な戦闘方法よりも、人命を尊重し、戦闘指揮官に実効的かつ責任ある戦力投入方法を与えることであると断言する。

確かに、米国のエア・パワーがこれらの発展により米国独自で戦争に勝つことができると主張することは、偏った概念であるだけではなく、大きな間違いである。前述の考察はそれとは全く反対で、米国のエア・パワーは地上及び海上戦力の加担がなくても国家目標の達成が可能であると主張するものではない。さらに、前述の考察は米国のエア・パワーがあらゆる状況においても、米国のランド・パワーやシー・パワーより必然的に重要であることを示唆するものではない。米国の各軍は「イラク解放作戦」で同じように重要な役割を果たしたという事実は、あらゆる戦闘手段において強力な米国の軍隊を引き続き必要とすることを証言している。

しかし最近の進展は、米国の他の軍と比較した米国のエア・パワーの相対的潜在戦闘力を劇的に増強した。そしてこの事実により、新しい作戦構想を統合作戦へ適用することができるようになった。大規模戦域戦争における成功は以前と同様に、適切に統合された形による全軍の参加を引き続き必要とするが、新しい航空宇宙戦力により、敵部隊に対し以前よりもさらに迅速かつ効率的に作戦を展開することが可能となった。このことを考えると、米軍全体の長所は現在、あらゆる種類の配備された敵部隊を撃破する責任の大半を遂行する潜在力を有し、このことによりその他の軍は、最小の困難、努力と代償で目標を達成することが可能と言うことができる。そのこと以上に、エア・パワーは、戦闘プラットフォーム、兵器、そしてこれらを展開する機動力に加え、監視と偵察などの重要な付属物も含む最も広い意味で、これまで他の軍が多大な代償とリスクで遂行してきた任務を遂行するその能力により、米国が次の二〇年間に生じる大規模戦争を最良の形で戦う手法を根本的に変えてしまった。それらの中で最も代表的なものは、敵

(21) 以下に述べる結論的な考察に関しては、Benjamin S. Lambeth, *The Transformation of American Air Power*, Ithaca, New York, Cornell University Press, 2000を参照。

の陸軍を最小の友軍の死傷者で無力化する能力と、戦闘の初期段階から戦略目標の前提条件を決定する能力である。これらの能力の結果、航空宇宙戦力は現在、拡大を続ける戦域戦争の状況の決定要因である。このことは、大規模戦争の将来的な状況における米国の陸上戦力の主な役割は、勝利を「達成」することよりも、勝利を「確保」することにあることを意味する。

一九八〇年代中期以降の米国のエア・パワーの変革がもたらした最も重要な利益は、友軍の状況認識を高め、敵にはそれを拒否することであった。前に言及した空中・宇宙配備ISRの能力は現在、統合作戦における指揮機関の戦闘空間状況に関する知識を大幅に向上した。この情報の優位性は、目標捕捉能力における急進展を引き起こし、そしてこの能力が高精度攻撃システムと関連して、米国の独特かつ強力な戦力増強要因となった。実際に広域にわたるセンサーの統合は、米国のエア・パワー領域における他分野の技術進展よりもさらに重要である。その理由は、現在、米軍の各軍に入手可能になりつつある新しい義務的選択肢から最大の価値を引き出す上で必須の前提条件であるからである。これがもたらす意識強化により、情報と精密攻撃能力のこの相乗的な統合は、戦術分野で任務を果たす個々の射撃手から最高幹部まで、指揮系統の上から下までの戦士の能力を高める。

強調すべき二番目の利益は、以前には不可能だったことを遂行し、統合軍のためにより多くの任務を少ない資源で達成するエア・パワーの幅広い能力である。前者の点では、エア・パワーは敵の領土の中心で航空優勢を維持し、飛行、進入禁止区域を強制し、敵陸軍と比較的に安全な範囲内で交戦する能力を証明した。後者の点では、情報指向性の増強により、サイクル時間が短縮され、これは作戦速度を高めることにより、小部隊を外見上より大きな部隊に見せる一つの戦力増強要素である。米国の最新世代の軍用機は信頼性と整備性の面で著しい改善を示し、少ない機数でより強力な戦力を実現する。このような増強は、さらに強力な戦力の集中し、作戦任務を遂行する上で必要な時間の短縮を実現する。

米国のエア・パワーの最近の改善がもたらした第三の利益は、戦闘の開始段階からの状況管理で、これは最初の攻撃が戦争のその後の経過と結果を決定するほど重要である。エア・パワーは、人命、部隊そして国家予算の膨大な代償が伴う戦術レベル、作戦レベルから戦略目標までの系統的な足取りの典型的な順序ではなく、同時性により戦略目標を達成する。このことは、ジウリオ・ドゥーエや彼の追随者などのエア・パワーの古典主義者が予想したものとは大きく異なる。今日の米国のエア・パワーは敵の戦争遂行能力の早期破壊、あるいは無力化をもたらす能力を有する。しかし重要な目的は、「戦略爆撃」の支持者が思い起こさせるリーダーシップ、インフラ、経済力などの聞き慣れたものではない。それらの目的は、敵の配備された部隊と組織的行動力を構成する重要な戦力を目標とする。やがて最初の攻撃は、秘密裏に行われるだろう。例えば、敵のコンピューターシステムに侵入することで道筋をつけ、そこに火と鉄による兵器が続くのである。

最後に米国のエア・パワーの変革は、安全な距離からの敵への絶え間ない圧力を維持し、出撃ごとの戦果を高め、ほぼゼロに近い意図せぬ被害での選択的攻撃、対応時間の大幅な短縮、そして、少なくとも潜在的に、敵部隊をコントロールする機能の完全な停止を実現させた。繰り返すが、これら利益やその他の利益は、決して地上部隊の多目的代替物になるものではない。しかし、このような作戦により、米国の戦域指揮官は、侵攻作戦を遂行する統合作戦の大部分でエア・パワーに依存でき、そして友軍が初期段階の接近戦を計画する必要性にピリオドを打つことを暗示する。米国のエア・パワーの変革による最大の成果は、人命の犠牲を最小限に抑える能力である。例えば、精密技術による敵戦闘員の死傷者の削減と人的資源を代替する技術による友軍の人的被害の削減、そして、敵部隊の弱体化した戦力により、陸上部隊が大きな抵抗なしに任務を遂行できる戦闘条件を作り出すことなどである。

おわりに

これまでに検討した主要点を要約すると、近年、米国エア・パワーの特徴が収束され、唯一無二ではないとすると、米国を世界の主要な「エア・パワー国家」として呼ぶことが可能になった。それらの特徴には、重要性の順序ではないが、以下の無形・有形の能力が含まれる。

・大陸間爆撃機
・グローバル攻撃を維持する給油部隊
・集中戦力として展開できる波状的航空母艦
・宇宙優勢
・完全デジタル化・相互接続部隊
・それ自体が兵器システムとなる航空作戦センター
・オペレータの優秀な能力と技量

これらの米国特有のエア・パワー能力に基づき、以下の米国独自の作戦の質と能力を実現した。

・グローバル・リーチ、グローバル・パワー、グローバル・モビリティ
・攻撃からの自由と攻撃する自由
・情報、監視、偵察（ISR）の普及による状況認識の優勢

・戦域攻撃における陸上基地からの独立
・敵に気付かれない目標接近とステルス攻撃
・昼夜・天候を問わない常時正確な目標攻撃
・敵に圧力を加える能力の維持
・時間依存目標攻撃を定期的に遂行する能力
・付随的被害を日常的に回避する能力

米国のエア・パワーの戦闘能力が有するこれらの能力と関連する発展は、過去二〇年で徐々に集約されてきたもので、米国の新しい戦争の手法を可能にし、まったく新しい形の作戦構想を可能にした。精密技術、ステルス技術、そして情報入手の拡大などの結果、米国の航空関係者は、エア・パワーの最初の主唱者が初めに予測したようにエア・パワーを行使できるようになったが、皮肉なことに、その方法は主唱者が予想もしなかった方法である。このことはおそらく何よりも、米国が世界の舞台での新興「エア・パワー国家」と呼ばれる基本的理由であろう。

第8章　日本のエア・パワーを評価する——軍事上の問題点提起

志方　俊之

はじめに

現在のエア・パワーを評価することは意外に難しい。何故ならば、過去のそれを評価する場合は、評価の方法は幾つかあるものの、存在した事実と起きたことの結果は定まっている。また、未来のそれを評価する場合は、想像上の存在があり成り行きは不確実であっても、予測される結果にはある程度の曖昧さが許容される。現在のそれを評価する場合は、軍事的な配慮から事実（航空機の数、性能、配置などの）そのものが不透明で、かつ戦略環境が常に変化しているから相対的な評価とならざるを得ない。したがって、評価は、現実の世界で起こっているにもかかわらず、不透明性と相対性とを掛け合わせてできる広い矩形の中のどこかという曖昧なものになる。

本論は、まず、日本のエア・パワーの中核をなす航空自衛隊の誕生から現在までの簡単な経緯、陸海空自衛隊のエア・パワー、エア・パワーの基盤である航空機産業の現状を紹介するとともに、各分野において論議を要する幾つかの問題点を指摘したものである。問題点を解決する具体的な提案にまでは触れていない。

一　エア・パワーの誕生から現在まで

（一）戦後ゼロから出発した日本のエア・パワー、航空自衛隊

一九四五年八月一五日、いわゆる大東亜戦争の敗北によって、日本はそのエア・パワーの全てを失った。日本はいかなる形であっても航空機と航空機産業を持つことを禁じられたのである。しかし、その数年後、一つの転機が訪れた。それは一九五〇年六月二五日に勃発した朝鮮戦争である。当時、日本に駐屯していた占領軍の殆どは、急遽朝鮮

半島に赴き、日本に軍事的空白が生じた。これを埋めるため、一九五〇年七月八日、占領軍司令官ダグラス・マッカーサー元帥は、「警察予備隊」（七万五千名）の創設と海上保安庁の増員（八千名）を許可した。

やがて海上保安庁の内部に「海上警備隊」が発足し、一九五二年八月一日には総理府の外局として「保安庁」が設置された。これによって、警察予備隊は「保安隊」、海上警備隊は「警備隊」に再編され、一九五四年七月一日、「防衛庁」が設置されて、その下に保安隊は「陸上自衛隊」に、警備隊は「海上自衛隊」に改編され、それに加えて「航空自衛隊」（六、七三八名）が誕生した。日本がエア・パワーを持つ枠組みだけは整ったのである。しかしながら、要員の養成、航空機の取得、部隊の編成、整備体制の確立、飛行場の確保、指揮・警戒管制態勢の整備などのため、「航空総隊」が発足（一九五八年八月一日）して航空自衛隊を少なくともエア・パワーと呼べるようにするまでに、さらに四年の歳月を必要とした。

（二）基盤的防衛力構想の確立と日本のエア・パワーの基盤整備

武装解除された戦後の日本は、三段跳びで再び武装集団を持つようになった。第一段は、警察や海上保安庁の「予備」として誕生し、第二段は、国内の「治安維持」を強化するために再編され、第三段は「領域防衛」のための三自衛隊となって現在に至っている。

自衛隊の整備が実態的に進むなか、後付ではあるが、一九五六年七月二日、内閣に「国防会議」が設置され、一九五七年五月二〇日、「国防の基本方針」が策定された。基本は「自衛のため必要な限度において、効率的な防衛力を漸進的に整備すること」および「外部からの侵略に対しては日米安保体制を基調として対処すること」である。要するに、限られた防衛力を漸進的に整備し、対処は米軍が「矛」の役割、自衛隊が「盾」の役割を分担することが明確に認識されることとなった。

自衛隊は、戦略は専守防衛、サイズは小規模、活動する範囲は領域とその周辺地域、したがって保有する機能は限定的であった。自衛隊の主要な任務は、陸上自衛隊は着上陸侵攻とゲリラへの対処、海上自衛隊は周辺海域の防衛とシーレーン（おおむね千海里以内）の安全確保、航空自衛隊は領域の防空に限定された。そのため、日本のエア・パワーは、主要な航空機は航空自衛隊が統一して運用し、陸上自衛隊は連絡機と陸上作戦に必要なヘリコプター、海上自衛隊は対潜哨戒機とそのために必要なヘリコプターのみを保有することとした（一九五四年八月三一日、防衛庁長官指示）。

第一次防衛力整備計画（一九五七年六月一四日、国防会議決定）は、このような基本方針の下に策定され、爾後、第二次（一九六一年七月一八日）、第三次（一九六七年三月一四日）、第四次防衛力整備計画（一九七二年二月七日）と、エア・パワーの整備は一定の方針のもと整然と行われたのである。その後、防衛計画の体系化が行われ、「防衛計画の大綱」が策定（一九七六年一〇月二九日、国防会議決定）された。この大綱に示された防衛力整備の考え方は、「限定的かつ小規模な侵略については、原則として独力で排除する」とするもので、「基盤的防衛力構想」と呼ばれた。その大綱の「別表」に、エア・パワーの整備目標が明確に示された。

(三)「新防衛大綱」に示されている現今のエア・パワー

その後、防衛計画の大綱は二回にわたって改定された。第一回の改定（一九九五年一一月二八日）は基盤的防衛力構想を踏襲しているものの、冷戦後の新しい戦略環境に対応できるよう「合理化」、「効率化」、「コンパクト化」、「弾力性」をキーワードとする整備目標を示した。第二回目の改定（二〇〇四年一二月一〇日）は、基盤的防衛力構想の有効な部分は継承するが、本格的な侵略事態への備え、新しい脅威や多様な事態（弾道ミサイル攻撃、ゲリラや特殊部隊による攻撃、島嶼部に対する侵略、領空侵犯や武装工作船、大規模特殊災害）への実効的な対応、国際的な安全保障環境の改善のための主体的・積極的な取り組みなど「多機能性」、「柔軟性」、「実効性」を追求しつつ防衛力を整備するというものである。また、新しい防衛大綱に沿って、二〇〇五―二〇〇九年度を対象とする「中期防衛力整備計画」（所要経費二四兆二千四百億）が策定された。

日本のエア・パワーの主柱は、当然のこと航空自衛隊で、それは保有する航空機、高空域防空用地対空誘導弾、各種爆弾、警戒管制網、飛行場、航空機整備能力、要員の養成能力および工業基盤などで構成されている。保有する航空機は、戦闘機（一二個飛行隊、約二六〇機）、偵察機、早期警戒管制機等（二個飛行隊、Ｅ－２ＣおよびＥ－767）、輸送機（三個飛行隊、Ｃ－130）、救難用回転翼機、その他の多用途機である。作戦機は、四〇〇機体制から三五〇機体制へ集約化する。空中給油・輸送部隊（ＫＣ－767）一個隊が近く編成される計画である。

この他、国際貢献活動のための輸送力を向上させるため、次期輸送機Ｃ－Ｘは一二トン搭載時の航続距離を六千五百キロメートルとすることが期待されている。地上作戦の支援能力を強化するため、爆弾用精密誘導装置（ＪＤＡＭ）の導入が始まった。さらに離島への地上部隊の投入を効率的にするため、Ｃ－130Ｈに空中給油能力を持たせることも決定された。

海上自衛隊に属するエア・パワーは、固定翼哨戒機部隊（八〇機・八個隊体制から七〇機・四個隊体制へ集約化し、Ｐ－３Ｃの他に次期哨戒機Ｐ－Ｘを開発し導入する計画である）と、回転翼哨戒機部隊（九〇機・九個隊体制から七〇機・五個隊体制へ集約化）、その他の航空機一〇機を含め、一七個隊・一七〇機体制から九個隊・一五〇機体制へ集約する。

弾道ミサイル防衛（ＢＭＤ）にも使用し得る装備・部隊としては、航空自衛隊の航空警戒管制部隊七個警戒群、四個警戒隊および三個高射群（ペトリオットＰＡＣ－３）、および海上自衛隊のイージス・システム搭載艦四隻を整備する計画である。

陸上自衛隊のエア・パワーは、輸送ヘリコプター（ＣＨ－47Ｊ／ＪＡ）、戦闘ヘリコプター（ＡＨ－１ＳとＡＨ－64Ｄ）、多用途ヘリコプター（ＵＨ－１Ｈ／ＪおよびＵＨ－60ＪＡ）、および観測ヘリコプター（ＯＨ－６ＤおよびＯＨ－１）から成り立っている。

部隊としては、第1空挺団、第1ヘリコプター団、および空中機動力を強化した第12旅団がある。近い将来、離島防衛、緊急国際援助、災害派遣に迅速に対応できることを目的とした「中央即応集団」の編成が計画されている。また、低空域防空用地対空誘導弾（新中ＳＡＭ）もエア・パワーの一部と考えることもできる。

二 さらに論議を要する問題点

新防衛大綱に計画されたエア・パワーの整備が実現すれば、現時点で考えられる脅威に対して、おおむね対処できると評価できる。しかし、以下のような幾つかの問題が残る。

（一） ＢＭＤの実戦配備計画が遅れることはないのか

日本が整備を進めているＢＭＤシステムは、海上自衛隊のイージス艦による「上層での迎撃」と、航空自衛隊のペトリオット・システムによる「下層での迎撃」とを統合的に運用する多層防衛の考え方を基本としている。これらイージス艦とペトリオット・システムの能力向上は、いずれも従前から保有していた装備品に弾道ミサイル対処能力を付加するものである。

センサーについては、現有の地上レーダーの能力向上型を活用するほか、現在新たに開発中のレーダーＦＰＳ-ＸＸは従来型の経空脅威（航空機など）と弾道ミサイルの双方に対応できる併用レーダーを目指している。指揮統制・通信システムとしての自動警戒管制システムについても同様である[1]。

以上、ＢＭＤシステムはイージス艦とペトリオット・システムの能力を向上させたミサイルに加え、既存及び開発中のＦＰＳ-ＸＸ、そしてこれらを指揮統制する指揮統制・通信システムから構成される。そのうち、ミサイルについては既に米国で実績があるものであり、またレーダーや指揮統制システムについても開発等は順調に進んでいることから、計画が遅れる可能性は少ないものと考える。

ＦＰＳ‐ＸＸは防衛庁技術研究本部が一九九九年に開発に着手し、二〇〇三年度に飯岡支所（千葉県旭市）に開発試験用レーダー一基を完成させた。当初の計画では二〇〇六年度から生産に着手し、二〇〇八年度から四年間で青森、新潟、鹿児島、沖縄の各県に計四基を配備する予定であった。(2)

しかし、二〇〇六年度末に配備を開始する予定だった地上発射型の地対空誘導弾パトリオット・ミサイル（ＰＡＣ‐３）の配備の前倒しを検討する過程で、開発試作用機をレーダー網完成までの「つなぎ」の役割として使用する案が浮上した。開発試験用レーダーは、耐久性などは劣るものの、探知能力に問題はない。ＰＡＣ‐３の配備と同時に、主として北朝鮮の弾道ミサイルの監視に実用化する予定である。

（二）陸海空三自衛隊のエア・パワーを統合発揮できる情報共有と指揮のネットワーク化は進むのか

陸海空三自衛隊のエア・パワー統合発揮のためのネットワーク化は遅れており、残された大きい課題の一つである。これまで、三自衛隊はそれぞれ別個に指揮システムを構築してきた。冷戦時代に想定していた大規模侵攻のような脅威に対しては、三自衛隊でそれぞれ脅威とする対象が異なり、各自衛隊にとって最適化された指揮システムをそれぞれに構築してきたことが、統合化の遅れた一因である。航空自衛隊は敵の航空侵攻をいち早く発見して戦闘機を誘導し高射部隊に情報を与えるためのバッジシステムを、海上自衛隊は日米共同における艦隊間のネットワーク構築のためのデータリンクシステムを、陸上自衛隊は師団レベルでの各部隊の連携を図るための師団指揮システムを、各個

（１）「（２）ＢＭＤシステム整備の概要」(http://jda-clearing.jda.go.jp/hakusho_data/2005/2005/html/1731l100.html)
（２）ミサイル防衛、試験用レーダー実用化…配備前倒し対応」(http://news.goo.ne.jp/news/yomiuri/seiji)

に追求したからである。

今後の予算状況は厳しいものの、三自衛隊を結ぶ指揮・統制・通信・コンピューター・監視・偵察（C４SR）のネットワーク化は真剣に推進されよう。それには幾つかの要因がある。第一に、二〇〇五年度末（三月二十七日）には統合運用態勢への移行が行われるため、このような指揮・統制システムは必要不可欠となるからである。

また、新たな脅威や多様な事態に対応するため、三自衛隊の連携が必要不可欠となったことも一つの要因である。例えばBMDにおいては、迎撃ミサイルを持つ航空自衛隊（PAC-3）と海上自衛隊（イージス艦）はそれぞれ連携して弾道ミサイルを迎撃する必要があり、万一大量破壊兵器を搭載した弾道ミサイルが日本に到達して被害をもたらした場合には、国民を保護しその被害を局限するため陸上自衛隊や最寄りの他部隊への情報提供と連携が不可欠となる。さらに、島嶼侵攻や工作船への対応など、作戦地域におけるネットワーク化は、現地指揮官にますます必要とされるであろう。

さらに、現在の技術動向から見てもネットワーク化は必然である。かつてのホストコンピューターを中心としたシステムから、サーバーによるネットワーク・システムへの移行など、今後の自衛隊の指揮システムを考えるにあたっては、ネットワーク化は技術的必然とも言えるだろう。

統合作戦においては、陸海空自衛隊のいずれかから統合任務部隊指揮官が指定されることから、その軍種の指揮・統制システムを主体として指揮・統制がなされるであろう。真の統合運用のためには三自衛隊のシステム間で間隙のない双方向の情報のやりとりが必要なのである。

(三) 継続して情報を収集できる滞空型無人機（UAV）の早期導入は可能か

防衛庁は、無人機研究システムの開発を進めている。これは、映像情報などのデータを収集・伝達する、いわゆる多用途小型無人機と呼ばれるもので、戦闘機から発進し、偵察後は自ら着陸するものである。二〇〇四年から開発に着手されており、二〇〇七年から試験が行われる予定である。[3]

他方、今年の四月、防衛庁は米国製無人機で高高度滞空型の「グローバル・ホーク」[4]、「プレデター」、低高度短距離型の「ファイアースカウト」、「イーグルアイ」などの性能や運用実態を調べるため、調査チームを米国に派遣、これを受け七月にもまとめる運用構想の概要に、広域監視のためには、より高高度滞空型の無人機が望ましいとの考え方を盛り込むとの報道もある。[5]実績のある米国製の無人機を購入すれば、その導入を現在開発中の無人機よりも早くすることも可能であろう。

無人機はアフガニスタンでの作戦やイラク戦争において実績を挙げているが、まずは日本がどのような無人機を必要とするか、先ずそのニーズを明らかにする必要がある。周辺国の戦略情報を収集するのであればグローバル・ホークのような高々度滞空型が必要である。一方、比較的低い高度を飛行し、解像度の高い画像等を収集するのであれば、低高度短距離形が適している。

米国からＵＡＶを導入することが決まれば、防衛庁が行っている無人機研究システムの開発は中止されるとの報道もあるが、両者は異なる特性を有するものであるから、それぞれを組み合わせて配備することが適当であろう。また、前線部隊ではラジコン飛行機や小型ヘリコプターのような無人機が有効であり、サマワに派遣されている陸上自衛隊の部隊は、ヘリコプター型小型無人機を宿営地の警備のために使用している。

無人機については、日本で独自の開発が進められていること、他方すでに米国に入手可能な機種があることから、

（３）無人機研究システム（平成一五年度　事前の事業評価　政策評価一覧、http://www.jda.go/j/info/hyouka/15/jizen/index.html）

（４）検討の軸となるグローバル・ホークは、ノースロップ・グラマン社製で、民間ジェット機の二倍の高度（約二万メートル）を飛行できる。三六時間以上の滞空が可能で、１機数十億円。また、高高度滞空型ではあるが地上作戦の運用にも有効とされるプレデター（高度約八千メートル）も検討対象に含める。（http://blog.e-airport.info/?cid=11087）

（５）『無人偵察機、「グローバルホーク」軸に導入検討　防衛庁』（http://blog.e-airport.info/?cid=11087）

これらを今後五年間のうちに入手し、それを少しでも前倒しすることは可能であろう。しかしながら、製品として無人機を購入するだけではなく、それをシステムとして導入し、所要の成果を挙げられるようになるには、必要な組織を作って情報分析のフローを確立することも重要である。また、無人機が墜落した場合等の扱いについての法的問題をクリアする課題もあるから、しっかりと議論を尽くして最適な機種を導入する必要があろう。

(四) 情報収集衛星の数を増やしたり、解像度を高くしたりすることはできるか

情報収集衛星は、最終的に光学四基、電波四基の計八基体制とすることが予定されている。現在二〇〇二年に打ち上げられた二基(光学、電波×各一)が情報収集を実施している。三基目以降の打ち上げは、今年度中に予定されていたが、搭載している集積回路(IC)に不具合が発見されたため、部品の取替えや実証試験等のため、二〇〇六年の秋に延期される予定である[6](二〇〇六年九月三号機の打ち上げに成功。四号機は二〇〇七年初頭に打ち上げ予定)。

衛星の数を増やすことにより、所要地域の情報収集の密度をより高くすることが可能となる。所要の地域を常続的に監視するためには最小限四基(光学、電波×各二)を必要とするが、衛星の寿命に伴う交代等で間隙を生じないよう八基が必要とされている。

衛星の解像度は、光学衛星に関しては、現在一メートル程度と言われている。これは解像度が五〇センチメートルとも言われている軍事衛星には及ばないものの、民間で最高の解像度のイコノス(IKONOS)と同程度である(イコノスの最大解像度は八二センチメートルという情報もある)。今後の技術開発により解像度を更に高くすることは可能であろうが、費用対効果の観点や解像度を高くすることで視角(視野)が小さくなることから、日本の三基目以降の光学衛星の解像度は一メートル程度と、これまでの衛星のそれと変わらないかもしれない。

民間の光学衛星による高解像度の画像が入手可能であるから、例えば、日本に対するミサイル攻撃の緊迫度を最終的に判断するため、たとえ高価になろうとも高解像度の光学衛星の入手を追求し、それ以外は民間等から一メートル

程度の解像度の画像を購入することで常続的な画像分析を実施する等との判断もあろう。

（五）先制拒否作戦能力、例えば長射程巡航ミサイルを保有しなければならないのではないか

一九五六年、鳩山首相は、日本をミサイル攻撃から防御するのに、他の手段がないと認められる場合に限り、ミサイル等の発射基地をたたくことは、法理的には自衛の範囲に含まれると答弁しており、この考えは現在でも踏襲されている。日本が弾道ミサイル攻撃を未然に阻止するための先制拒否作戦を行うことは、日本の専守防衛の原則に反するものではない。ただし、「先制」と言っても、相手が日本に対するミサイル攻撃を明言し、その発射準備に着手した場合に限る。

しかしながら、これを現実に実施するにあたっては、二つの側面から分析する必要がある。第一は、先制拒否作戦能力の保有による、周辺諸国への影響である。日本が先制拒否作戦能力を保持することにより、自国の弾道ミサイル攻撃能力を日本に対するバーゲニング・チップとしていた国家にとっては「window of opportunity」（好機の窓）が閉じると同時に、日本からの攻撃という「window of vulnerability」（脆弱の窓）が開き始めることを意味する。

第二は、先制拒否作戦能力の実現可能性である。航空機もしくは長射程巡航ミサイル等による攻撃成功の可否は、いかにリアルタイムで正確な目標情報を取得するかにかかっている。爆弾の命中精度がいかに向上しても、正確な目標情報が得られなければ、爆弾は誤った地点に「正確に」着弾する。米国でさえ、湾岸戦争時のスカッド・ハントの成果が限定的であったことやイラク戦争前に大量破壊兵器の正確な位置を掴んでいなかったことを見ると、これがいかに困難であるか予想に難くない。また、そうして得られた情報を有効に活用するには、戦闘機よりも巡航ミサイル、更には弾道ミサイルと、即応性のある打撃力ほど効果を発揮するであろう。

（6）「情報衛星打ち上げ延期　集積回路の不具合で」（http://headlines.yahoo.co.jp/hl?a=20050825-00000178-kyodo-pol）

ここでは、先制拒否作戦能力として長射程巡航ミサイルを導入する場合について考えてみよう。巡航ミサイルはその命中精度と即応性の両方の特性を有する。航空機による攻撃より柔軟性に欠けるものの、費用対効果の観点からも適切な先制拒否作戦能力である。また、即応性についても弾道ミサイルより劣るものの、例えば、これを水上艦艇や潜水艦に搭載し緊要な海域に展開させることで段階的に抑止効果を高めていくことが可能である。また、正確な目標情報が必要となることは先述のとおりである。

なお、日本が先制拒否作戦能力として弾道ミサイルを装備した場合、東アジアの戦略環境を不安定化しかねないというマクロ的議論も多い。このような考えを否定するものではないが、このような先制拒否作戦能力を有しないことは、常に国民を危険にさらすこととなることを銘記すべきである。日本周辺に大量破壊兵器をバーゲニング・チップとする国家がある以上、東アジアの戦略的安定を損なわない範囲で、先制拒否能力を日本が保持することは必要であると考える。

(六) 中国のエア・パワーは、いつ台湾海峡周辺の力のバランスを崩すことになるのか

二〇〇五年二月、CIA長官は「中国の軍近代化と軍事増強は台湾海峡の軍事バランスを崩し、中国の軍事力は周辺地域での米軍を脅かしている」と、台湾海峡をめぐる中台軍事バランスについて指摘した[7]。また、同年七月には、米国防総省の対中年次報告書で「中国軍の近代化が周辺地域の軍事バランスを危険にさらし始めていると警告するとともに、軍拡がこのまま進めば、長期的には確実に中国は地域の脅威になる」との見通しを示している[8]。

台湾海峡をめぐる中国軍の軍事力の増強による軍事バランスのシフトは、攻撃型潜水艦やロシア製巡洋艦の装備を始めとする海軍力の増強もさることながら、六五〇から七三〇基といわれる、台湾の対岸に配備されたミサイルによるものも大きく、さらにその配備数は年一〇〇基の割合で増加しているという[9]。これに加え、台湾のF-15、F-16やミラージュ戦闘機に対し、中国はJ-10の他、ロシア製のSu-27やSu-30の華南地区への配備を進めている。先述

のミサイル配備と合わせ、二〇二〇年頃には台湾海峡上の航空優勢は中国のほうへ傾くという見方もある。

しかしながら、ここで注意しなければならないのは、エア・パワーは単に航空機やミサイルの数だけでは測れないということである。中国が航空侵攻を実施するためには、台湾の防空網を突破するだけの能力が必要であり、中国空軍がそれだけの能力を持つに至るかどうかは疑問である。ミサイルについては、操縦者の練度といったような問題はないが、台湾がＢＭＤシステムを導入すれば、ある程度、中国によるミサイル攻撃の無効化が図れる。

台湾のエア・パワー（防空能力）が、ある程度の被害を受けることを前提としつつも、中国の恫喝に屈しないという程度に維持されれば、台湾海峡における軍事バランスは当面逆転しないという見方もできよう。

しかしながら、長期的には、中国は国際社会における発言力を強化し、経済発展に見合った近代的軍力を保持するよう、今後とも軍事力を増強していくであろう。したがって、台湾海峡における軍事バランスは、遅かれ早かれ逆転することは必然であるとも考えられる。台湾が先制攻撃能力を持つことにより中国の侵攻を思い留まらせるとしても、中国の都市への報復攻撃能力を保持することは困難で、何よりもそのような施策は台湾をして再度国際社会から孤立させることとなろう。台湾が先制攻撃能力を持つ選択肢はないと言えよう。

したがって、米国は曖昧な態度を採りながらも、台湾海峡における軍事バランスを注視しつつ、緊張がエスカレートしないよう努力するであろう。日本が台湾海峡の緊張が高まった際の対応を考えておく必要があることは言うまでもない。

（７）「中国の軍事力増強、台湾海峡の軍事バランス崩す＝ＣＩＡ長官」（http://news.goo.ne.jp/news/reuters/kokusai/20050217/JAPAN-170113.html?C=S）

（８）「台湾海峡の兵力増強　米国防総省・対中年次報告」（http://news.goo.ne.jp/news/sankei/kokusai/20050720/e20050720001.html?C=S）

（９）同右。

三　日本の航空宇宙産業

(一) 航空防衛力の航空宇宙産業に占める割合

一九五二年三月、連合軍司令部は、日本に対して航空機と兵器の製造を許可した。日本がサンフランシスコ平和条約と日米安保条約を締結することが決まり、朝鮮戦争が激しさを増していた時期であった。その一〇年後、日本の航空産業は、独自に挑戦した民間輸送機YS-11の初飛行に成功した。その時点の生産額は僅か三六五億円に過ぎなかった。

日本の航空産業がその基盤を築いたのは、一九七五年頃で、生産額は三、二六五億円となったが、その九〇%はF-86F、T-33、P-2Jなど、自衛隊が装備する航空機のライセンス生産によるものであった。

その後、対潜飛行艇PS-1、輸送機C-1、支援戦闘機F-1、中東練習機T-4、観測ヘリコプターOH-1の開発、支援戦闘機F-2の日米共同開発などを通じて、日本の航空産業は逐次に発展を遂げてきた。しかしながら、二〇〇三年の航空機生産規模は、九千七十二億円(八三億米ドル、一ドルを百九円として)で、米国の一八分の一、EUの一〇分一に過ぎない。

諸外国に比べ、防衛産業部門を持つ会社における防衛産業の占める割合(防需依存率)は米国等のそれに比べ、低いと言われている。航空機部門を持つ三菱重工及び川崎重工の防需依存率は、それぞれ約一一%及び一四%と言われている。[10]

一方で、日本の航空業界においては、その生産額における防衛庁の需要が占める割合は、二〇〇四年度で六〇・六%となっている。[11]一九七五年度前後には、防衛庁の占める割合が九〇%に近かったことを考えると、日本の航空産業の防衛庁への依存は漸減しているが、依然として高いものと言えよう。また、防衛庁への依存度が減少した分、増加したのは国内開発の民航機のような「内需」ではなく、海外で生産される航空機の部品納入の「輸出」であることには注意を要する。航空機はシステムであり、主翼や胴体の一部といった、個々の部分の生産で高品質を維持することができても、これがシステムとしての航空機全体を製造するノウハウにつながるかどうかは疑問である。

各国の航空機産業は国際共同が一つの流れとなりつつあり、米国でさえもF‐35（JSF：Joint Strike Fighter）では英国等との共同開発を進めている。このような中にあって、日本の航空機産業における防衛庁への依存度が漸減していることは、必ずしも問題であるとは言いきれないであろう。また、やがてC‐X（次期輸送機）やP‐X（次期対潜哨戒機）の生産が始まり、これにより防衛庁への依存度は漸増することが予想される。

（二）航空自衛隊の予算

航空自衛隊の二〇〇五年度予算における航空機及び誘導弾の占める割合は、一二・五％であった（空自予算一兆一、一四六億円中、一、三九六億円）[12]。また、二〇〇六年度概算要求においては、一四・五％である（一兆一、三五七億円のうち、一、六五一億円）[13]。ただし、これには新バッジシステム（ＪＡＤＧＥと呼称）及び航空機の維持運用にかかる経費が含まれていないことから、航空防衛力の構築及び維持運用にかかる経費は、三〇％近くになるのではないかと

（10）「産業の防需依存度」（http://www.mpedia.net/wiki/wiki/%E9%98%B2%E8%A1%9B%E8%B2%BB%E3%81%AE%E4%BD%BF%E9%80%94）。ただし、本データは二〇〇〇年頃のものと思われるが出典は不明。
（11）「平成一六年度版　日本の航空機工業（資料編）」社団法人　日本航空宇宙工業会（http://www.sjac.or.jp/toukei/shiryoshu_h17.3.pdf）
（12）「平成一七年度　防衛力整備と予算の概要」。練習機であるT‐7の取得経費は除外。なお、本資料の電子版（pdf）は防衛庁ホームページ（http://www.jda.go.jp/）。
（13）「平成一八年度　防衛力整備と概算要求の概要」。練習機であるT‐7の取得経費は除外。なお、本資料の電子版（pdf）は防衛庁ホームページ（http://www.jda.go.jp/）。

推察される。

諸外国の空軍等と比較するデータは持ち合わせていないが、例えばＩＣＢＭ等を持つ核保有国においては、その経費も大きなものであるため、航空機や誘導弾の空軍予算に占める割合は空自のそれよりも大きい可能性もある。

(三) 民間輸送機における挑戦と日本の宇宙産業

日本の航空・宇宙産業は、いま長期的な航空産業戦略の構築を必要としている。防衛及び民間航空機の製造は周期的とならざるを得ないので、国際開発・製造への参画により技術的基盤の維持や技術者の育成を図ることが必要である。

これまで行ってきたＹＸやＢ767、Ｂ777など米国の民間輸送機開発への参画は、日本の航空機産業の発展に寄与してきた。いま、炭素ガラス繊維部材やチタン合金などの分野でＢ787の共同開発に参画することが計画されている。また、エアバスＡ300〜Ａ340の生産に部品を提供することによって参画してきた実績を認められ、いまＡ380の生産にも部品を提供することになった。

他方、ＹＳ-11の開発がそうであったように、日本の航空機産業は、新しい技術を駆使し、環境に優しく、ＳＴＯＬ性能の優れた独自の中型ジェット輸送機（おそらく一〇〇人以下の乗客）を開発しようと考えているようである。

日本の宇宙産業は、Ｈ-ⅡＡ（国産ロケットの中核で、ペイロードは四トン、液体燃料ロケット、今後の開発はＪＡＸＡから民間会社に移管される）、Ｍ-Ｖ（科学衛星の打ち上げに使われる、ＪＡＸＡが開発した固体燃料ロケット）、ＧＸ（小型の経済性に富んだ液体燃料ロケット）の三本立てである（ただし、Ｍ-Ｖのプログラムは二〇〇六年度の打ち上げを最後にこれを止めると伝えられている）。その生産規模は人工衛星も含めて二、五六二億円で、航空宇宙産業の二二％である。今後は信頼性と経済性の向上が大きな課題となる。

おわりに

二〇〇五年八月一八日から二五日にかけて、中国軍とロシア軍は、日本の目と鼻の先である極東地域で「平和の使命二〇〇五」と称する大規模な協同統合演習を行った。両国の発表によれば、あくまで上海協力機構（ＳＣＯ）の枠組みの下での紛争を正常化するための行動であるとしているが、参加部隊は両国あわせて兵力九、七〇〇、潜水艦、駆逐艦、早期警戒管制機Ａ－50、巡航ミサイルを搭載できる超音速爆撃機Ｔｕ－22Ｍ（バックファイアー）が投入された。

また、同年九月八日、ロシアのイワノフ国防相は、中国の曹剛川国防相と協議して、空中給油機イリューシンIℓ－78、軍用輸送機イリューシンIℓ－76、超音速爆撃機Tu－22Ｍなど総計三六機、契約総額八億五千万ドル（約九三五億円）の売却契約を結んだとの報道があった。

さらに、九月九日、海上自衛隊のＰ－３Ｃ哨戒機は、海底ガス田の開発を巡って日本と中国が対立している東シナ海の中間線にごく近い中国海域に建設した中国の掘削基地近傍の海域に、中国海軍の新鋭駆逐艦を含む五隻の艦艇が遊弋しているのを確認した。

いま、日本を取り巻く戦略環境は大きく変わりつつある。近い将来、東アジア地域におけるエア・パワーのバランスが崩れて、南沙群島、台湾海峡、東シナ海に緊張が生まれる可能性が懸念される。

他方、北朝鮮の核保有をめぐって行われている「六カ国協議」は、未だに妥結の見通しが立っていない。北朝鮮が核兵器を保有することは、日本にとって最大の軍事的脅威である。（二〇〇六年七月五日、北朝鮮は日本海に向けて計七発の弾道ミサイルを発射した）核兵器を保有しないと決めている日本は、可能な限り早期にＢＭＤシステムを整備するとともに、拒否作戦能力の保有を政治の場で真剣に検討すべき時期にきている。

このような戦略環境の変化に対応して「不安定の弧」の東端を堅固なものとするためには、日米安保体制をより実効的にすることが不可欠である。その第一歩は、米軍のグローバルなトランスフォーメーションの計画と摺り合わせた形で、日本における在日米軍基地、とくに沖縄の基地問題について、日米両国政府が先送りすることなく政治的決断をすることであろう。

第四部　エア・パワーの将来　二〇〇〇年〜

第9章　二一世紀におけるエア・パワーの役割(1)

ベンジャミン・ランベス
永末　聡訳

はじめに

一九九一年の「砂漠の嵐作戦」の開戦以降、エア・パワーは、その信頼性および重要性において目覚しい飛躍を遂げたかの印象を与えた。多国籍軍によるサダム・フセインのイラクに対する航空作戦の成功が示したように、高度な技術力、徹底した訓練、そして適切な戦略の組み合わせが、エア・パワーの武器としての戦略的有用性（strategic effectiveness）を革新的に高めた。このエア・パワーの戦略的有用性の革新は、第二次世界大戦の開戦時に高まったエア・パワーへの期待、その後の一九六五年から六八年にかけての三年以上にわたる北ベトナムに対する「ローリング・サンダー」爆撃作戦におけるエア・パワーの不適切な運用法を経て達成されたものである。確かに、多国籍軍によるイラク上空の「航空優勢」の迅速な獲得、それに続いて、航空・宇宙空間を支配したことで陸上戦における軍事目標の迅速な達成が可能になったことは、多くの人々の目には、エア・パワーの最終的な成熟期の到来を告げるものに映った。

湾岸戦争の開戦時に実施された航空作戦の成功が、その後の戦況の流れを決定する影響を持ったことは疑いの余地はない。イラクの指揮・統制施設や統合航空防衛システムに対する多国籍軍の戦端時の攻撃は、一様に成功を収めた。多国籍軍は、暗闇の中で無線を用いながら約八〇〇回に及ぶ戦闘出撃を行い、軍事的に最も重要なイラク国内の攻撃目標に対して爆撃を加えた。この時の出撃において多国籍軍が失った航空機は、僅かアメリカ海軍所属のF／A-18の一機だけであった。この航空機は、おそらく、イラクのMiG-25が発射した多くのミサイルの一つが偶然命中して撃墜されたものと考えられる。そして、その後の三日間、多国籍軍による航空攻撃は、イラクの戦略および作戦レベルの資産の全てに攻撃を加えた。こうして、多国籍軍は完全な制空権の獲得に成功し、その結果、イラクの航空基地、陸軍、その他の軍事的に重要な攻撃目標に対し、イラク側から攻撃を受けることなく自由に航空作戦を遂行することができた。

湾岸戦争後、空軍関係者はもとより、多くの人々がこのような一方的な勝利を収めることができた主な理由を、多国籍軍のエア・パワーに帰する傾向が急速に強まった。アメリカ上院議員のサム・ナン氏は、当初、ブッシュ政権がクウェートを解放する目的で戦争を開始したことに懐疑的であったのだが、その後、湾岸戦争の結果を「新時代の戦争」の到来を告げるものであると賞賛した。[2] 湾岸戦争の終結から三年後、ジョンズ・ホプキンズ大学高等国際問題研究大学院（ＳＡＩＳ）のエリオット・コーエンは、「多国籍軍が最終的な勝利を獲得するためには陸上部隊による仕上げの軍事攻勢が必要とされたとは言え、エア・パワーはこの陸上部隊による仕上げの軍事攻勢をできる限り楽に遂行し易くする役割を果たした[3]」との意見を述べた。アメリカ空軍が設置した「湾岸戦争エア・パワー調査」を取りまとめた経験を持つコーエンは、湾岸戦争における輝かしい戦果の結果、エア・パワーは、一般の人々の心にはほとんど神秘的な雰囲気を帯びるものとして映るようになったとも述べている。

これ以降、不透明な問題が発生し、また、ほとんど前例のないほどに財政が逼迫した状況において、各軍種の軍隊に対してどのような作戦上の役割を与え、どのように予算を配分するのが最適であるのかという問題をめぐって、世界各国の主要な首都で激しい議論が起こるようになった。「砂漠の嵐作戦」において多国籍軍の航空作戦が果たした主導的な役割やエア・パワーが見せた輝かしい戦果の結果唱えられるようになった遠大な意見を考慮すれば、各軍種の軍隊の役割と予算の配分をめぐる論争が、問題の主要な避雷針として、エア・パワーに収斂したのも当然のことで

（１）本論は、以下の国際会議で発表するために準備したものである。The Second International Conference on "Korean Air Power : Emerging Treats, Force Structure, and the Role of Air Power," sponsored by the Center for International Studies, Yonsei University, Seoul, Republic of Korea, June 11–12, 1999.

（２）Patrick E. Tyler, "U. S. Says Early Air Attack Caught Iraq Off Guard," *New York Times*, January 18, 1991.

（３）Eliot Cohen, "The Mystique of U. S. Air Power," *Foreign Affairs*, January/February 1994, p.111.

あった。この論争の核心は、先進諸国が地上軍を展開することなく戦場における目的を達成し、友軍（自国軍や同盟諸国の軍）の犠牲者の数を最小限に抑えるためには、空中から発射されるスタンドオフ（遠隔）型の精密誘導兵器に、今やどの程度信頼を置くことができるのかという問題である。

このような状況を背景に、本論は、一九八〇年代半ばから起こったエア・パワーの質的な変革の性質とその意義に関する筆者の見解を示すとともに、エア・パワーが新たに獲得した力・長所と以前から引き続き有している限界をバランスよく描写したい。本論は、大規模な戦域で戦われる戦争の枠組みにおけるエア・パワーの能力に焦点を当てる。したがって、郊外戦闘のような、組織化されずかつ機械化されていない軍隊を敵側が小規模の軍事活動や不正規軍を用いて展開する紛争に関しては、本論の考察から除外する。(4) 本論の目的は、現在の防衛計画において急速に中心的な課題になりつつある問題をより良く理解するための土台を提供することである。すなわち、具体的には、敵の軍隊に関する情報を獲得、処理、伝達する能力が最近そしてこれから飛躍的に向上することのインプリケーション、および、敵の軍隊を航空から発射される精密兵器で攻撃することのインプリケーションを考察することが、本書の目的である。

考察を始める前に、ここで、航空宇宙パワーの簡潔な表現であるエア・パワーが一体何を意味するのか明らかにするために、互いに関連し合う三つの定義を提示する必要があるであろう。第一に、エア・パワーは、素人や職業軍人の双方が時折思い描くような典型的なイメージとは違い、戦闘用の航空機（例えば、「砂漠の嵐作戦」において予期せぬほどの戦果を挙げて脚光を浴びた「攻撃用の戦闘機」）を単に意味するものではなく、また、空軍の有するハードウェアの総合的な資産（兵器体系）を意味するものでもない。むしろ、エア・パワーは、その全体性という性質上、ハードウェア全体の資産、および、運用ドクトリン、軍事活動のコンセプト、訓練、効率性、リーダーシップ、適応性、そして実際上の経験など、ハードウェアほど実体はないが、同じく重要な軍事的有用性に関係する諸要素を融合した一連の組み合わせから構成されている。これらの関連する「ソフト」な諸要素は、表面上は同じような任務の軍事活動を遂行し、あるいは全く同じ種類の兵器を使用している場合ですら、世界中の空軍ごとに重要とされる度合いが大きく違う。しかしながら、よくある事ではあるが、「ソフト」な諸要素は、一般的に「航空能力（air capability）」分析として認められている分析方法においては、ほとんど注意を払われていない。しかし、究極的には、「ソフト」な諸要素を総合した効果によってのみ、未処理・未加工のハードウェアが望ましい戦闘結果をどの程度もたらすことに成功するのか決定することができるのである。

第二に、エア・パワーは、その機能の面から言えば、戦場に関する情報やインテリジェンスと分けて考えることのできないものである。一九八〇年代後半から顕著になったエア・パワーの殺傷能力および戦闘的有用性の劇的な向上のために、一つの攻撃目標を破壊するためにどれだけの数の出撃回数が必要なのかという割合を伝えるより、むしろ一回の出撃回数で発生する犠牲者の数の割合を伝えることが、正しい態度であり、ますます流行になってきた。しかし、エア・パワーは、単に敵の攻撃目標を攻撃・破壊するだけでなく、それ以上の機能を含んだ概念である。同じように、エア・パワーは、何を攻撃するか、あるいは攻撃目標はどこにあるのかということを見つけ出す機能を含んだ概念でもある。エア・パワーは、見ることができるもの、確認できるもの、そして交戦できるものは何であれ破壊することができるというのが、今やほとんど決まり文句のようになっている。しかし、エア・パワーが、見ることができ、確認でき、そして交戦できるものだけしか破壊することができないということは、それほど一般に広く知られていない。このように、エア・パワーとインテリジェンスは、同じコインの表と裏の関係にある。もしインテリジェンスに欠陥があれば、エア・パワーも同じように失敗する可能性が高い。まさにこの理由により、敵国とその軍の資産についての正確かつタイムリーで包括的な情報は、統合戦争においてエア・パワーが目覚しい戦果を挙げるための極めて重要な支柱であることはもとより、そのような戦果を確実にするための必要不可欠な前提条件でもあるのである。

（４）後者のケースにおけるエア・パワーの役割に関しては、Alan Vick, David T. Orletsky, Abraham Shulsky, and John Stillion, *Preparing the U. S. Air Force for Military Operations Other Than War*, Santa Monica, California, RAND, MR-842-AF, 1997を参照。

このことが意味するのは、将来の航空作戦の計画官は、自分たちの遠大な目標を達成するための前提条件として、正確かつリアルタイムのインテリジェンスを現在以上に必要とするであろうということである。

第三に、エア・パワーは、適切に理解すれば、各軍種の軍隊の制服の色には関係のないものである。空軍が所有する航空機、爆弾・弾薬、各種センサー、その他の能力はもとより、海軍が所有する航空機および陸軍が所有する攻撃用ヘリコプターや戦場用のミサイルなどを全て包括したものが、エア・パワーである。この点に関して、多国籍軍が「砂漠の嵐作戦」において最初に使用した兵器が、F-117ステルス戦闘機から発射されたレーザー誘導爆弾ではなく、アメリカ陸軍のAH-64アパッチ攻撃ヘリコプターがイラクの航空防衛のための警戒前進施設に向けて発射した一発のヘルファイアー・ミサイル（Hellfire missile）であったという事実は、強調してもいいだろう。この例が見事に示しているように、エア・パワーは、宇宙戦および情報戦などの支援体制を含む、敵国にある攻撃目標を爆撃するために航空および宇宙の空間を最大限に利用するために用いられる全ての戦闘要素を創造的に活用することを含んだ概念である。航空戦は全ての軍種の軍隊がそれぞれ果たすべき重要な役割を持っている活動であるという事実を理解し、認めることが、統合戦争におけるエア・パワーの変化しつつある役割を適切に理解し、順応するための必要かつ重要な第一歩である。

本論では、「戦争以外の軍事作戦（military operations other than war）」における機動性やエア・パワーの関連性といった、エア・パワーに関する構成要素の全てを考察の対象としない。その代わり、本論では、統合戦争において組織化されかつ機械化された敵の軍隊に対してエア・パワーが効果的な攻撃能力を持つのかという問題に焦点を当てる。なぜなら、一つには、陸上部隊（陸軍）と比較するとエア・パワーが大きな犠牲・利害関係を伴うために世界中の防衛論争において最大の争点となっているからであり、一つにはこのエア・パワーの効果的な攻撃能力が全体的なレベルの戦闘力に影響を及ぼすため、今や戦域司令官に新たな可能性を提供しているからである。エア・パワーがあらゆる局面において一様に適応できると総括することはできない。というのも、エア・パワーが統合戦争に対して貢献できる役割は、決定的なものから無関係なものまで様々であり、エア・パワーの統合戦争における貢献度は、その時の戦域司令官が直面している特殊な環境によって違ってくるからである。とはいえ、現在起こりつつある、また将来起こることが予測されるエア・パワーによる通常型の攻撃オプションは、スタンドオフ（遠隔）型の兵器を用いてほとんど自軍が損害を被ることを心配することなく、敵の地上軍と交戦し、これを撃滅あるいは無力化する機会を統合軍の司令官に直接与えることで、広大な戦域で戦われる戦争において、今や戦略レベルの効果を挙げることが期待できるようになったとの筆者の見解が、本論で示されるであろう。このことにより、エア・パワーが運用されない場合に、戦力を保持したままの敵の地上部隊と直接交戦しなければならず、したがって、これまで大きな犠牲を払う危険を冒していた友軍に対する脅威が減じることになった。この戦闘能力における変革こそが、最近のエア・パワーが成熟した本質と言うべきものである。

一　「砂漠の嵐作戦」の遺産

時が経過するにつれて自然に生まれるようになった視野の広い立場から考えれば、一九九一年の湾岸戦争における多国籍軍の戦争指導は、決定的な戦略的成功とは程遠いものであったと多くの専門家によって指摘されるようになった。開戦前に多国籍軍の指導者が唱えた誇大な目標、例えば、コリン・パウエル統合参謀本部議長がイラク軍について述べた「まず我らはイラク陸軍を分断し、それから各個殲滅させる」という大胆な主張をはじめ、イラクが密かに保有するとされた大量破壊兵器の製造能力を破壊するというＣＥＮＴＣＯＭ（中東司令部）が宣言した目標は、ともに実現されなかった。これに加えて、多国籍軍の航空・地上部隊が戦闘開始から一〇〇時間経過した時に、つまり、戦争の搾取の局面と軍の関係者が呼ぶ段階を最大限に活用しようとするまさにその時に、突然、陸上戦を終了した決定の是非をめぐって、正当かつ活発な議論が巻き起こった。もし多国籍軍が空と陸上からの共同攻勢をせめてあと二四時間から四八時間強行していれば、長期的に見てどのような違った結果が生まれたであろうと、今度数年の間に専門家が論争を続けることは間違いないであろう。

しかし、エア・パワーの運用に関するより限定的な行使について見れば、「砂漠の嵐作戦」は、決して決定的でない軍事作戦ではなかった。それどころか、戦闘の準備を万端に整えていた敵国の上空において、多国籍軍は航空資産をフルに活用することで迅速に航空優勢を獲得することに成功した。同様に、多国籍軍の地上軍が、僅か一〇〇時間の軍事作戦で、事実上一人の犠牲者を出すこともなく勝利を収めることができる程度に敵の地上軍を弱体化させたことは、エア・パワーの刮目に値する業績であり、これにより、「砂漠の嵐作戦」は、エア・パワーの成功物語のリストにその名が掲載される名誉が保障されたと言えるだろう。確かに、エア・パワーが多国籍軍の地上軍の犠牲者を驚くほどに最小限に抑えることに成功した事実は、近代戦において航空から発射される兵器と地上から発射される兵器との間の関係について根本的に新しいアプローチを考える時が到来したことを予感させるものである。エア・パワーがイラクの地上軍に対して極めて破壊的な影響を与えた事実が例証しているように、今や近代戦は、リアルタイムの偵察と精密攻撃能力の組み合わせによってのみ可能となった。このような変化の一つの側面が、（古典的な消耗戦を通じてではなく）相手の軍隊の機能を麻痺させる効果（*functional effects*）を通じて相手の軍隊を敗北させるようになった相乗効果である。ちょうどかつてのシード（SEAD）作戦がイラクが持っていたレーダー誘導のSAM（地対空ミサイル）を麻痺するために物理的に破壊するのではなく、その操縦者に脅しをかけてレーダーにチューニングさせないような状況に追い込んだように、Joint STARS（統合捜索攻撃レーダー・システム）やその他のシステムの開発により可能となった精密攻撃は、潜在的な敵国の陸軍に対して、夜間でさえ安全な場所はなく、また隠れる場所もないことを思い知らせることになった。同時に、潜在的な敵国の陸軍によるいかなる移動の試みも、一様に迅速かつ破壊的な攻撃を招くことも明らかになった。

興味深いことに、新しい技術や新しい軍事作戦のコンセプトによって可能となった統合戦争におけるエア・パワーの注目すべき重要性に関して、最も深い洞察力を示した専門家の何人かは、ロシアの防衛担当の専門家であった。彼らは、軍備や軍事ドクトリンをイラクに与えた主要な提供者であったために、「砂漠の嵐作戦」を間近で観戦することができた。湾岸戦争を最も適切に一般化したコメントの一つは、戦争が終結して間もなく退役したロシア陸軍のＩ・ヴォロブエフ少将によるものである。「歴史上初めて、我々は、（一〇〇万人を超える）陸上部隊の兵士から編成された大規模な軍団が、突如として任務を遂行できなくなった事例を目の当たりにした。」ヴォロブエフは、このコメントに加えて、「砂漠の嵐作戦」によって敵を撃滅するうえで「攻撃能力が果たした決定的な役割」——彼はエア・パワーのことに言及していると思われるが——が強調されるようになったとも述べている。エア・パワーがこのように決定的な役割を果たしたことがこれほど鮮明な形で実証されたことは、以前に行われたどのような軍事作戦においても今まで例がなかった。軍事作戦における攻撃の最初の段階は、長期にわたる空爆によって遂行されるようになった。その結果、イラクの防衛体制が完全に破壊されたため、敵の要塞化された強固な陣地を崩すために攻撃を加える必要はなくなったのである。[5]

当時退役して参謀アカデミーの戦略担当教授の職にあったソヴィエト陸軍のウラディミール・スリプチェンコ少将も、ヴォロブエフと同趣旨の見解を示した。湾岸戦争が終結してほどなく、スリプチェンコは次のように述べた。「湾岸戦争は、航空攻撃がそれ自体で勝利のための基礎となる事実を論証した（筆者注——勝利そのものではなく、勝利のための基礎となることに注意せよ）。『砂漠の嵐作戦』においては、エア・パワーが勝利をもたらした。なぜなら航空優勢がまさに開戦時から戦争の様相を変質させたからである。[6]」この点を敷衍して、ロシア空軍の司令部付けの参謀長のアナトリ・マリユコフは、次のような正論を述べた。「『砂漠の嵐作戦』においては、古典的なエア・ラン

（５）Major General I. Vorobyev, "Are Tactics Disappearing?" *Krasnaia zvezda*, August 14, 1991.
（６）Major General Vladimir Slipchenko, "What Will There Be Without Icons?" *Voennoistoricheskii Zhurnal*, No.6, 1991, p.70.

ド・バトル（AirLand Battle）はなかった。なぜか。重要な点は、この戦争は…（中略）…当初から明らかに航空戦として計画的に遂行されたものであり、その目的は、航空攻撃によって敵を疲弊させ、敵の指揮システムを混乱させ、航空防衛システムを破壊させ、そして地上軍の攻撃能力を弱体化させることであった。そして、これらの目的は達成された。概して言えば、我々は、航空機がほとんど全ての主要な任務を遂行した初めての戦争を目撃したのである。[7]」

技術力を「砂漠の嵐作戦」における英雄に祭り上げ、そして多国籍軍によるあのような一方的な勝利は技術的な魔法によってもたらされたものであると結論づける主張は、現在でもある方面の消息筋から繰り返し唱えられている。しかし、そのような技術至上主義の結論は、いったん歴史家に考察する機会が与えられれば、例外なく間違いであることが分かるであろう。確かに、多国籍軍が見せつけたイラクに対する技術的な優位性が、湾岸戦争の帰趨や結果を規定するうえで重要な違いをもたらしたことは疑いの余地はない。同じく、「砂漠の嵐作戦」という比較的楽な軍事活動を成功させるうえで、多国籍軍が所有していた少数のいわゆる「特効薬・魔法の解決策（silver bullets）」が、使用された数に比べて遥かに大きな効果を挙げたことも事実である。ここで言う「特効薬・魔法の解決策」には、F-117、HARMミサイル、F-4Gに搭載されたAPR-47脅威センサー、レーザー誘導爆弾、Joint STARSおよびその他の航空機、弾薬、そして統合システムなどが含まれる。もしこれらの「特効薬・魔法の解決策」が存在しなかった場合には、湾岸戦争は、多国籍諸国にとって遥かに大きな犠牲を伴う戦争になったであろう。

しかしながら、このような技術至上主義の見解には、重要な修正を施す必要がある。故レス・アスピン国防長官が下院の軍事委員会の委員長であった時、この問題に関連して以下の二つの注目すべき見解を委員会で証言した。「第一に、［湾岸戦争で使用された］兵器は首尾よく機能し、懐疑論者の見解が間違っていることが明らかになった。第二に、我々は、全ての兵器の個々の組み合わせよりも、統合して使用する時の方が兵器の効果を最大限発揮できるように、兵器の使用を調和させる方法を学んだ。[8]」アスピンの証言の二番目の論点は、一番目の論点に劣らず重要である。ほんの一つの例を挙げるが、確かに、誰に聞いても、F-117は、戦術的な奇襲を成功させ、また陸上からの敵の攻撃の犠牲者になった多国籍軍の兵士の数を最小限に抑えるうえで必要不可欠であった。しかしながら、「砂漠の嵐作戦」を最終的な勝利に導いた真の軍事力の相乗効果は、戦略策定者が多国籍軍の有していた様々な軍事資産を共同作戦の形で活用したことによって生まれた。

つまり、高い技術力は、「砂漠の嵐作戦」において多国籍軍が勝利を収めるうえで重要な要素ではあったが、決定的な要素ではなかったのである。より優れた訓練、士気、効率性、リーダーシップ、戦術上の賢明さ・抜け目なさ、そして、作戦を実施する時の大胆さ、これらの全てが、高い技術力に劣らず最終的な結果を生み出すうえで重要な役割を果たした。張り詰めた緊張感の中で試される航空隊員の技量と適応能力が、航空作戦の結果にとってどれだけ重要なのかを理解するためには、以下の全ての任務を滞りなくバランスを取りながら行なうことが途方もなく難しいことを考えるだけで十分であろう。つまり、四〇〇機もの数の多国籍軍の戦闘機を離陸させ、夜間に無線封止の状態で配列させ、また多くの場合数回の給油をさせ、これらの活動を行なうと同時に、予定がぎっしり詰まったスケジュール表に沿って、空中衝突やその他の破滅的な事故の発生を回避することは言うまでもなく、給油機の接続を一回も失敗することなく、これらの全ての任務を航空隊員は遂行しなければならないのである。これらの、そしてその他の無形の要素なしには、世界中の技術を集めたとしても何の意味もないのである。

(7) Interview with Lieutenant General A. Malyukov, "The Gulf War : Initial Conclusions–Air Power Predetermined the Outcome," *Krasnaia zvezda*, March 14, 1991.
(8) Representative Les Aspin, "Desert One to Desert Storm : Making Ready for Victory," address to the Center for Strategic and International Studies, Washington, D. C., June 20, 1991, p.5.

二　エア・パワーの本質の変化

「砂漠の嵐作戦」が比較的迅速に成功を収めたことが鮮明に証明したように、湾岸戦争の開始よりも一〇年前から、航空兵器の効率性および破壊力において大幅な発展が見られた。これらの航空兵器の改善の多くは徐々に発展したものであるが、幾つかの改善については、戦果を挙げる点においてまさに画期的な進歩と言えるものであった。そして、これらの兵器の改善が、多国籍軍の統合作戦がイラクに対して比較的容易に勝利を収めるこができた理由の多くを説明してくれる。エア・パワーが果たした効果的な役割は、①技術の進歩、②訓練の大幅な列度の向上と現実主義、そして③戦争の作戦レベルに焦点を当てた着実に強化されたリーダーシップの三つの組み合わせにより生じたものである。

これらの三つの発展の結果、エア・パワーは、潜在的な結果をもたらす点において、真の意味で戦略レベルの効果を持つ水準にまで成熟した。このようにエア・パワーが戦略レベルの効果を持つということは、ステルス機能を備えた非常に正確な目標への戦闘能力および格段に改善した戦場情報の収集能力が登場する前には考えられなかった。以前の航空作戦は、あまりにも多くの航空機をあまりにも高い損害率に耐えて、それでもあまりにも少ない戦果しか挙げることができなかったという簡単な理由から、作戦・戦略レベルにおける効果は限られていた。これとは対照的に、今日、エア・パワーは戦闘の開始直後からそのプレゼンスが直ぐに認知され、敵側に影響力を強要することができるようになったために、統合作戦の開戦後の戦況や結果を規定するような支配的な影響力を持つ可能性が出てきた。

第一に、ほんの最近に行われた航空作戦の規模と比較しても、現在では、航空機を大規模に集めることはもはや必要ではなくなった。敵のレーダーに補足され難い航空技術の向上や、敵の固定された攻撃目標および移動中の攻撃目標を一発の爆弾で破壊もしくは無力化できる能力の向上によって、ベトナム戦争時に典型的に必要とされた攻撃航空部隊と支援航空部隊を組み合わせた何とも仰々しい部隊を編成する必要が消滅したのである。北ベトナムの上空の航空戦でアメリカ空軍・海軍が日常的に展開していた大部隊による航空編成は、任務を遂行するのに必要なだけの航空機が、望ましい結果を達成するのに必要な数の爆弾を攻撃目標の上空に運ぶことを確実にするための唯一の方法であった。しかしながら、今日においては、大幅に向上した戦場の認識力、目覚しく上昇した航空機の生存率、そして急速に上がった攻撃兵器の精密度によって、実際は大量の航空機を集めることなく、あたかも大量の航空機を集めた場合に発揮されるような効果を挙げることが可能となった。このため、今や、エア・パワーは以前なら達成することができなかった効果を生み出すことができるようになった。ここで、エア・パワーをめぐる唯一の問題は、戦略爆撃が行われた昔の時代に問われた問題とは違い、これらの効果を挙げることができるかどうかという実行可能性の問題ではなく、そのような効果がいつ実際に現れるのかという時間・タイミングをめぐる問題である。

確かに、大量の航空機を集めることなく、あたかも大量の航空機を集めた場合に発揮されるような効果を挙げる能力は、エア・パワーの新たな潜在能力を示す本質の大きな部分を占めている。そして、このことは、攻撃航空部隊と支援航空部隊を組み合わせた古典的な「ゴリラ」編成部隊が活躍した時代が過ぎ去ったことを意味する。少なくとも、開戦当初に敵の統合防空システムが無力化された後に引き続いて行われる作戦段階においては、そのような大規模な編成部隊が活躍するような時代が終わったことは確実に言えるだろう。今や、攻撃目標に対する精密性の向上によって、少なくとも理論的には、発射されるほとんど全ての武器が、任務効率性（mission-effective）であることが可能になる可能性が開かれた以上、エア・パワーをどのように使用し、どのような場所で使用するのが最適なのかを知ることで、与えられた任務を遂行する際に必要とされる出撃回数を減少させることができる。

この発展の流れに関して、イギリス空軍のトニー・メーソン退役空軍少将は、エア・パワーは、その揺籃期に活躍したエア・パワー至上主義者が夢に描いた目標を未だに達成しておらず、また、多くの状況において地上戦闘の必要性を除去することにも成功を収めていないと論じている。ところが、メーソンは、エア・パワーの近代化においてさらに可能性のある目標は、「エア・パワーの運用後において、格段に兵士数の少ない陸上部隊が、格段に少ない犠牲者しか出すことなく、また格段に少ないコストで、戦果をさらに拡大できるような[9]」状況を作り出すことにあるべきであると提案している。奇襲攻撃によって獲得した戦果を基礎にすることで、また同じく、「砂漠の嵐作戦」において多国籍軍による航空作戦でイラクのＩＡＤＳ（統合防空組織）や陸上部隊に強要したように威嚇（intimidation）を通じてある種の麻痺状態を作り出すことで、エア・パワーは、敵側がその目的を軍事力を用いて追求する能力を無力化することができるようになっただけでなく、敵側が友軍の陸上部隊による反撃に抵抗することができないような状況に追い込むこともできるようになった。この新たに獲得されたエア・パワーの潜在能力によって、陸上部隊の司令官は、正面攻撃によって被ることが予測されるコストが容認できる水準になるまで、敵の陸上部隊と直接対峙する形でそのような正面攻撃を実行しなければならない重荷から解き放たれた。

しかしながら、ここで、上述の議論の妥当性に関して重要な留保を付け加えるならば、エア・パワーは、今後発生することが考えられる安全保障上の全ての問題に対して解答を提供する普遍的に適用可能な道具になった訳では決してないのである。それどころか、統合軍の司令官が直面すると考えられる状況の範囲は、あまりにも広範かつ多様過ぎて、一つの軍種の軍隊が常に支配的な力を全面的に発揮するようになると確信を持って決して言うことはできない。この点に関して、あるアメリカ陸軍の士官が湾岸戦争の終了から間もない頃に所見を述べたように、一連の多様な不測の事態が将来において偶発的に発生することが予測されていることが示唆するのは、「どの軍種の軍隊が次に起こる紛争において中核的な立場を占めるのかを誰も確信を持って予測することはできない」ということである。これに続けて彼は、「状況に応じて必要とされる軍隊を作り上げて展開させることができるように、バランスの取れた軍隊が必要であるし、また断固とした意志を持って一元的に統率する司令官[10]」が必要なことを説いている。

この問題に関し、メーソン空軍少将は図表を用いてエア・パワーの概念上の枠組みを示しながら説明を加えている。このエア・パワーの概念上の枠組みは左右に極を持つ細長いものであり、一方の極に「砂漠の嵐作戦」型の典型的なモデルが置かれている。そして、「砂漠の嵐作戦」型では、攻撃目標は接近し易く、またそれが相手国にとって重要な価値を持つものであり、地勢は広大でしかも障害物がない砂漠であり、天候は概して良好であり、直ぐに利用できる軍事基地が存在し、さらに軍事作戦に対して国内および海外の政治的支援が揺るぎ無く確保されているというケースが想定されている。これに対し、もう一方の極に置かれているのが、遥かに困難を伴う「ボスニア」型のモデルである。この「ボスニア」型のモデルでは、攻撃目標が移動可能であり、またそれが相手国にとって低い価値しかないものであり、地勢は樹木の茂った山岳地帯であり、天候はたびたび険悪になり易く、さらには政治的な支援は遥かに脆いというケースが想定されている。エア・パワーの運用に関するその他の事例については、メーソンは、エア・パワーの有用性および航空優勢の観点から、一九六七年の六日間戦争（第三次中東戦争）、一九七三年のヨム・キプール戦争（第四次中東戦争）、そして一九八二年のベカ・バリー軍事作戦を「砂漠の嵐作戦」型のモデルに限りなく近い事例であると指摘し、一方、ソマリアや最近実行されたその他の平和維持のための軍事活動を「ボスニア」型のモデルにより近い軍事活動だと論じている。[11] ソマリアやその他の平和維持のための軍事活動の事例については、「デリバリット・フォース作戦（Operation Deliberate Force）」で最終的にはボスニアのセルビア人勢力を強制して武器を放棄させ休戦に応じさせるに際して補助的な役割を果たしたという例外は確かにあるが、エア・パワーが、陸上で起こっている事態の進行に対して限定的にしか対処できないことが明らかになった。

　エア・パワーの有用性を制約するもう一つの制限因子を説明するために、一九九一年の湾岸戦争の作戦レベルの環

（9）Air Vice Marshal Tony Mason, RAF (Ret.), "The Future of Air Power," address to the Royal Netherlands Air Force, Netherlands Defense College, April 19, 1996, p.4.
（10）Lieutenant Colonel Joseph J. Collins, USA, "Desert Storm and the Lessons of Learning," *Parameters*, Autumn 1992, pp.87–88.
（11）Air Vice Marshal Tony Mason, RAF (Ret.), *Air Power : A Centennial Appraisal*, London, Brassey's, 1994, p.xiii.

境が、エア・パワーの効率的な運用にとってほとんど前例のないほど多国籍軍に有利だった点を挙げることが適切だろう。朝鮮戦争の事例のように、エア・パワーの運用が困難になる可能性がある将来の紛争では、戦闘の形勢は湾岸戦争の時のように必ずしも有利には展開しないであろう。ここで、湾岸戦争との類推は突如意味を持たなくなり、同じくここから、空軍と陸軍の兵士が相互に依存しなければならないという理由により、互いに尊敬し合う必要性が急速に高まる。エア・パワーは、これから発生するいかなる戦争においても成功の鍵を握る要素であり続けることはほとんど間違いないのだが、とはいえ、そのような戦争が、「砂漠の嵐作戦」のように、三〇〇人を下回る友軍の戦闘犠牲者の数しか出すことのないような比較的贅沢な環境の下で戦われることはないであろう。第一に、朝鮮半島において北朝鮮はおそらく生存を賭けて必死で戦うであろうし、しいては、大量破壊兵器を使用するかあるいはその使用を目指すことが予想される。しかもこれに加えて、朝鮮半島のように、非武装地帯の非軍事境界線を挟んで五〇万人以上の両軍の武装兵士が即時の攻撃態勢で控えているような場所で戦争が勃発すれば、開戦当初から陸上で接近戦が行われることは避けられない。

もし朝鮮半島で全面戦争が勃発すれば、エア・パワーが連合軍のために北朝鮮の上空で制空権を確立するという予測は、全くその通りであろう。同じように、北朝鮮軍の機甲部隊による攻撃の効果を弱め、敵の戦域ミサイルやその発射装置を消耗させ、さらには敵軍を強制して地下に待機させることで戦場における状況支配を獲得することによって、エア・パワーが戦闘中の友軍の戦死者の発生率を抑えることに一役買うこともあるだろう。さらに、エア・パワーは組織的な「掩蔽壕撃ち (bunker plinking)」に運用することもできると思われるが、北朝鮮の地下施設の多くは航空攻撃が届かない十分に深い場所にあるために、連合軍の陸上部隊が実際に敵の領土に入って地下施設の場所を掘り探すことが必要になるであろう。しかしながら、疑いなく、エア・パワーだけで北朝鮮軍の機甲・機械化された歩兵部隊による侵略を食い止めることはできない。「砂漠の嵐作戦」の時のように、エア・パワーによる連続攻撃が敵の陸上部隊に四〇日間降り注ぐ間、敵側が反撃を全く試みないという状況は現れないであろう。それどころか、そのようないかなる戦争においても、連合軍の全ての部隊が加わる凄まじい大規模な戦闘が繰り広げられることが予想される。

最後に、戦略的航空攻撃が、敵の戦争継続の意志を粉砕し、また敵の政治レジームを崩壊させることができると期待してはならない。これらは、もはやエア・パワーの目的として追求する必要はない。なぜなら、今や「戦略攻撃」によって敵の軍事力の手段を直接攻撃することができ、事実上、敵の意志に関係なく、敵から作戦上の戦果を挙げるためのいかなる能力を奪い取るようになったからである。これらの軍事力の手段におけるエア・パワーの有用性の高まりが意味するのは、統合軍の司令官が、もはやあらゆる場面で敵軍を粉砕する必要はなく、単に、明確に定めた目標に従って敵軍の集団活動の能力を混乱させるだけで十分になったことである。同様に、あらゆる場面において、攻撃目標やそのシステムを完全に粉砕する必要はなく、その攻撃目標の機能を破壊することによって単に攻撃目標やそのシステムの全体を無力化するだけで十分になったのである。

エア・パワーが引き続き抱えている限界が十分に認識されているにもかかわらず、それでも、武器としてのエア・パワーは、その究極の運用者である統合軍の最高司令官にどのような利益をもたらすのであろうか。つまり、今や、統合軍の最高司令官によるエア・パワーの効果的な運用の程度は、作戦レベルの現場のニーズにどれだけ応えられかという能力に正比例することが予測されている。第一に、そして最も重要な点だが、一九八〇年代半ば以降に見られたエア・パワーの能力における変革の成果（pay-off）としては、味方の軍に関する状況把握能力が向上する一方で、そのような能力を敵に与えないようになった点が挙げられる。航空・宇宙空間で展開されているインテリジェンス・監視・偵察（ＩＳＲ）能力によって、今や、統合作戦に従軍している全ての指揮を司る上層部が、大幅に精度が向上した戦場の状況に関する知識を得ることができるようになった。アメリカ海兵隊のポール・ファン・リッパー退役中将などの地上軍の戦闘員は、例えば、「部隊の集結地域の地下室に展開している敵の歩兵中隊」を発見・識別する能力、あるいは「村のマーケットの雑踏の中に紛れ込んでいる一二人のテロリスト集団」を発見・識別する能力こそ重要であると主張している。[12] しかし、航空・宇宙空間で展開されているインテリジェンス・監視・偵察能力は、少なくとも現時点では、この彼らの正当な懸念を払拭するものではない。とはいえ、航空・宇宙空間で展開されているインテリジェンス・監視・偵察能力がもたらす詳しい情報に基づいて、統合軍の司令官は、広大な戦場を移動中の敵の大規模な機械化部隊に対して適切な判断を下すことができるようになった。様々な限界・問題があるにもかかわらず、そのような情報に基づく優位性は、目標に対する攻撃能力において飛躍的な進歩をもたらし、また、精密攻撃システムと同時に運用すれば、非常に強力な戦力の乗数効果を促進できるようになった。

もちろん、この情報の支配をめぐる問題に関して、あるいは情報そのものに関しては、新しい論点など全くない。ある意味、「情報戦（information warfare）」は、人類が棒を振りかざし石を投げつけた時代以来、全ての戦闘者によって実践されてきた。しかしながら、昔と今日との違いは、司令官および作戦計画者が情報戦の持つ重要性を理解し、かつ情報戦を自由に遂行しようとしている点にある。確かに、センサー融像という広範囲な分野の進歩は、その他の分野の技術発展よりも重要であると言われている。なぜなら、今や利用可能となった新たな技術から最大限にその価値を引き出すためには、センサー融像が絶対不可欠だからである。今やセンサー融像の利用によって向上した認識映像が得られるようになったが、その結果、この情報と精密攻撃能力との相乗的な融合が、指揮系統の上下を問わず、最上級のレベルの上層部から戦術レベルの個々の狙撃兵に至るまで、全ての戦闘員の支配力を強化しようとしている。

強調する価値があると思われるエア・パワーの能力における変革の成果の二番目は、エア・パワーが過去においては実行できなかった任務を今や実行できるようになった広範囲にわたる能力、および、統合軍の司令官により少ない労力でより多くの戦果をもたらすことができるエア・パワーの能力である。第一の論点に関して、エア・パワーは、敵の領土の中枢で航空優勢を維持する能力、飛行禁止区域・通行禁止区域を強制する能力、そして、比較的安全な遠隔地から飛行して敵の軍隊と効果的に交戦することができる能力を示すようになった。第二の論点に関しては、情報の収集能力および指揮部門と戦場部門との直接的な関連性（directability）の向上によって、サイクル時間［一連の作戦を実行する所要時間］の短縮が可能となった。これは、より早いペースで作戦を実行することが可能となったことで、より少ない数の兵士からより大きな見せ掛けの軍隊を生み出すことができるようになったという意味において、別の形の軍事力の相乗効果である。これに関連して指摘すれば、現世代の戦闘航空機には、信頼性、安全性、持続性における目覚しい改善が取り入れられており、より少ない数の航空機でより多くの影響力を行使することができるようになっている。このような改善によって、今や、作戦上の任務を遂行するうえで、より大規模な軍事力の集中とより短い作戦時間の両方が同時に達成可能となった。

エア・パワーの最近の改善によってもたらされた大きな成果の三番目は、開戦の劈頭から獲得される状況支配（situation control）であり、そのため、エア・パワーによる第一撃によって、その後の戦況や戦争そのもの結果が決定される可能性が出てきた。今やエア・パワーは、戦略上の目的を獲得するに当って、途方もない人命、軍事力、国富を犠牲にしながら、戦術レベルから作戦レベルを経るという古典的な秩序だった遅々としたプロセスを辿ることなく、これらを同時に遂行することが可能となった。しかしながら、エア・パワーにとっての主要な攻撃目標は、敵のリーダーシップ、基幹施設（インフラストラクチャー）、経済的潜在能力など、以前に「戦略爆撃」の主唱者が論じたような馴染み深いものではなくなった。その代わり、現在のエア・パワーにとっての攻撃目標は、戦場で戦っている部隊を実際に動かしている重要な組織上の資産、および、組織的な活動を支える能力である。近い将来、エア・パワーによる最初の攻撃は、例えば、コンピュータ・システムを攻撃目標して人目を忍んで行われるかもしれない。このコンピュータ・システムに対する攻撃は、いわば、その後の力や弾丸を使った攻撃のお膳立てをするのである。

(12) *Clashes of Visions : Sizing and Shaping Our Forces in a Fiscally Constrained Environment*, a CSIS-VII Symposium, October 29, 1997, Washington, D. C., Center for Strategic and International Studies, 1998, p.38.

最後に、エア・パワーが成熟するにしたがって、安全な遠隔の場所から敵に常に圧力を掛け続けることができるようになり、出撃回数当りの敵側の殺傷率が上がり、また偶発的な事故の発生率がゼロに近い状況で選択的に目標を攻撃できるようになり、さらには敵の反応時間（reaction time）も大幅に短縮させることができるようになり、少なくとも潜在的には、敵が自分の部隊を統御する能力を完全に崩壊させることも可能となった。[13] これらの、そしてその他の成果によって、エア・パワーが地上軍の代替としてあらゆる目的に適うようになることを意味しない。しかしながら、これらのエア・パワーの成果によって、今や統合軍の司令官は、敵の領土の奥に入って戦う大規模な統合作戦を指揮する際にエア・パワーに頼ることができるようになったために、友軍は今まで常套手段と思われていた戦闘初期の段階における密集隊形での機動作戦を計画する必要がなくなった。「砂漠の嵐作戦」が示したように、制空権を獲得する能力や戦闘の方向性を規定する能力をエア・パワーが単独で持つようになったために、多国籍軍の司令官が、緊急に陸上部隊を戦場に投入する必要が一切なくなった。湾岸戦争において戦闘を早急に終結させる必要を促した唯一の要素は、灼熱の夏が近づきつつあった事実であり、夏になった場合、全ての軍隊による作戦がさらに困難になることは確実であった。

過去の数年間において、機動と火力のどちらを優先するべきかという論争は、主力部隊を支援する役割に限って言えば、（航空兵器あるいは陸上兵器に関係なく）間接火力（indirect firepower）による支援が重要であるという結論に落ち着いていた。なぜなら、実際上、陸上部隊の司令官が間接火力以上の支援を受けることは不可能だったからである。ところが、この状況は、過去一〇年の間に劇的に変化し、航空戦の能力の向上のために、さらにこの状況の変化が加速することが予測される。この問題に関連して、ノースロップ・グラマン社のバリー・ワッツが以下のように指摘している。「広い意味での監視分野における技術が将来格段に向上することが予測され、また、そのような監視技術によって数秒ないしは数分という短時間で提供される情報を基に瞬時に行動する能力が向上し、さらには、間接・精密攻撃の航続距離が延長されその殺傷力も高まっていることから、航空・陸上戦闘が急速にそのような技術革新に支配される可能性がでてきた。確かに、航空からの間接火力によって戦闘の結果が急速に支配されることは、『砂漠の嵐作戦』の航空作戦のまさに典型的な特徴を示したものであったが、事態がこのように推移することを明確に述べていた空軍関係者はほとんどいなかった。(14)」

この点に関連して、ランド研究所のデーヴィッド・オチマネックが、共同作戦の伝統的な考え方においては、エア・パワーによって陸上の司令官に提供される「間接」火力が、敵軍による機動作戦を阻止し、戦場に衝撃を与えるための有力な手段としてどれだけ重要な意味を持っていたかについて指摘している。そして、戦場に衝撃を与えるためには、唯一、機甲部隊・歩兵部隊による近接あるいは「間接」火力が、敵の陸上部隊を決定的に打ち負かすのに必要な程度の正確さを持つ必要があると考えられていた。これに比較して今日では、技術の進歩によって、戦場に配備された航空・宇宙システムが、遠隔地から敵の陸上部隊の動きを高い精度で察知・認識することができるようになり、同様に、従来の近接攻撃システムに勝るとも劣らない水準の破壊力で敵の陸上部隊を遠隔地から直接攻撃できるようになった。オチマネックによれば、その結果、直接火力を使用した任務の性格があらゆる面で変化してしまい、概して、「戦車からその本来の任務を奪ってしまった」という。今や航空宇宙パワーが遠く離れた場所から敵軍を認識・捕捉できるようになった以上、「少なくとも特殊な条件下においては」、友軍の地上軍が敵軍と近接して機動や戦闘を行なう必要性は大幅に減少したと、オチマネックは結論づけている。「その結果もたらされる有利な点は、戦闘、軍役、戦争が、現在よりもさらに迅速に戦われるようになり、また犠牲者を出す可能性もさらに低くなるということである。(15)」

(13) これらの論点をさらに発展させたものとしては、Lieutenant General George K. Muellner, USAF, "Technologies for Air Power in the 21st Century," paper presented at a conference on "Air Power and Space – Future Perspectives" sponsored by the Royal Air Force, London, England, September 12–13, 1996が挙げられる。

(14) Barry D. Watts, "Ignoring Reality : Problems of Theory and Evidence in Security Studies," *Security Studies*, Winter 1997/98, p.166.

結局、エア・パワーが成熟した結果の最大の成果を一つ挙げるとすれば、それは、最近の戦闘ではっきりと示された犠牲者を最小限に抑える能力であろう。敵国の犠牲者に関しては、精密攻撃を用いることで非戦闘員の死者を最小限に抑えられるようになった。友軍の犠牲者に関しては、兵士のマンパワーの代わりに技術を活用することによって犠牲者が減少するようになった。また、エア・パワーが友軍の地上軍に有利な戦場の状況を作り上げることでも犠牲者の数が減少するようになった。つまり、エア・パワーの攻撃によって敵軍の戦力が低下した時点で地上軍を投入することで、地上軍は敵の激しい抵抗を受けることなく任務を遂行できるようになり、その結果、友軍の戦闘員の犠牲者が最小限に抑えられるようになったのである。上記に劣らず重要なことは、作戦に関する明確なコンセプトと連携して現代の技術が適切に応用される場合、今日の航空および宇宙部隊は、露骨な武力行使よりもむしろ巧妙さ（cleverness）を通じて目標を達成するようになることである。このことは、第二次世界大戦におけるドイツ空軍のエースであった撃墜王のエリッヒ・ハルトマンに関してたびたび話題に上がる次の命題を思い出させる。優秀な戦闘パイロットは、自分の腕力で飛行するのではなく、自分の頭脳を使って飛行すべきである。

三　新しきものと古きものの闘争

以前の統合作戦に対する貢献と比較した場合、エア・パワーが最近の一〇年間においてさらに目覚しい能力を持つようになったことは認めるが、それでは、なぜエア・パワーは今日の防衛論議においてこれほど論争を巻き起こしているのであろうか。この疑問を読み解くうえで、航空戦と地上戦の機能をめぐる現在の論争が、防衛計画においてパラダイム・シフトが起こりつつあることの最初の兆候であると捉えることは有益であろう。本質的に言えば、パラダイムとはその時代・共同体に共通の思考の枠組みを指すが、科学史家のクーンの言葉を借りれば、パラダイムは「一定の期間、共同体の実務者に典型的な問題と解決策を提供する」[16]ものでもある。ここでクーンは、「社会」科学全般に大きな影響を与える革命的な変化について述べている。おそらくその最も有名な例として挙げられるのは、天動説から地動説への概念の段階的な転換であろう。しかし、パラダイムの説明を試みた過程においてクーンが解明した理論的・専門的構造は、「砂漠の嵐作戦」以来ほとんどの先進諸国で論争になっている航空戦と地上戦の関係をめぐる問題をまさにそのまま映し出している。実際のところ、この航空戦と地上戦の関係をめぐる問題は、長い間支配的であった概念の枠組みと、これから支配的になると予想されているもう一つの概念の枠組みとの間で繰り広げられている原理原則をめぐる抗争であり、この問題をめぐり、今日、ますます自由闊達な議論が展開されるようになった。

クーンは、専門の違う科学者が同じ現象をどのように認識するのかについて以下のような一般化を述べている。「専門的に特殊化する場合、少数の物理学者は量子力学の基本的な原理だけを用いて分析を試みる。その他の物理学者は、これらの原理をパラダイム上の転換を通じて化学に応用できないかについて詳細に研究に励み、そして、残りの物理学者は固体物理学などに応用できないかについて研究する。量子力学がこれらの物理学者にとってどのような意味を持つのかという点については、彼らが専攻した講座、彼らが読んだ教科書、彼らが研究した学術雑誌によって異なる。[17]」この例によって、クーンは、それとなく、各軍種の軍隊がそれぞれ選択的に志向する戦闘のイメージについて多くのことを説明していると言えるだろう。クーンの見解に必要な修正を加えたうえではあるが、同じことが、現在の防衛論争に参加している多くの論者についても言える。なお、この防衛論争は、空軍関係者と陸軍関係者との間の論争だけではなく、場合によっては、空軍関係者同士で繰り広げられている論争をも含んでいる。この防衛論争

(15) David Ochmanek, "Time to Restructure U. S. Defense Forces," *Issues in Science and Technology*, Winter 1996–97, pp. 39–40.
(16) Thomas S. Kuhn, *The Structure of Scientific Revolutions*, Chicago, University of Chicago Press, 1962, p.viii.
(17) Ibid., p.50.

の事例は、ハーバード大学の公共政策大学院の学長であったドン・プライスが一九六〇年代初期に初めて提唱し、今や有名になった「人の見解・立場は、その人がどこに座っているかによって異なる」という仮説の妥当性を証明しているようである。また、この仮説は、なぜ長きにわたって徐々に受け入れられるようになった新しいパラダイムが、決まって、古いパラダイムを信じる者からの抵抗を受け、しばしば断固として拒否されるようになるかを説明してくれる。

軍事ドクトリンの分野においても、クーンが示した自然科学の分野と同様、新しい考え方が勝利を収めるには、必ず、「抵抗を受け、特に、輝かしい経歴の持ち主がより古い伝統に縛られている場合には終生の抵抗を受ける」が、この抵抗と戦わねばならない。クーンは、「抵抗の源泉には、より古いパラダイムが最終的にはそのパラダイムの中で起こった全ての問題を解決するという確信が存在している…（後略）…」と説明している。「革命の時代には、必然的に、そのような確信が頑迷固陋な考え方のように思われる。実際にその確信は時おり頑迷固陋な考えになることもある。しかし、その確信はそれ以上の意味を持つこともある。[18]」より古いパラダイムが最終的にはそのパラダイムの中で起こった全ての問題を解決すると確信することは、少なくともある程度は、自然かつ健全な考え方である。この確信がある故に、古いパラダイムは「それほど容易には屈服しない」という考えや、いかなる見解の根本的な転換（パラダイムのシフト）は正当なことであり、かつ当然のことでもあるという考えも出てくる。[19] そのよう見解の転換（パラダイムのシフト）が完了するまでは、困難な問題を抱えた時代遅れのパラダイムが、依然として、認知的な整合性の鍵であり、また、時代遅れのパラダイムが現存する思考の枠組みの中でその認知的な整合性の持ち主が効率的に活動できる能力の鍵であることに変わりはない。

しかしながら、今ここで論じる必要がある問題は、統合軍の運用という「新しいパラダイム」と思われるものが、航空宇宙パワーを中核とした自明のパラダイムでは決してないということである。「砂漠の嵐作戦」以来、エア・パワーの主唱者の中には、航空宇宙において優位を占める戦略への速やかな転換は、あたかも既定の路線も同然であると主張する者もいる。エア・パワーの主唱者によれば、唯一、地上戦の世界にいる無知蒙昧の妨害者だけが、真実が見えないために終始一貫して反対しているという。ところが、地上戦の世界にいる者は、自分たちこそが軍事技術革命の最前線に立っていると断固として反論している。陸上戦の兵士は、今や、空軍関係者と同じように声高に、自分たちこそが統合戦という「新しいパラダイム」の後見人であると公言している。

陸上戦の関係者によるこの反論の基礎の主要な部分は、情報融合および精密攻撃における最近の改善は、全ての軍種の軍隊ならびに軍事力の要素の戦闘能力を向上させているというものである。例えば、元アメリカ空軍参謀長のラリー・ウェルチ将軍は、軍隊の軍種に関係なく、現在起こりつつある軍事力の本質的な変化には、戦争初期の戦闘任務における高い破壊力、戦闘開始からの作戦のほとんど自由な遂行、敵側に聖域（避難場所）を与えることなく二四時間昼夜を問わず早いペースで実行される作戦、そして情報による戦闘作戦の支配などが含まれると指摘している。[20]統合作戦における航空宇宙パワーの活躍がこれらの軍事力の変化をどれだけ象徴しているとしても、これらの軍事力の変化は、決して航空宇宙パワーだけがもたらしたものではない。

したがって、たとえ航空宇宙パワーに関する見込みが全て実現するとしても、説得力のある考えを述べるだけは、そのような見込みを実現させるには不十分であろう。トマス・キーニーやエリオット・コーエンがアメリカ空軍の「湾岸戦争エア・パワー調査」の報告書の概略の中で指摘しているように、湾岸戦争において戦争の変容の要素が認識できたことは確かだが、しかし、もし革命が起こるならば、誰かがそれを起こさせなければならない[21]」のである。

(18) Ibid., p.151–152.
(19) Ibid., p.65.
(20) General Larry D. Welch, USAF (Ret.), "Dominating the Battlefield (Battlespace)," briefing charts, no date given.
(21) Thomas A. Keaney and Eliot A. Cohen, *Revolution in Warfare?: Air Power in the Persian Gulf*, Annapolis, Maryland, Naval Institute Press, 1995, p.212.

いずれにせよ、新しいパラダイムの後見人を任じているエア・パワーの主唱者が取り組まなければならない最初の難問は、他の軍種の軍隊の重要性を説く主唱者に対して、エア・パワーができないことを率直に告げることと、地上軍の同志の職業軍人が抱いている知的および歴史的に異なる起源を持つ意見に敬意を払うということである。同様に重要なのは、エア・パワーの兵器において飛躍的な進歩が最近起こっているとはいえ、空軍関係者が、地上軍の同志が統合軍の司令官に対して肝心な戦闘能力を引き続き提供していることを認識する義務があるということである。

この点に関してさらに議論を進めるが、空軍関係者は、「古典派」に属していると見られる人々に、航空宇宙パワーを運用することが得策であることを説得しなければならない。同様に、空軍関係者は、ただ空を飛行するという支援任務だけでなく、地上軍が戦闘を遂行するに必要なその他の支援任務を引き受けるということを約束しなければならない。以上の目的を達成するために、空軍関係者は、ハーバード大学の政治学者のリチャード・ネウスタットが数年前に示した次の見解から多くのことを学ぶことができるだろう。影響力の本質は、異なる意見を持つ人々をいかに説得することができるかにある。つまり、異なる意見を持つ人々を説得するために必要なことは、「彼らが自分たちの利益のために自分たちが責任を持っているのだと信じ込ませることである。[22]」アメリカ空軍のジョン・ジャンパー将軍は、ネウスタットが示した見解を敷衍して次のように簡明に語っている。「結局、全ての空軍関係者が望んでいることは、地上軍の兵士の仕事をより簡単にすることです。我々は彼らの命を助けようと努力している。そして、『砂漠の嵐作戦』の時と同じように現在でも、地上軍が兵力を増強している間に、我々もその仕事に協力できると本当に思っている。決定的な地上戦が必要となる頃までは、我々の任務は完了していると思う。もしその時、我々が協力できることがあれば、我々の任務は、『砂漠の嵐作戦』の時にイラクの地上部隊に対して行われた一〇〇時間航空作戦と極めて似た任務となるであろう。[23]」アメリカ陸軍の懐疑派は、少なくとも当分の間、このようにコメントした空軍の将軍の誠意を疑うことを差し控えるかもしれない。とはいえ、空軍関係者によるこのようなコメントは、空軍関係者が前線における役割と任務をめぐって地上軍の職業軍人と折衝する際に払わなければならない努力を示している第二に、空軍関係者は、航空優勢の獲得・維持は、エア・パワーの任務のごく一部に過ぎないことを認めなければならない。エア・パワーが支配的な影響力を持つようになったと納得させるためには、航空優勢の獲得・維持は必要だが、それだけでは不十分なのである。空軍関係者は、これまで航空優勢や「戦略爆撃」のテーマに対してあまりにも精力的に、そしてあまりにも長い期間にわたって関心を払ってきた。そのため、歴代の陸軍の指導者は、空軍の思惑について大きな誤解を抱いていたことも手伝って、空軍の指導者がまず敵国の空軍を壊滅した後で、敵国の領土の中枢を空爆することだけしか考えていないと疑念を持つようになった。また、陸軍の指導者は、空軍が実質的に自らの私的な戦争を勝手に戦い、その過程において、本来なら地上軍の支援の目的のために使用するはずの航空機を空軍自身の目的のために残していると疑うようになったのである。

航空優勢の獲得がエア・パワーを運用するうえで必須の条件であるという認識や、エア・パワーのみが敵の戦争遂行能力を攻撃するという統合作戦で最も重要な戦闘任務を果たすことができるという認識を、空軍関係者は永久に捨て去る必要がある。同時に、空軍関係者は、「制空権の獲得が勝利への道である[24]」というドゥーエの有名な格言も捨て去る必要がある。このドゥーエの言葉は、一九二一年に初めて唱えられた時も間違った考えであったが、現在においても間違った考えであることに変わりはない。確かに、制空権の獲得は、統合軍が地上戦で勝利を収めるための必要不可欠な前提条件ではある。しかしながら、もしエア・パワーの主唱者がエア・パワーこそが最初に選択される軍事力であるとの主張を正当化するためには、エア・パワーは、より迅速に、より効率的に戦う必要があり、また、友軍の人命を救うという意味で犠牲者をより少なくするために地上戦において地上軍以上の働きを示す必要がある。最

(22) Richard E. Neustadt, *Presidential Power*, New York, John Wiley and Sons, 1963, p.49.
(23) Lieutenant General John Jumper, USAF, "Air Power Initiatives and Operations : Presentation for the European Air Attache Conference," annotated briefing, no date given.
(24) Giulio Douhet, *Command of the Air*, Washington, D. C., Office of Air Force History, 1983, p.25.

近、制空権は「航空優勢」と呼ばれるようになったが、この「航空優勢」は、今後、統合作戦が成功を収めるうえで常に重要になってくるであろう。しかし、航空優勢の獲得の任務は現在でもエア・パワーだけに許される専売特許ではないし、これまでエア・パワーの専売特許であったことは一度もないのである。

右記の議論に関連するが、第三に、エア・パワーが新しく獲得した能力やこれから獲得することが予測される能力を発揮させるためには、空軍関係者は、敵の継戦意志を破壊するために行われた都市・産業に対する爆撃の有効性についての過去の教義を放棄する必要がある。実際のところ、この教義の議論の核心は根拠ないものである。技術の進歩と新しいエア・パワーの運用方法によって、真の意味での「戦略」的な効果を持つ航空戦が考えられるようになったが、現在の航空戦においては、(敵の継戦意志の破壊よりも)敵側の軍事力を運用する手段に対して直接的に攻撃を加えることに関心が払われている。エア・パワーが地上戦において決定的な戦果を速やかに生み出す能力を持つようになったために、古典的なエア・パワー理論を振りかざしていた多くの専門家の認識が誤りであることが明らかになった。このことは、航空作戦の策定者がエア・パワーの有用性についての認識を改める必要があることを意味している。つまり、エア・パワーの理論が統合軍の司令官のニーズに関連していることに変わりはないことを証明するためには、航空作戦の策定者は、エア・パワーが最近獲得した戦場の敵軍に対する攻撃能力に注目する必要がある。

さらに、空軍関係者は、都市・産業に対する爆撃に象徴されるドゥーエやその他のエア・パワー至上主義者の時代遅れになった議論に別れを告げ、代わりに、現代の航空宇宙パワーによって可能となった新しい任務の遂行に奮闘しなければならない。この点について重要なことは、現在のエア・パワーが、敵の陸軍や海上の海軍がどこに展開していたとしても、これらを迅速に破壊ないしは無力化できるようになった事実を認識することである。この事実に関して、空軍関係者は明瞭にあるいは効果的に見解を示していない。この事実を明らかにするために、メーソン空軍少将は、初期のエア・パワー至上主義者によって主唱された戦略爆撃のイメージを批判的に見直す必要があることを示唆している。なぜなら、戦略爆撃は、罪のない一般市民を攻撃目標としたために、近年糾弾されるようになったからである。さらにメーソンは、戦略攻撃が都市・産業に対する爆撃と関連づけて論じられるために、人々が第二次世界大戦のドレスデンや東京の大空襲を想起するようになったと主張している。さらに悪いことには、このような連想によって、「エア・パワーの多様な潜在能力が十分に発揮できないようになった」[25]ともメーソンは指摘している。

第四に、上述の議論の直接の帰結だが、空軍関係者は、古典的な「戦略爆撃」理論が想定したのと同じ規模で、地上戦におけるエア・パワーの運用のための新たな理論を開発する必要がある。しかしながら、この新たなエア・パワーの理論は、自軍の地上軍が敵の地上軍を攻撃・壊滅するために必要な土台作りに焦点を当てるものでなければならない。「砂漠の嵐作戦」での多国籍軍によるシード作戦を支えた高度に洗練された作戦計画と比べると、イラクの地上軍に対する多国籍軍の航空作戦は、将来の航空作戦を考えるうえでそれほど参考にならない。なぜなら、イラクの地上軍に対する多国籍軍の航空作戦は、古典的な消耗戦の理論を基礎に策定されていたからである。

同様に、アメリカ軍の中東司令部は、ジョン・ワーデン大佐の「インスタント・サンダー（Instant Thunder）」攻撃計画を下敷きに、イラクにとって「戦略的な重要性を持つ」基幹施設（インフラストラクチャー）を攻撃するための理論を持っていた。不幸にも、この理論は期待通りの戦果を挙げなかった。それにもかかわらず、少なくとも「インスタント・サンダー」で用いられたアプローチは、それまで中東司令部の航空戦の理論においては考慮されていなかったコンセプトを基に組織的に作り上げられたものであり、湾岸戦争の終盤において思いがけない戦果を挙げた。つまり、戦争の終結前の段階においては、航空作戦の一部は、イラクの地上軍を攻撃目標としていたのである。もし中東司令部がそのようなイラクの地上軍を攻撃目標とするコンセプトを持っていたなら、統合軍の司令官のＨ・ノーマン・シュワルツコフ将軍は航空戦を活用することによって、自信を持って、また、経済的に低コストの方法でイラクの地上軍を無力化することに成功したであろう。しかし、ウィリアムソン・マーレーが指摘している通り、実

(25) Mason, "The Future of Air Power," p.3.

際には、イラクの地上軍に対する航空攻撃の計画は、還元主義的なアプローチ［難解な事象を過度に単純化して処理する方法］を生み出すことになった。つまり、航空作戦の策定者は、「ひたすら攻撃目標をかき集めた。あまりにも多い戦車、あまりにも多いミサイルの発射装置、あまりにも多い弾薬倉庫などを攻撃目標としてかき集めた。そして、それらの攻撃目標を掲載したリストの上から順に空爆したのである。航空作戦の計画関係の書類のどこにも…（中略）…エア・パワーを作戦上のレベルで使用しようと努力した形跡も見られず、また、その書類には、敵の戦争遂行努力の全体を崩壊させるために、敵側の地上の重要施設の一部を攻撃することによって、より大きな戦略上の効果を挙げようとする発想もなかった。[26]」その結果、プライス・ビンガムが指摘している通り、「多国籍軍による航空阻止によって、イラク軍は大規模に移動することを回避したが、それは、事前に計画されたものというより、むしろ偶然に起きたものであった。[27]」

第五に、もしエア・パワーの主唱者が、最近の航空宇宙の分野の技術革新を最大限に取り込んだ形で、統合軍の戦略の形成に影響を及ぼそうとするならば、最初にしなければならない仕事は、「支配的な航空宇宙パワー」という観点から議論することを止めることである。「支配的な航空宇宙パワー」という観点から議論すれば、予算の獲得競争において、他の軍種の軍隊を無用に神経質にしてしまう。その代わり、エア・パワーの主唱者は、航空宇宙パワーが地上軍の仕事をより容易にするうえでどれだけ貢献しているかという問題に論点を集中する必要がある。地上軍の仕事をより容易にするためには、変化しつつあるエア・パワーとランド・パワーとの関係を、還元主義的に「どちらか一方が重要である」と考えるのではなく、構想力に富んだ方法で議論しなければならない。例えば、航空からの間接的な近接支援は、適切な指揮の下に適切なタイミングで実行されれば、地上軍の司令官はそれまでとは異なった方法で戦闘を実施することができるし、また、他の地上軍と協力してそれまでと違う作戦を実行することができるであろう。その他、地上軍が到着するまで、エア・パワーが前線を確保するということも考えられる。さらに、たとえ味方の地上軍が十分な戦闘力を持たずに戦域に投入されたとしても、エア・パワーを運用することで、敵による大規模な侵略を抑止し、攪乱し、あるいは遅らせることができるかもしれない。

四　新しい戦争方法の効率化

「砂漠の嵐作戦」においてエア・パワーが驚くべき戦果を挙げたことで一時期鎮静化していたとはいえ、各軍種の軍隊の間で役割や資源配分をめぐって激しい競争が起こりつつある。この各軍種の軍隊の間の競争を憂慮したメーソン空軍少将は、一九九四年、次のような警告を発した。「エア・パワーに関して賢明かつ必要な議論をすることができない恐れがある。なぜなら、一方で、エア・パワー至上主義者が再登場することが予測されるからである。また、他方で、資源が減少し脅威が無くなりつつあり、各軍種の軍隊の役割が重なり合うにつれて、不確実性が高まることが予測されるからである。[28]」残念なことに、メーソンが警告したことがまさに近年起こっている。湾岸戦争後の防衛論争に関して示唆に富む見解を示したメーソンは、ドゥーエの仰々しい議論を彷彿とさせるエア・パワーに対する現在の度を越えた信仰は厄払いする必要があると論じている。ドゥーエの主張によって、その後、数十年の間、各軍種の軍隊の間で戦略をめぐる議論が必要以上に激化したこと言うまでもない。また、ドゥーエの主張は、敵の継戦意志の破壊に関して空爆の能力を過大評価した点で間違っており、陸軍や海軍の重要な役割を無視した点においても間違っていた。

(26) Williamson Murray, "Ignoring the Sins of the Past," *The National Interest*, Summer 1995, pp.100–101.
(27) Price T. Bingham, *The Battle of Al Khafji and the Future of Surveillance Precision Strike*, Arlington, Virginia, Aerospace Educational Foundation, 1997, p.14.
(28) Mason, *Air Power : A Centennial Appraisal*, p.xvi.

湾岸戦争における航空作戦の輝かしい活躍に触発されて、多くのエア・パワー主唱者が登場するようになった。メーソンは、エア・パワーの運用によって「砂漠の嵐作戦」の結果はあらかじめ決められていたという議論に反論して、「砂漠の嵐作戦」の結果は、「戦略・作戦・戦術の全てのレベルで同時に起こった相乗効果によってもたらされたものであり、ドゥーエの霊魂が再び現れた訳ではない」と述べている。エア・パワーをめぐる間違った論争を矯正するため、メーソンは、「エア・パワーを軍事史の中に置いてその独自の特徴を強調するのは過去のことであり、また、多かれ少なかれ、その他の戦争の手段と共有している特徴を強調することも過去のことである」とも述べている。続けてメーソンは、次のような主張をしている。「エア・パワーの重要性は、予測や抽象的な理論によって定義されるものではなく、その他の種類の軍事力と同様に、その時代の政府が掲げる政治目的を、許容できるコストで獲得する能力によって定義されるのである。[29]」後にメーソンは、さらに簡明な表現で次のように論じている。空軍関係者は、近い将来、航空宇宙パワーの黄金時代を確立することに成功するであろうが、その黄金時代の確立は、政策決定者、議会、納税者の全員が「空軍関係者が提供するものが、最も魅力的である[30]」と納得した時に初めて実現するのである。

最近のエア・パワーの戦闘能力の向上によって、軍事作戦に関する全く新しいコンセプトを取り込んだ新しい戦争方法が可能となった。精密攻撃、ステルス技術、そして入手可能な情報の拡大などによって、空軍関係者は、今や初期のエア・パワー至上主義者が唱えたような方法でエア・パワーを運用できるようになった。湾岸戦争が終結してから三年後、アメリカ空軍のチャールズ・ホーナー将軍は次のような見解を示している。「私は戦争が劇的に変化したという結論に達した。エア・パワーはランド・パワーやシー・パワーと肩を並べる存在になったと思う。ただ、私は、エア・パワーがより優れているとは思わない。…（中略）…それぞれの戦争は、その戦争が戦われる時の特殊な状況によって規定される。特殊な状況には、環境、戦争目的、政治上の目標、敵軍の性質、そして友軍の性質などが含まれる。しかしながら、エア・パワーが従属的な位置にあり、特にランド・パワーに対して従属しており、また、シー・パワーにも従属していると未だに信じている人がいる。これは絶対に間違った考えである。[31]」

情報技術と精密攻撃を利用することによって新たな政策のオプションを追求することができるようになったが、政策策定者は自己満足に陥ることを戒めなければならない。確かに、新しい技術の登場によって、抑止力の向上という思いがけない副産物がもたらされた。「砂漠の嵐作戦」の直後に多くの第三国の専門家が理解していたように、戦闘能力に関して明白な格差が存在することが認識された場合、潜在的な敵対勢力が、湾岸戦争で証明されたような強力な軍事力を持つ国に対して戦いを挑まないことは当然のことである。しかし、この同じ技術的な優位性は諸刃の剣であり、持たざる国が非対称的な対抗手段を開発するのを促進させる可能性もある。この点について、インド陸軍の退役准将のV・K・ナーヤルは、第三諸国が求めているものは、「砂漠の嵐作戦」で明らかになった西側の優越な技術を安上がりに無効にする手段であると論じている。[32] 持たざる国が用いることが予測される非対称的な対抗手段には、Joint STARS、AWACS（早期警戒管制機）、空中給油機などの価値が高いソフトな目標に対する自爆テロなどが含まれるだろう。[33] その他、軍需品を戦域に輸送途中の大型輸送機に対する攻撃、あるいは、前線の軍事施設に対する特殊作戦やミサイル攻撃なども追加的なオプションとして考えられる。もちろん、持たざる国が、最後の必死の手段として、核兵器や大量破壊兵器を基にした抑制政策に訴える可能性も捨てきれない。

結局、一九九一年の湾岸戦争で目覚しい活躍を見せた航空宇宙パワーの能力が、今日、どれほど効果的でどれほど

(29) Ibid., pp.273–274.
(30) Air Vice Marshal Tony Mason, RAF (Ret.), "Air Power in Transition," presentation at a conference on "Canada's Air Power in the New Millennium" sponsored by the Canadian Forces Air Command, Winnipeg, Manitoba, Canada, July 30, 1997.
(31) General Charles A. Horner, USAF, "New Era Warfare," in Alan B. Stephens, ed., *The War in the Air : 1914–1994*, Canberra, Australia, RAAF Air Power Studies Centre, 1994, p.332.
(32) V.K. Nair, *War in the Gulf : Lessons from the Third World*, New Delhi, Lancer International, 1991.
(33) A seminar at the Zhukovskii Air Force Academy in Moscow in 1992.

将来性があるように見えても、そのことが「歴史の終わり」を意味するものではない。攻勢と防衛の相克は永遠に続くのである。これから数年後の期間において、西側諸国の軍が直面する最大の難問の一つは、潜在的な敵対勢力に対する今日の一方的な優位性が、実質上、永遠に続くことが予想されることである。このことが意味するのは、西側諸国が勝利に酔うことは許されず、潜在的な敵対勢力が用いる対抗手段に備えるために、常に先んじて投資しなければならないことである。

さらに、新たに生まれつつある軍事技術に目を奪われることなく、将来の戦争もそのような技術を持った国にとって必ずしも生易しいものではないという点を銘記する必要がある。これに関連して、コリン・グレイは以下のような警告を発している。「決定的な機動、事前に選択された目標に対する火力攻撃（攻撃目標が敵の「重心」であることが望ましい）、そして奇襲の達成などを実行すれば、いわゆる『フリー・ランチ』効果を確実に生み出すことができる。しかしながら、歴史を振り返りながら常識的に考えれば、（組織の大小に関わらず）能力のある敵を打ち負かすには、徹底的に叩くことが必要である。…（中略）…［問題解決の］特効薬、あるいは魔法の剣ですら存在するかも知れないが、それらは、戦争の勝利に関する最先端の一般理論を含んでない。[34]」もし防衛担当者が航空宇宙技術における革命の制度化を目指すならば、ジョージ・S・パットン将軍の警告が非常に有益な指針になると思われる。すなわち、パットンによれば、戦争は激しい戦闘と優れたリーダーシップによって勝つのではなく、むしろ素敵な発明によって勝つものであると、人々がいとも簡単に信じる傾向があるという。

本論は、エア・パワーが地上軍や海軍の協力なしで戦争に勝利を収めることができるということを示唆するものではない。同様に、将来のあらゆる状況において、エア・パワーがランド・パワーやシー・パワーよりも重要になるということを示唆するものでもない。この点について、ほとんどの空軍関係者は、「砂漠の嵐作戦」の事例から過度な一般化をしていない。例えば、ホーナー将軍は以下のように述べている。「我々は以下のことを証明したと思う。つまり、航空作戦が敵・味方の犠牲者の数を抑える形で軍事目的を達成するために実施されたが、この航空作戦は現在の環境において実施されたのであって、全ての環境において実施されたものではない。[35]」

その一方で、全ての軍種の軍隊で運用されているエア・パワーは、今や敵の地上軍の撃滅の仕事の大半を背負うことができる能力を持つようになったと議論されることもある。その結果、エア・パワー以外の軍事力の要素は、最小限の犠牲者、最小限の努力および最小限のコストでそれぞれの目標を達成することが可能になったとも論じられている。さらには、重要な付属物である監視や偵察、そしてミサイルの発射装置や弾薬などを含んだ、最も広い意味でのエア・パワーが、今後二〇年の期間で、主要な戦争の戦い方を根本的に変えることが予測されている。つまり、エア・パワーによって、従来、多大なコストと危険を要した任務の遂行が可能となることが予測されている。これらのエア・パワーの将来に関する議論の中で最も注目に値するエア・パワーの能力は、敵・味方の犠牲者を最小限に抑えながら敵軍を無力化する能力、および、開戦当初から戦略目的を達成するための条件をあらかじめ整える能力の二つである。

これらの新しい能力を持つようになったため、航空宇宙パワーは、情報パワーとともに、あらゆる多様な環境の下においても対応できる要素となることが期待されている。また、航空宇宙パワーは、適切に運用すれば、さらにその能力が向上し、さらに効率的になる可能性が十分にある。そして、このことは、敵が夥しい数の機甲部隊・歩兵部隊を結集して大規模に侵略した場合、ランド・パワーに課された第一の役割は、勝利を獲得するというより、むしろ勝利の足場を確保することになる可能性を示唆している。

(34) Colin S. Gray, "All That Glitters,,,: Revolutions in Military Affairs (RMA) and the Perils of Very High Concepts," unpublished manuscript, August 1996, p.26.
(35) Barry Shlacter, "A U. S. General Assesses the War After One Year," *Fort Worth Star-Telegram*, February 17, 1992.

おわりに

ここで明らかにしておきたい重要な点は、上述の議論は、現在地上軍の戦闘員が主張していることに決して反論するものではないということである。つまり、戦闘能力に対して圧倒的な航空攻撃を受けているにもかかわらず敵軍が屈服しない場合、最後の止めの一撃を敵軍に加えることができるのは地上軍だけであるという彼らの主張に、異論を差し挟むものではない。[36] 同じように、将来の地上戦の目的は、至近距離から「最後の止めの一撃を加えることであり、残虐な消耗戦を戦うことではない[37]」という正当な議論にも反論はしない。しかしながら、最大の問題は、地上軍が自軍の犠牲者を最小限に抑えながら迅速に最後の一撃を加えるために、どのような手段を講じるのが最も適切かということである。

この点に関して、敵の機甲・機械化部隊の攻撃を撃退することに関する限り、空軍と地上軍の古典的な関係に大きな変化が起こっているという議論には十分な根拠がある。現在起こりつつある空軍と地上軍の関係の変化が、本格的な「軍事上の革命」につながるかどうか分からない。しかしながら、空軍と地上軍の関係に変化が生じつつあるということは、現代戦で伝統的な地上軍の影響力が減退していることと比較すれば、全ての軍種の軍隊においてエア・パワーの戦略的有用性が飛躍的に向上していることの疑いのない証拠となる。全ての軍種の軍隊においてエア・パワーの戦略的有用性が飛躍的に向上しているという点が、あるいはおそらくこの点だけが、ベトナム戦争以来起こっているエア・パワーの能力における変革の本質なのである。

(36) 例えば、Army Lieutenant General Jay Garner, *Defense Week*, November 18, 1996, p.15を参照。
(37) Brigadier General Robert H. Scales, Jr., USA, *Certain Victory : The U. S. Army in the Gulf War*, Washington D. C. and London, Brassey's 1994, p.367.

第10章　新しい戦争の時代におけるエア・パワーの役割

マティティアフ・メイツェル
柳澤　潤監訳

はじめに

本論は、特定の戦争形態における特定の戦争手段の役割と重要性についていくつかの考えを述べるものである。この戦争手段はエア・パワーで、これはおそらく、エア・パワーが誕生した二〇世紀初頭から今日までの戦争の主要な手段である。エア・パワーは、二〇世紀の大半の戦争で優勢な力を発揮し、ほとんどの場合、決定的な要因であった。したがって、エア・パワーは戦争に関連した最新技術の中でも戦争の戦い方を根本的に変化させた要因であることを強調する必要がある。

この方程式の反対側に位置するものは、世界史の中でも最も古いものの一つである戦争に特有の多様な形態のゲリラ活動やテロ行為である。本論ではこれらの戦争形態をゲリラ活動とも呼ぶことにする。この古いタイプの戦闘は過去半世紀、たいへん挑戦的な新たなかたちをつくった。すなわち新技術、そしてより重要である社会的変化が組み合わさった結果となった。

さらに、実務者と研究者の間では、航空戦とエア・パワーの本質と特徴に関する一つの合意があるが、ゲリラとテロの包括的な一般的概念およびこれらの種類の反乱行為の定義に関する合意はまったくない。道徳的・倫理的な側面では、航空戦は「通常的」であり、合法的なものとして、つまり倫理的・道徳的なものとして容認されている。その反面、テロ行為と反乱行為は、定義からして非合法であり、多くの場合、倫理や道徳に反すると見なされている。性急な指摘であるが、航空の初期段階では第一次世界大戦のほんの数年前、空中と航空技術を軍事目的に使用することは、一部の人たちからは「空を野蛮な目的に利用する」と見なされていた[1]。

別な論点で見ると、これは非対称の研究である。本論で検討する二つの戦争形態は、理論および実際の両方で非対称である。さらに、本論ではこれらの闘争形態を概念化する際の問題を戦略的および歴史的な面から検討するが、これには、航空戦の概念（または他の形態の通常戦争の概念）をゲリラ・テロ戦争さらには広く反乱に適用する際の難しさが伴う（ジョージ・W・ブッシュ米大統領が用いている「対テロ戦争」のような用語が適切か疑問である）。

一　用語の定義

最初に、本論で使用されている語句を歴史的な意味で明確にするために概念化から始める必要がある。テロリズムは現在では、たいへん感情的で極端に政治的、たいへん否定的な意味を持つ高度に非難の伴う言葉のようである。しかし、以前はこの言葉にはそのような意味はなかった。それは、テロ主義者やテロ集団の間では栄誉ある言葉であったし、おそらく現在でもそのように受け取られているであろう。その言葉は、テロ主義者や反乱者の観念と政治的目的に合った戦闘方法を意味する一つの戦法を表現する。

一九世紀のロシアの革命家は、テロリズムを政治目的のための暴力的活動である「行為による宣伝」と呼んでいた。クラウゼヴィッツ流にうまく表現するなら、テロ主義者は自らの戦法を政治の継続と考えていた。しかし、通常の軍事手段と根本的に異なり、テロリズムと反乱活動では、軍事的な成功は二の次であり、時には見当違いである。重要なのは、まさにテロ行為を行い、反乱を継続する能力であるテロ行為そのものである。

戦闘の方法それ自体は、政治目的にしたがって考え出されたゆえに、道徳的には中立ではなかった。ある行為が道徳的であるかは、テロ主義者や革命家グループのイデオロギーと政治目的に基づいて判断された。このようなグループにとり、そして彼らの観念では、自由の闘士はテロ主義者ではなく、テロ主義者こそが自由の闘士であった。彼ら

(1) Bertha von Suttner, *Die Barbarisierung der Luft*, (Berlin : Verlag der "Friedens-Warte", 1912).

の暗殺と攻撃の対象は、支配者、政治家、事業家、軍将校、警察幹部に向けられていた。彼らはこのような手段を取ることによって、自分たちの能力を誇示するだけではなく、取締当局が彼らの出身地の住民に対する鎮圧対策を講じるよう挑発した。

この方法は、当局を住民から離反させ、当局に対する住民の支持を失墜させることを目的としていた。このことは、例えば一九九〇年代のユーゴスラビアの分裂、そして現在のイラク、アフガニスタンおよび他の地域など、テロ主義者自身が住民の広範な支持を得られないケースでも同様であった。政治と軍の相互関係では、テロ主義者と反乱分子は政治目的のために暴力を用い、暴力のために政治を利用する。マイケル・ハワードが言うように、テロリズムは常にこのような方法でテロリズムに対する反応を利用してきた。(2) 現在のところ、イラクにおける米軍の窮地がこの点を証明している。

ここで、歴史的な定義と用語について説明する。ナポレオンに対するスペインのゲリラ戦争は、一九世紀後半のロシアにおける「革命の恐怖」がゲリラ戦ではなかったように、テロリズムとは呼べない。しかし、ロシアにおける革命のテロリズムは、ゲリラ戦の初期段階であった農民の騒乱と緊密に関連していた。ロシアの革命家はテロ行為が農民の反乱を引き起こす条件をつくり出すことを望んでいた。一九世紀以降の重大な社会的変化、その中で最も重要な変化は広範な都市化現象と人口増であるが、それが、これらの二つの戦争の形態を融合し、切り離せないものにした。技術進歩もテロリズムと反乱の台頭と進展に寄与するもう一つの重要な要因である。高性能爆弾の発明と二〇世紀後半の高度な電子および通信技術はテロリズムとゲリラ活動の戦力を増強させた。いくつかの事例を簡単に紹介してこの歴史的経過を考察してみる。

一九二〇年から翌年にかけてのイラクにおける反乱は、一九二〇年代の中央アメリカにおける多様な反乱と同様に、地方での事件であった。一九三六年から一九三九年にかけてのパレスチナにおけるアラブ人の反乱は、地方と都市の両方で起こり、古い形態のゲリラ活動とテロ活動が混合していた。一九四四年から一九四七年にかけてのパレスチナ

における ユダヤ人の反乱は都市と地方での事件が結合した出来事であり、それは軍隊に対する圧力より英国の委任統治当局への圧力としてより効果があった。同様に、一九五〇年代のギリシャのキプロスにおけるキプロス戦闘者全国組織（ＥＯＫＡ）による反乱は、都市と地方での事件であった。アルジェリア戦争（一九五四〜六二年）では、民族解放戦線はテロリズムとゲリラ戦を一体化し、都市と地方の両方で作戦を展開した。ペルーのセンデロ・ルミノソ（輝ける道）は一九八〇年代から一九九〇年代にかけて非常に活発な運動を展開し、大衆の支持を集め、都市と地方で作戦を展開した。一九七〇年代と一九八〇年代、イタリア（赤い旅団）およびドイツ（赤軍、別名バーダー・マインホフ・グループ）のヨーロッパの革命的テロ・グループは、自らを「都市ゲリラ」と称した。レバノンのヒズボラ（イスラム原理主義テロ集団）は政党として都市と地方に拠点を置き、二〇年以上にわたり非常に活発な活動を展開してきた。ヒズボラは、軍隊を保有し、内部の反対者と同様に外部の反対者にも、まさに明白な形でその軍事力を行使している。[3]

反乱とテロリズムの別な様相はグローバル化である。実業界で企業が成長するように、ゲリラ戦争と反乱のみならずテロリズムも同様に成長する。それらの活動は、その作戦域として全世界を対象とする。以前には、類似したイデオロギーまたは宗教的な特徴を持つテロ集団の国際協力があった。その一方、ゲリラ戦は通常、一国内あるいは一地域に限定されていたが、二〇世紀の後半から国内や地域に限定されなくなった。ゲリラ作戦が他国の支援を得ると、テロ集団は協力し、彼らの活動を調整する。テロ集団にとって、世界全体が彼らの作戦域となる。彼らはまず、拠点を作り、構成員を配置し、計画を練り、組織化を図り、そして首尾よく国境を越え、彼らの目標を世界に見出す。こ

（2）二〇〇一年九月一一日の米国同時多発テロに関する *The Times*, London, 14 September 2001 を参照。
（3）これらのグループや事件などに関する簡潔にして優れた議論は、百科事典的な研究である Robert Asprey, *War in the Shadows*, (New York : William Morrow and Company, 1994) および I.F.W. Beckett, *Modern Insurgencies and Counter–Insurgencies : Guerrillas and their Opponents since 1750*, (London : New York : Routledge, 2001) を参照。

れに対して、エア・パワーはすべての軍事力と同様に、政治的境界、国境、管轄権と主権や国際法の制約など他の要素により、今なお極めて厳しい制約を受けている。

したがって、これらの多様な戦争の形態を定義し、多数の用語と名称を区別し（「反乱」、「反抗」、「暴動」、「テロ」とは違う「ゲリラ」）、あるいはこれらの事象を分類するすべての古い定義と特徴付けは、本論において意味がない。これらの事象とその経過の軍事的な側面に関する考察のために、そして簡潔と明快を目的として、本論では一般的に「反乱」そして「対ゲリラ戦」を使用する。

二　エア・パワーと非対称戦争の関係

一方の側には空軍があり、エア・パワーを行使する。そして他方の側はこれらの手段を持たず自国を防衛するだけという戦力の非対称に関する検証から始める。テロとゲリラとの戦いにエア・パワーを行使する理論と実践に関心を持つのは、成熟した国家の組織化された軍隊である。この仮定から、本論ではこの題目を研究する際には、エア・パワーを運用する側の視点（他方の側の視点はこの視点ほど重要ではない。）から考察しなければならないという方法論的アプローチを採用している。

もちろん、テロリストがエア・パワーを使用する問題もある。二〇〇一年九月一一日の米国同時多発テロはその恐ろしい実演となった。当然であるが、本論ではテロ側からこの問題を検討しない。ここでは文明社会を破壊するのではなく、擁護し、防御することにおいてエア・パワーの役割に関する概念を考察する。

対ゲリラ戦は長期戦である。この戦いは形を変えながら何年、何十年も継続する傾向がある。また、投入される戦力の大きさ、使用される兵器の破壊力、その戦域の範囲で、限定的な戦いである。そして長期戦であるため、軍事的手段による迅速で圧倒的な勝利がない。このような戦いは厳密に言う軍事衝突をはるかに超えるものであり、その終結は軍事的な終結以上で、弱者側にとって有利となる。さらに、限定的な長期戦は人的・経済的損失を伴うが、国家の存亡を脅かすものではない。したがって、軍事作戦上よりも経済上の考慮が優先される。長期戦の性格上、地上軍の展開は、兵士や装備など膨大な費用を必要とする。以前はエア・パワーの投入が地上軍の展開より費用がかからない選択肢であった。しかし、エア・パワーの行使は少なくとも二〇世紀最後の四半期、正規軍の犠牲者を減らしたが、その費用は急騰している。

対ゲリラ戦における戦力は、あらゆる戦争と同様に、敵に被害を与える能力で判断される。おそらく、組織化された軍隊は、テロリストが国家に及ぼす被害よりさらに甚大な被害をゲリラにもたらすことができる。しかし、九・一一米国同時多発テロはこれとは違っていたことを銘記する必要がある。非対称性は双方の狙う目標にも現れる。テロリストは戦術的に目標を選択し、特定の目標ではなく、戦略的そして政治的な観点から一般大衆と既存の秩序を狙う。この意味では、テロリストの暴力の直接的な死傷は偶発的であった。軍隊はこれとは対照的に、直接かつ意図的に特定のテロリストを目標とする。

さらに、力関係における非対称は、テロリストあるいは反乱者である弱者側がより強力な軍隊、警察などの国家機関を持つ強者側との形勢の逆転を可能にする政治的・人道的なパラドックスを呈する。反乱者側は、ゲリラ、テロ集団に甚大な損害をもたらすより強力で大規模かつ技術的に勝る側の能力そのものをうまく利用する。これらの集団に対するエア・パワーの行使は、非合法、非人道的かつ大量虐殺的として政治的に利用される。一九二〇年代、一九三〇年代のヨーロッパの列強（英国、フランス、イタリア、スペインなど）は、抑止力を目的としてエア・パワーをうまく利用した。これらの作戦では民間人が目標となり、時には多数の人々が犠牲となる物的・人的被害も目標とされた。作戦の目的は、地域の住民やゲリラ部隊に恐怖を引き起こすことであった。これは、既に一九世紀のドイツで「Schrecklichkeit」と言われる「恐怖」の戦略であった。

しかし、二〇世紀後半から二一世紀になると、このような戦略は国際社会だけではなく、当該国の政治環境でも容認できなくなった。さらに、第二次世界大戦以後の倫理的価値観と国際法の変化により、軍隊および空軍内部にも面倒な問題を引き起こし、対ゲリラ航空作戦を展開する部隊の道徳観を損ない、意欲を失わせている。例えばイスラエルでは過去四年間、対ゲリラ戦での空軍の投入も疑問視されるようになってきた。

双方にとって死傷者の問題は、ゲリラやテロリストに対するエア・パワーの作戦上のジレンマに対する重大な事項となる。エア・ドクトリンの提唱者は、航空作戦が地上作戦よりも低費用であるという経済的な論議に加え、より少ない死傷者で目標を攻撃する力を意味する「精密性」の主張を持ち込んだ。一九二〇年代と一九三〇年代の英国空軍の主張によると、航空作戦はより正確な攻撃が遂行でき、「付随的被害」をより軽微にし、政治的・人道的にも良い結果をもたらすと述べている。(4) しかし、この主張は、精密誘導兵器が開発される二〇世紀後半まで事実と異なっていた。それ以前は、少なくとも英国、フランス、スペイン空軍による空中警察活動での死傷者の大半は一般人であった。一九二〇年から一九二六年にかけての「リフの反乱」は好例である。フランスとスペインの航空部隊はこの反乱を鎮圧する目的で、反乱者の住む村に爆撃を行った。しかし、これらの村では、屈強な男たちは兵士として村を離れ、残された住民の大半は女性、子供、老人であった。(5) もちろん、当時の他の対ゲリラ戦での毒ガス弾の無差別な使用は「正確」ではなく、ゲリラ部隊はほとんど被害を受けなかった。近年の精密誘導爆弾および戦術ミサイルの運用では命中率が著しく向上したが、それでも民間人の死傷者を出し、戦略的・政治的ジレンマは解決されていない。

ここで、地理の重要性について解説する。二〇世紀前半の広々とした農村地域では、エア・パワーは反乱を鎮圧し、ゲリラ部隊を撃退するのに極めて効果的な手段であった。しかし、山岳地域や樹木が密集した森林地帯では航空作戦は非常に困難で、エア・パワーの効力は損われた。このことは、ソ連軍が一九八〇年代にアフガニスタンで経験したことである。都市テロリズムと地方ゲリラ戦の融合は、航空作戦にとってより困難な問題を呈することになる。都市あるいは田舎にかかわらず、人口集中地域での対ゲリラ戦は新しい課題をもたらし、新技術の開発を刺激することになる。このことがエア・パワーの構造変革を促したのである。

三　対テロ作戦・対ゲリラ戦におけるエア・パワーの役割

理論書は通常、対ゲリラ戦に関連して空軍の役割を地上部隊の支援を目的とする二次的なものと見なしている。このような文献は、エア・パワーが単独で勝利を収める条件のみならず、エア・パワーの可能性も考慮せず、エア・パワーの役割は地上部隊を補完することと考えている。空軍力単独での勝利の条件を想定したのはおそらくイスラエルだけである。これは基本原則の問題であり、通常戦争と非通常戦争（対ゲリラ戦、対テロリスト戦、不正規戦、「非

（4）この論争を初めて持ち出したのは、第一次世界大戦の終結直後の英国空軍である。この進展に関する簡潔な説明は次の文献を参照。Philip Towle, *Pilots and Rebels : The Use of Aircraft in Unconventional Warfare, 1918–1988* (London : Washington : Brassey's, 1989), pp.9–55 ; David E. Omissi, *Air Power and Colonial Control : The Royal Air Force, 1919–1939*, (Manchester (England), New York : Manchester University Press ; New York, NY : St. Martin's Press, c1990) ; James S. Corum, *Airpower in Small Wars : Fighting Insurgents and Terrorists* (Lawrence : University Press of Kansas, c2003), pp.51–86 ; Charles Townshend, 'Civilization and Frightfulness : Air Control in the Middle East between the wars', in *Warfare, Diplomacy and Politics : Essays in Honour of A.J.P. Taylor*, edited by Chris Wrigley, (London : Hamilton, 1986) ; J.L. Cox, 'A Splendid Training Ground : The Importance to the RAF of Iraq, 1913–32', *The Journal of Imperial and Commonwealth History*, vol. 13, no. 2, 1985, pp.157–184 ; Sir John Cotesworth Slessor, *The Central Blue : Autobiography*, (New York : Praeger, 1957) ; Yig'al Eyal, *ha-Intifadah ha-rishonah*, (Hebrew) Tel Aviv : 1998 ; Thomas R. Mockaitis, *British Counterinsurgency, 1919–60*, (Houndmills, Basingstoke, Hampshire : Macmillan, in association with King's College, London, 1990).

（5）リフの反乱につては次の文献を参照。David S. Woolman, *Rebels in the Rif : Abd el Krim and the Rif Rebellion*, (Stanford, Calif. : Stanford University Press, 1968) ; C.R. Pennell, *A Country with a Government and a Flag : The Rif War in Morocco, 1921–1926*, (Outwell, Wisbech, Cambridgeshire, England : Middle East and North African Studies Press, Boulder, Colo.: c1986) ; Jose E. Alvarez, *The Betrothed of Death : The Spanish Foreign Legion during the Rif Rebellion, 1920–1927*, (Westport, CT : Greenwood Press, 2001).

正統的」戦争）間の力関係の反映とその結果である。最も重要な問題は、エア・パワーの組織、その規模、そしてそれゆえの費用である。大国の巨大な空軍はその戦力の一部をゲリラ戦に向ける余裕があるが、小規模の空軍は軍全体をゲリラ戦に対処する上で変換を必要とする。しかし、その実現可能性は非常に低い。

ゲリラやテロに対するエア・パワーの運用法は通常戦争の場合とは多少異なる。対ゲリラ戦では、通常戦争における二次的な戦闘支援力が主力となる。巨大な戦略爆撃機はテロリストあるいは都市ゲリラに対して明らかに有効性が乏しく、最新式の要撃戦闘機は限定的な価値しかなく、長距離弾道ミサイルは無価値である。それとは対照的に、低速の陸上攻撃機、有人・無人の観測・偵察小型機、特殊部隊を迅速に目的地へ時間通りに展開させることのできる輸送用ヘリコプター、対戦車ヘリコプターは極めて有効である。火力を運搬する手段も火力と同様に重要となる。

エア・パワーの提唱者は、一般的に空軍の関係者であるがこれに限らず、航空優勢がすべての軍事作戦の成功の鍵を握っていると言う。しかし、これらの提唱者は、特に都市型テロを目標とする対テロ作戦でエア・パワーは困難な状況に直面していると考えている。対テロ作戦のような戦闘では、航空優勢は当然視されるか、あるいは不適切なものとなる。さらに、エア・パワーの理論家と実行者はゲリラ戦や対テロ活動に対するエア・パワーの持つ柔軟性に疑念を感じている。

そうとすると、対ゲリラ・テロ作戦でエア・パワーが遂行できる任務とは何か。エア・パワーはまず、陸上部隊と比較してより多数の兵士、大量の装備、より有効的な技術利用、より経済的な資源の利用法など、戦争が必要とするすべての物をより短時間に供給する能力を持っている。優れた兵器や運搬手段によって、エア・パワーは高い柔軟性、移動性、つまり高い機動性をもたらす。さらに、先端技術を利用して有益な情報を収集し、その情報を有効に利用する。エア・パワーはより速やかに敵を攻撃し、高い殺傷率を確保する。相対的に高高度を飛行し、新型誘導システムを利用することによって、航空機は陸上部隊には不可能な精度を確保できる。

その反面、エア・パワーには弱点もある。天候に左右され、時には作戦の実施が不可能となる。対ゲリラ戦で低空飛行を余儀なくされると、ゲリラ部隊が保有する旧式の対空砲火に曝される。さらに、起伏の多い地形、山岳地域、樹木が密集した森林地帯では航空作戦が困難になる。都市あるいは地方の人口集中地域では、航空作戦は極端に制約される。エア・パワーは敵との交戦の場所と時を選択できない。さらに、テロリストやゲリラを発見し、彼らと交戦する上で、彼らを追跡する必要がある。最大の制約は、エア・パワー単独ではゲリラ部隊やテロ集団を敗北させることが不可能なことである。航空部隊単独では、ゲリラ部隊が作戦を実施する地域を制圧し、主導権を握ることが不可能である。航空作戦がせいぜいできることは、ゲリラ、テロ部隊による特定の地域の利用を阻止することである。通常、航空作戦に続き地上の部隊（特殊部隊、正規軍部隊、警察分遣隊など）、さらにその後に文民当局を必要とする。

対ゲリラ戦におけるエア・パワーの最大の長所はおそらく、兵士、兵器、装備を必要とする地点へ必要な時に輸送するその兵站力であろう。第二の長所は、空軍が「空飛ぶ砲兵」と呼ばれる爆撃力、あるいは最新の精密誘導兵器などの強力な破壊力を持つ武器弾薬の投射力である。後者によって、エア・パワーの旧世代にはなかった対テロ作戦の選択肢が増えた。またエア・パワーは、指揮・統制・通信・情報（C３Ｉ）にとって極めて重要である。たとえば航空部隊の指揮所と統合指揮所は、陸・海・空を含む全軍の作戦を調整する能力を提供する。さらにエア・パワーは、広域を網羅する移動通信機能を備える点で柔軟性があり極めて有用である。このためエア・パワーは、ゲリラ活動の情報、偵察、事前の警告などの様々な可能性を切り開く能力を備えている。この能力は、対ゲリラ戦の準備段階、作戦時あるいは作戦後の監視と観測に極めて有効である。

エア・パワーは、敵軍の進行を遅らせ、阻止し、友軍の陸上部隊が到着するまで敵部隊と交戦する。また敵軍の阻止と要撃に、あるいは反乱軍の領土で包囲された守備隊の支援、供給、撤退に極めて有効であるが、この任務を遂行する上で大規模な空輸部隊を必要とする。例えば、フランス航空部隊は一九二一年から一九二六年にかけてのモロッコでのリフの反乱、次いで一九二五年から一九二七年にかけてのシリアでのドルーズの反乱(6)でこのような任務を遂行して勝利を収めたが、一九五四年のベトナムのディエンビエンフー(7)では悲惨な結果をもたらした。

高性能航空兵器は、反乱者集団の戦力拠点に対する攻撃に有効で、施設、貯蔵所、補給品などの破壊を目的として運用される。前述したように、二〇世紀前半には、高性能航空兵器が世界中で反乱への抑止力として民間人に対して広範囲に運用された。このことは、第二次世界大戦後、道徳的価値観の変化および国際法の規範の観点から、極めて重大な道徳的、法的および政治的な問題となった。フランス政府がアルジェリア戦争で学んだように、軍事作戦での成功は民間人の死傷によって政治的な敗北になることがある。これは、一九五八年二月八日、フランス空軍が民族解放戦線（FLN）の軍事基地であったチュニジアのサキエト村を爆撃した事件で、この戦争におけるフランスの宣伝の大失敗となった(8)。

エア・パワーの最も重要な貢献は負傷者の救出である。これは、陸上部隊では代替手段が提供できない絶対に必要な任務である。航空機による負傷者の救出は、モロッコに駐留していたフランス部隊が一九二〇年代初頭に導入し、大きな成功をもたらし、その後、世界各国の空軍により採用された。

四　反乱・対ゲリラ戦へのエア・パワーの適用例

反乱に対する航空作戦は第一次世界大戦の終結後から始まった。この頃になると、大国はエア・パワーの一部をこの目的に運用することが可能となった。したがって、T・E・ローレンスを有名にしたオスマン帝国に対するアラブの反乱（一九一六〜一八年）が、もし航空攻撃に曝されていたら成功したかは疑わしい。さらに、エア・パワー理論の出現、空軍の発展、新技術の開発などは、第一次世界大戦後である。空軍はエア・パワーの有効性を証明する機会を模索していたが、その有効性を実証できたのは植民地戦争においてである。一九二〇年代から一九三〇年代にかけて、西欧の列強は対ゲリラ戦で空軍を投入したが、反乱鎮圧作戦でのエア・パワーの行使に関する理論、そしてその方針は英国で発展した。この概念は、「空中警察活動」とも言える空の支配であった。英国の支配下で平和と秩序を確保するのに必要なのは、警察と同様の支配であるというのがその基本概念であった。英国空軍は、多数の地上部隊を必要とする任務を少数の航空部隊で遂行できると提言した。事実、このような手段は二〇世紀前半の反乱で広範に講じられた。中米での空の支配は米国航空部隊、中東およびインドでは英国空軍、トリポリタニアではイタリア空軍がそれぞれ実施していた。英国空軍はこの構想をさらに発展させ、大英帝国の各地での反乱の鎮圧に航空部隊を投入した。英国当局はこの作戦を成功と判断したが、この作戦の限界は早くも一九三〇年代に現れた。

二〇世紀半ばから対ゲリラ戦は警察活動ではなく、新しい戦争の形態であると一般的に考えられるようになった。反乱はその性格を、確固たる政治組織を持たない過疎地での暴動と「騒動」から、都市の人口集中地域でテロと結びつき、確固たる政治的目標をもつ集団暴力へと変化させた。そして、以前は野原で行われていた戦争が街中で行われるようになった。先進国当局にとって、反乱者に対する勝利を収める上で人心をつかむことがますます重要となった。それに対し反乱者の側は、これに制約されず、当局を攻撃する上で「恐怖」の手段を用いた。

（6）Omissi, *Air Power and Colonial Control* および（*Arnaud Teyssiers, 'L'aviation contre les insurrections : L'expérience (français au Levant au lendemain de la première guerre mondiale)'; Revue Historique des Armées*, 169 (December 1987), pp.48–54 を参照。

（7）ディエンビエンフーに関しては、Bernard Fall, *Hell is a Very Small Place*, (Philadelphia, PA : Lippincott, 1966) ; Hubert Ruffat, 'Le Ravitaillement par air de Dien Bien Phu', *Revue Historique des Armées*, 157 (December 1984), pp.52–57 ; Patrick Facon, 'L'Armée de l'air et Dien Bien Phu', *Revue Historique des Armées*, 157 (December 1984), pp.58–64 ; Patrick Facon, 'L' Armée de l'air et Dien Bien Phu : Préparation de la bataille', *Revue Historique des Armées*, 155 (March 1985), pp.79–87 を参照。

（8）現在でもアルジェリア戦争についての英語版の良書であり続けている Alistair Horne, *A Savage War of Peace : Algeria 1954–1962*, (London : Macmillan, 1977) および Patrick–Charles Renaud, *Aviateurs en guerre : Afrique du Nord–Sahara 1954–1962 : Chasse, Bombardement, Aviation légère, Hélicos*, (Paris : Grancher, c2000) を参照。

ソ連では赤軍がすでに一九二〇年代初めから対ゲリラ戦でエア・パワーを有効的に運用し、かなりの成果を上げた。一九二〇年から翌年にかけてのボルガ川沿いの農民蜂起の際、赤軍部隊の一部として、反乱の鎮圧を目的にエア・パワーを投入した。農民の村や家屋は、フランスとスペインがモロッコで使用した手段と同様の方法で爆弾と毒ガスの攻撃を受けた。(9) 赤軍のエア・パワーはさらに、中央アジアのバスマチ運動に対してもエア・パワーを投入した。この作戦はおそらく一九三〇年代まで続いたと考えられる長期のゲリラ戦争であった。(10) この作戦でソ連政府は、イラクにおける英国の委任統治当局、あるいはモロッコとその後のアルジェリアにおけるフランス軍と同様な問題に直面することになった。この問題とは、広大な土地、高山が連なる困難な地形、砂漠地帯、数少ない道路、当局に敵対的な都市や地域の住民などの条件下での反乱の阻止と鎮圧であった。

ソ連のエア・パワーの構想は英国のものとはまったく違っていた。赤軍は、航空機とともに地上軍、歩兵、高い機動力を持つ騎馬隊、そして最も重要な落下傘部隊を運用し、空陸共同作戦を展開した。さらに、ソ連の政治目標も異なり、中央アジアでの和平工作のない、ソ連体制の導入と強化を目的としていた。この長期的低強度紛争で使用されたのは、航空用武器弾薬を用いた破壊力ではなく、エア・パワーが固有に持つ兵站力であった。これはおそらく初の空中機動地上部隊の運用であった。英仏と違い、赤軍は、作戦全体のごく一部としてエア・パワーを使用し、成功した。

原則として、対ゲリラ戦における航空作戦は支援的なものであり、反乱を鎮圧する主要な任務は地上部隊に与えられていた。これはおそらく、一九二〇年代から一九三〇年代にかけてのモロッコにおけるフランス軍の行動、中米における米国の航空作戦、そして中央アジアのバスマチにおける赤軍のケースではそうであった。第二次世界大戦のドイツでの対パルチザン作戦もこれに該当する。軍事作戦の政治的最終目標は安定して機能する機構をつくることであり、問題とする領土を掌握するのに地上部隊に代わるものはない。しかし、航空作戦が紛争地域を鎮静化させた何とも言えないような例もいくつかある。例えば、一九二〇年代のインド北西部の辺境あるいはアラビア半島の南部での反乱に対する英国の航空作戦である。

空の支配の基本教義は、とりわけ反乱の起きている地域に対する空襲による懲罰を必要とした。この空襲作戦は、ビルマ、インドの北西部の辺境、エジプト、ソマリランド、そして大英帝国のその他の反逆的な地域に対する植民地時代の懲罰的な陸上での遠征の航空戦力による模倣であった。一九二一年のイラクでの作戦に関係した英国空軍のある将校は、「爆弾や機関銃による攻撃は家屋、住民、作物、家畜に対し容赦なく昼も夜も続けなければならない。…(中略)…これは残忍なことと知っていたが、この作戦はそもそも残忍でなければならない。敵がこの教訓をしっかり学べばその後は脅かすだけでも有効だ」と話した。

しかし、変化を続ける反乱の性格と二〇世紀の世界情勢は、政策と基本教義の変化を促した。アラブの反乱（一九三六～三九年）では、第二次世界大戦中に「爆撃王ハリス」との名声（または悪名）を高めた当時の空軍のアーサー・ハリス准将はパレスチナで軍務に服していたとき、「余計な口を挟む各村に一発の二五〇ポンドか五〇〇ポンド爆弾

(9) Orlando Figes, *Peasant Russia, Civil War : The Volga Countryside in Revolution, 1917–1921*, (Oxford : Clarendon Press ; New York : Oxford University Press, 1989) ; V. Danilov, T. Shanin (Eds.), *Krest'ianskoe vosstanie v Tambousko? gubernii v 1919–1921 gg., "Antonoushchina" : dokumenty i materially* / [red. kol. V. Danilov i T. Shanin (otv. redaktory)... et al.]. Tambov : Intertsentr : Arkhivny? otdel administratsii Tambovsko? obl., 1994 ; V. Danilov, T. Shanin (eds.), *Krest'ianskoe dvizhenie v Povolzh'e, 1919–1922 : dokumenty i materialy* / [redaktsionnaia kollegiia, V. Danilov i T. Shanin (otvetstvennye redaktory)... et al.]. Moskva : ROSSPEN, 2002.

(10) Fazal-ur-Rahim Khan Marwat, *The Basmachi Movement in Soviet Central Asia : A Study in Political Development*, (Peshawar : Emjay Books International, 1985) ; Peter William Olson, *The Basmachi Revolt in Soviet Central Asia, 1918–1931*, Harvard Thesis (A.B., Honors)—Harvard University, 1972 ; Mustafa Chokay, "The Basmachi Movement in Turkestan', *The Asiatic Review*, Vol.XXIV, 1928 ; Sir Olaf Caroe, *Soviet Empire : The Turks of Central Asia and Stalinism*, (London, Macmillan, 1967) ; Alexander Marshall, 'Turkfront : Frunze and the Development of Soviet Counter-insurgency in Central Asia', in Tom Everett-Heath (Ed.), *Central Asia : Aspects of Transition*, New York, (London : Routledge Curzon, 2003).

の使用が必要であり、アラブ人が理解できるのは締め付けだけで、遅かれ早かれ締め付けを行わなければならない」と主張した。一九三六年九月、パレスチナ全体の治安を担当していた英国空軍司令官は、「住民への事前通告付きでの村々の爆撃を含む断固とした作戦」の許可を求めた。陸軍大臣は内閣の名において「パレスチナに対して空爆を行ってはならない。…（中略）…町や村の住民は、罪を犯した過激派にほとんど、もしくはまったく関係していない。」と答えた。英国の航空機に対空砲火を行う相手に対処したい要請に対して、航空参謀副長は限定的な爆撃を認めたが、爆撃は経験が豊富な操縦士によって行われ、射撃が行われた建物を明確に識別し、爆撃は犯人グループだけを狙わなければならないという厳しい制限が課せられた。住民はゲリラについて何も知らず、ゲリラを抑えることが不可能という根底にある前提は、状況の正確な分析というよりも政治的な仮説であった。さらに、当時の航空作戦の技術はこの高官が要求した精度に達していなかった。実情としてはパレスチナのアラブ人の村に対する爆撃（第二次世界大戦では「絨毯爆撃」として知られていた。）と砲撃は、規定のことであり、例外ではなかった。

当時のパレスチナの英国当局が抱えていたジレンマは、過去二〇年、イスラエル陸軍が抱えてきたジレンマによく似ている。英国の航空参謀副長の命令は、南レバノンやガザ地区におけるイスラエル空軍の交戦規則に一字一句引用することができるであろう。イスラエル軍が駐留していた頃（一九八二〜二〇〇〇年）の南レバノン、あるいは現在のパレスチナの占領地域では、一般市民はゲリラ活動に無関係という前提はないが、同じような、あるいはもっと厳しい政治的な制約が課されている。

外国に占領されている国、植民地統治下にある国（例えば、一九二〇年および二〇〇三年以降のイラク、一九二一年から一九二六年にかけてのモロッコ、一九八二年から二〇〇〇年までの南レバノン）、または国内の一部先住民による他の先住民に対する反乱が進行中の国などでは、ゲリラ、テロ、反乱の間に非常に大きな相違がある。例をあげると、一九三六年から一九三九年にかけてのパレスチナのアラブ人、一九四五年から一九四七年にかけてのパレスチナのユダヤ人、一九九四年以降のチェチェン、人種隔離政策下の南アフリカ、あるいは北アイルランドなどがある。

別な形態はウルグアイのツパマロス、ペルーのセンデロ・ルミノソ（輝ける道）運動、スペインのバスクの地下組織、一九七〇年代と一九八〇年代のイタリアとドイツでの都市型ゲリラ、過去四年間イスラエルの占領下にあったガザおよびヨルダン川西岸地区などに見られる。ここでは、各々の事例が独特で、各々が独自の特徴を持つことを強調することが重要である。しかし、これら事例のすべては軍事的解決が困難であり、戦略的・政治的な問題という意味で関係当局にとって類似した問題である。さらに、住民に対する抑圧的な軍事占領は自滅的な方法であるが、同時に、軍事的手段の代替となるものがない。

政治的な制約は軍隊に対する要求事項をつくり出す。それは、反乱者に大きな損害を与えて軍事的な反乱を終わらせて成功を収めることのできる軍隊である。このことは、反乱地域と住民を物理的に占領せず、住民の死傷と自軍の損害を最低限に抑えて短期間に遂行されなければならない。

既存の軍隊は最先端技術で装備され、近代的であるが、上記の要件を満たせないことは明白である。必要とされるのは、高い機動性を持ち、精密度が高く、強力な兵器を使用し、緊急動員でも攻撃可能で、部隊の移動と交代に柔軟性があるような軍隊である。このような軍隊は、十分な量の最新の特殊兵器で装備され、常時警戒態勢に置かれ、即応態勢がとれる、徹底した訓練を受けた部隊で構成される必要がある。これらの要件を満たす軍隊は、航空、特殊部隊そして情報（軍事と同様に政治）の三つの要素を備えるべきである。さらに、多様な任務に対応できる組織的な柔軟性を必要とし、さらに統合された情報と指揮が要求される。

おわりに

ここで、対ゲリラ戦におけるイスラエル空軍の最近の事例をあげて本論を終わる。一九八二年から二〇〇〇年にかけて、イスラエル空軍は南レバノンで対ゲリラ戦を常時展開していた。そこは、丘陵の多い農業地域で、多くの村、小さな町があり、町や村の間には開けた空間がある。イスラエル空軍は保有するすべての航空機を活用したが、主力としての戦闘爆撃機（MD F‐4 ファントムⅡ、そして後のGD F‐16）、対地攻撃型ヘリコプター（AH‐1G コブラとヒューズ500‐MD ディフェンダー）、輸送ヘリコプター（ベル212と年代物のシコルスキーCH‐53）である。この作戦では最先端の電子機器と精密誘導兵器が使用された。このゲリラ部隊に対する作戦は、すべての航空攻撃において戦術上の成果を上げた。しかし、二つの要素が、この対テロ対処を効果のないものとした。一つの要素は、すべてのヒズボラのテロ行為に対してイスラエルは直ちに航空攻撃で対処していたという一連の明白なサイクルであった。二つ目の要素は、テロ行為に対する即時対応を不可能にした現代の航空作戦の複雑さと、これに要した時間の長さであった。ゲリラ部隊は容易に撤退でき、被害を受けなかった。したがって、攻撃強度も最先端の精密誘導兵器を用いた攻撃もゲリラ活動に終止符を打つどころか、ゲリラ活動を抑えることもできなかった。

平坦な海岸平野、そしてイスラエル人の居住地に近く、開けた空間がない人口が密集したいくつかの都市地域など、ガザ地区の環境はかなり違う。この地区での攻撃目標は通常、テロ行為を指導・指揮する個人である。したがって、交戦規則は非常に厳しかった。イスラエルの報復攻撃はテロ攻撃の後に行われ、攻撃の時間と場所を選択できるイスラエル側が主導権を握っていることを双方とも熟知していた。戦闘爆撃機（F‐16）あるいはヘリコプターを使用しても、航空攻撃は地上軍と治安部隊からもたらされる情報に完全に依存していた。使用された兵器は精密誘導戦術ミサイルであった。この場合、エア・パワーの行使は地上部隊に取って代ることが可能であり、イスラエル国防軍の死傷者を減らすことができた。しかし、政治的結末は落胆すべきものであった。多くの場合、これらの攻撃によって民間人が死傷したが、軍事目的と政治目的を勘案すると、その数はあまりにも多すぎた。

最近のインティファーダ（二〇〇〇〜〇五年）でのイスラエルによるエア・パワーの行使では、この種の戦争では初めて指揮の統一が見られた点で興味深い。空軍は地上部隊を支援する二次的な役割を果たすのではなく、警察を含むイスラエルの全軍が全面的に協力し、統一指揮下で作戦を展開した。

この正味の結果は、エア・パワーがゲリラ・テロ部隊との戦争に不可欠なものであったし、今後もそうであるという周知の事実である。エア・パワーは現代の高度な技術を使用することによって、通常、戦術的には成功する。しかし航空作戦は、より広範な軍事的および政治的努力の一つの要素である。軍事作戦は、軍事的および政治的手段によって実施され、軍事作戦の方向を決定する軍事および政治両方の目標を持つ必要がある。現在、イスラエルは全国民の支持を得るべく対ゲリラ戦を展開している。この目的上、一つの軍事力としてのエア・パワーは間違いなく重要なものであるが、それは多くの手段の中の一つである。

第11章　エア・パワーの役割をめぐる理論的考察(1)

金　仁烈［キム・インヨル］
柳澤　潤監訳

はじめに

本論は、安全保障環境に関連して現代のエア・パワーの役割を評価することを目的とする。筆者はエア・パワーの評価を導き出し、現代は「エア・パワーによる平和（Pax Airpowerina)」の時代であることを強く主張する。しかし、エア・パワーの全能に近い力の概念を考えるとき、その細分化の欠陥に気がつく。筆者は、「立体的視点(Stereo View)」という新語を考え出したが、この表現は今後の検証を必要とする。

本稿の目的は、仮説の立証あるいは研究を行うことではない。従って、これは発見的学習を目的とした論文である。専門用語の使用が許されるなら筆者は、本稿の便宜的な意見、反証可能性、事後誤謬、推測、事実誤認などに対する批判を受け入れる用意がある。しかし、事実を単に繰り返し、書き改めるのではなく、実証的根拠に最大限に基づいて考えることに努める。

ここでは、理論的及び経験的な基礎を提示することを試みる。前者については、主に軍事ドクトリンを参考にし、後者については一九九一年の湾岸戦争の事例を利用する。筆者は一次資料を入手できず、従って本稿で採用したすべてのデータは必然的に公開されたデータである。本稿の成果はすべて湾岸戦争にその要素を求めることができる。

評価を目的として本稿で取り上げた要素は、偶然にもキーニーとコーエンらの制空、戦略攻撃、対地攻撃の三つの分野(2)と同じであるが、選択の論理的根拠は大きく異なる。本稿では、もっぱら、効果の確実さによることを明らかにする。従って、キーニーとコーエンは「全体的な結果」に焦点を合わせているが(3)、本稿では実際に爆弾を投下する行為あるいは戦闘行動を検証する。当然のことながら、戦場を認識する努力と、空輸作戦などの他の重要な要因は未検証のままである。

一　安全保障環境

冷戦の崩壊は国際緊張の緩和には大きな貢献を果たさなかった。ジェフリー・ケンプが主張するように、冷戦の崩壊は反対に地域紛争[4]と民族中心的な低強度紛争（ＬＩＣ）[5]に油を注いだということができる。例えば、東欧の「劇的な変化」は世界的な協力を中心とした国際関係を伴わなかった。[6]冷戦の崩壊にもかかわらず、世界は「カントの平和論」にほとんど近づいておらず、軍事力は依然として「最後の手段」なのである。[7]

（1）本稿は、防衛庁防衛研究所の主催で二〇〇五年九月一四～一五日に開催された「戦争史研究国際フォーラム」で、「将来の東アジア地域戦略環境とエア・パワーの役割」と題する発表のために作成された。本稿に含まれる見解はすべて筆者の見解で、韓国空軍大学またはその上位組織もしくはそれらの後援者の公式見解あるいは意見を反映するものではない。

（2）Thomas A. Keaney and Eliot A. Cohen, *Gulf War Air Power Survey* (Washington, D.C.: Government Printing Office, 1993), p.55.

（3）*Ibid*., pp.55–56.

（4）Geoffrey Kemp, "Regional Security, Arms Control, and the End of the Cold War," in *Washington Quarterly* (Autumn 1990), pp.33–51, quoted in Richard H. Shultz, Jr., "Compellence and the Role of Air Power as a Political Instrument," Richard H. Shultz, Jr. and Robert L. Pfaltzgraff, Jr., ed., *The Future of Air Power in the Aftermath of the Gulf War* (Maxwell Air Force Base, Alabama : Air University Press, 1992), p.181.

（5）*Ibid*., p.174.

（6）*Ibid*., p.172.

（7）Robert J. Art and Robert Jervis, ed., *International Politics : Enduring Concepts and Contemporary Issues*, 3rd ed. (New York : Harper Collins Publishers Inc., 1992), p.1. 筆者は環境・経済問題など、他の安全保障問題を除くつもりはない。Lester R. Brown, "An Untraditional View of National Security," John F. Reichart and Steven R. Sturm, ed., *American Defense Policy*, 5th ed. (Baltimore and London : The Johns Hopkins University Press, 1982), p.21. また安全保障問題が軍事領域だけの問題とは考えていない。キッシンジャーの言葉を引用すると、「純粋に軍事的な」ものはない。Henry A. Kissinger, *Nuclear Weapons and Foreign Policy* (NY : Harper & Row, 1957), p.422.

安全保障環境を不安定化させる要素は多岐にわたる。長距離ミサイル、最新式航空機、海上プラットフォーム、NBC兵器などの大きな威力をもつ装備を含む兵器の拡散は、引き続き拡大傾向にある。[8]専門家は二一世紀初頭には、少なくとも一五ヵ国が前述の兵器すべて、あるいは一部を保有するようになると予測している。[9]さらに、先進工業国は、中核的な軍装備品の市場シェアを支配も独占もしていない。第三世界諸国は、装甲車、航空機、海軍艦艇、ミサイルなど、ある程度の恩恵を享受している。アンドリュー・L・ロスの分析によると、第三世界諸国の八ヵ国が現在、「前述の四種類の軍需品を設計し生産することが可能である」という。[10]

各国の経済力を考慮すると、世界の多くの国々が超近代的な兵器を保有し、関連研究を行う能力を有していると想定できる。数ヵ国は三千両から五千両の戦車と装甲兵員輸送車（APC）及び五百機から千機の戦闘機を配備する能力を有している。[11]さらに、その他の六ヵ国が最新の中距離空対空ミサイル（AMRAAM）に匹敵するミサイルを開発中であることが判明した。[12]

懸念すべき点は、一国の軍備増強が複雑に絡みあっていることである。例えば、増大する中国の軍事費は地域の不安定化に繋がる可能性がある。もし中国が急速に軍事費を増やし続けるなら、日本はこれに対応し、そして韓国及び北朝鮮がこの日本の動きに対応する。[13]従って、中国、日本、朝鮮半島の軍備増強が連鎖反応をもたらすという説は非常に説得力がある。

さらに、朝鮮半島での緊張した軍事情勢は、引き続き東アジアの戦略上の最大の懸念である。[14]北朝鮮は一九六二年、同国の軍事政策の根幹として「四大軍事路線」を導入した。[15]現在、金正日総書記は「軍事優先政策」を堅持している。一九六〇年代以降、北朝鮮はその国力を核保有能力に投入してきた。確かな証拠は無いが、北朝鮮は一個か二個の核弾頭を保有していると考えられる。さらに北朝鮮は、二千五百トンから五千トンの神経ガス、びらん性ガス、血液剤などを放出する化学兵器も保有していると見られる。また、北朝鮮は一九八〇年代半ば、スカッドBミサイルの試験発射に成功し、一九九八年八月にはテポドン1号ミサイルの実験を行った。[16]さらに深刻なことは、欧州や中南米などの他の地域と違い、域内安全保障協力を構築する仕組みが東アジアにはほとんど無いことである。[17]

軍事費が国民総生産（ＧＮＰ）に正比例していることは、ほとんど法則といってよい。ケーラーの詳細な研究によると、カナダの過去一〇〇年間と英国の過去三〇〇年間における軍事費とＧＮＰの相関係数は各々〇・九以上である。[18]コスタリカとアイスランドを除いて、現在すべての国は、軍事予算への支出を一定のレベルに維持している。[19]

（8）Robert L. Pfalzgraff, Jr., "The United States as an Aerospace Power in the Emerging Security Environment," in Shultz and Pfaltzgraff ed., *The Future of Air Power in the Aftermath of the Gulf War*, p.40.

（9）Robert G. Sutter, *The United States and East Asia : Dynamics and Implications* (Lanham, Boulder, New York, Oxford : Rowman & Littlefield Publisher, 2003), p.14. 領土、人口過剰、エイズ、資源、食料、エネルギー、水などに関する他の問題も同様に深刻である。

（10）これらの国は、アルゼンチン、ブラジル、韓国、台湾、南アフリカ、インド、イスラエル及びエジプトを含む。Shultz, "Compellence and the Role of Air Power as a Political Instrument," p.174.

（11）Christopher Bowie, Fred Frostic, Kevin Lewis, John Lund, David Ochmanek and Philip Propper, *The New Calculus : Analyzing Airpower's Changing Role in Joint Theater Campaigns* (Santa Monica, CA : RAND, 1993), pp.8–9.

（12）これらの国は、アルファベット順にフランス、インド、日本、ロシア及び英国である。*Forecast International DMS Market Intelligence Reports*, (November 1991) quoted in *ibid.*, p.43. さらにイランと北朝鮮が大量破壊兵器（ＷＭＤ）の開発を目指していることが公になった。*Ibid.*, pp.11–13 ; Sutter, *The United States and East Asia*, p.2.

（13）*Ibid.*, p.31.

（14）*Ibid.*, pp.1–2.

（15）「四大軍事路線」とは、国土全体の要塞化、全国民の武装化、兵器の近代化、全兵士の将校化である。Ministry of National Defense, *Defense White Paper, 2004* (Seoul : MND, 2004), p.39.

（16）*Ibid.*, pp.37–46. スカッドＢミサイル及びテポドン1号ミサイルの射程距離は各々、三〇〇キロメートルと二五〇〇キロメートルと推定されている。*Ibid.*, p.290.

（17）Sutter, *The United States and East Asia*, p.88.

（18）Gernot Koler, "Toward a General Theory of Armaments," *Journal of Peace Research* 16 (1979), pp.117–135.

（19）Gary Goertz and Paul F. Diehl, "Measuring Military Allocations : A Comparison of Different Approaches," *Journal of Conflict Resolution* 30 (September 1986), pp.553–581.

今日、フクヤマが言うように「歴史の終わり」が告げられ、「大規模紛争の可能性の減少」を想定することは決して非論理的なことではない。[20]唯一の注意事項は、実証的根拠を示せないことである。その反面、最悪の事態を想定することは完全に理にかなっている。読者は、国際安全保障分野におけるホッブズの「自然状態」[21]の方程式を受け入れるであろう。無政府状態のもとでは、戦争を想定することは論理的で、自助努力は最良の保険である。

現代のエア・パワーは、最も信頼の置ける自衛手段の一つと考えられている。エア・パワーの能力は、国の安全の保証人となった。現代のエア・パワーの「精密さ」は、半数必中界が一〇フィート以下で表される。[22]従って、「一発必中」あるいは「戦車一両にミサイル一基」[23]という主張は、実証的根拠に基づいている。フォーグルマン将軍の、エア・パワーは二一世紀初頭に「目標を発見、捕捉あるいは追跡し、狙う能力」[24]を備えるという大げさな言葉は、一般的に受け入れられている。これらの主張は、スマート兵器、プラットフォーム、戦場認識能力などの出現に由来する。[25]現代のエア・パワーは、全天候スタンドオフ型スマート兵器の運搬能力によって「確実な防衛」[26]のため、「阻止し破壊する」能力を備えている。現在は、「航空作戦」の概念を軍事用語[27]に加えて、これを「エア・パワーによる平和」の時代と呼ぶ時である。[28]

二　エア・パワーの役割――伝統的・断片的な視点

メリル・マクピーク将軍が簡潔に説明したように、役割とは、「任務を遂行する上で果たさなければならない中核的なプロセス」[29]である。安全保障環境とエア・パワーの能力の観点から、役割は軍事と政治[30]の二つの重要な側面に分類することができる。政治的な役割に関しては、現代のエア・パワーは相手を強制するのに最も役立つ力である。軍事的な役割に関しては、航空優勢、戦略攻撃、陸上攻撃の三つが最も有用である。

強制の概念化は新しいものではない。[31] 強制の目的は、脅威を利用して敵対者を強制する者が望むように行動させることである。従って、「強制力を作用させなければならず[32]」、ロバート・J・アートが言うように、脅迫者が「お前が俺の望むようにするまで、この棒でお前の頭を殴り続けるぞ」と言うとき、強制は最もその効果を発揮する。[33]

現代のエア・パワーは強制の目的にまさしく適しており、三つのR[34]の能力を持つ点で決定的な軍事手段である。

(20) Francis Fukuyama, "The End of History?" in Richard K. Betts, ed., *Conflict After the Cold War: Arguments on Causes of War and Peace* (New York: Longman, 2002), pp.5–16.
(21) Thomas Hobbes, *Leviathan*, ed. by J.C.A. Gaskin (Oxford & New York: Oxford University Press, 1996), pp.66, 84.
(22) Richard P. Hallion, *Storm over Iraq: Air Power and the Gulf War* (Washington & London: Smithsonian Institution Press, 1992), pp.10, 303–307.
(23) *Ibid.*, pp.193, 203.
(24) http://www.af.mil/news/Jan1997/n19970122_970075.html.
(25) Bowie *et al., The New Calculus*, p.298.
(26) *Ibid.*, pp.37–38, 48–49, 51; Glenn A. Kent, "The Relevance of High–Intensity Operations," Shultz and Pfaltzgraff, ed., *The Future of Air Power in the Aftermath of the Gulf War*, p.135.
(27) Donald B. Rice, "Air Power in the New Security Environment," *ibid.*, p.11.
(28) この用語は筆者の造語であり、「ローマの支配による平和 (Pax Romana)」を直接的に例えたものである。しかし、この造語の使用に懐疑が伴わないわけではない。かなり悲観的な意見を持つ指導者が多く、例えば、ディック・チェニーがそうである。Diane Putney, "Planning the Air Campaign: The Washington Perspective," in Sebastian Cox and Peter Gray, ed., *Air Power History: Turning Points from Kity Hawk to Kosovo* (London & Portland, Or: Frank Cass,2002) p.253. コリン・パウエルに関しては、Collin Powell, *My American Journey* (NY: Random House, 1995), p.499 及び Hallion, *Storm over Iraq*, p.226を参照。ジョージ・ブッシュについては、James A. Winnefeld, Preston Niblack and Dana J. Johnson, *A League of Airmen: U.S. Air Power in the Gulf War* (Santa Monica, CA: RAND, 1994), p.276及び Hallion, *Storm over Iraq*, p.225を参照。ロバート・スケールズに関しては、Robert Scales, *Certain Victory*, p.383を参照。
(29) Merrill A. McPeak, *Selected Works 1990–1994* (Maxwell Air Force Base, Alabama: Air University Press, 1995), p.300.
(30) 筆者は、情報や空輸など他の重要な役割を無視するつもりはない。

すなわちエア・パワーは、適量（right amount）の兵器を適確な場所（right place）に適時（right time）に投射することができる。これらの能力によって、強制する者は敵対者の「特定の弱点」を突くことができるのである。[35] その他の手段が失敗に終わったとき、エア・パワーは敵対者の目的を変更する上で優れた適切な手段となる。[36]

現代のエア・パワーの強制力は主に精密な攻撃能力に由来する。[37] 政策決定者はこの能力によって攻撃に付随する非戦闘員及び非軍事物の損害を深刻に考える必要がなく、エア・パワーを主要な強制手段として使用することが可能となる。言うまでもなく現代のエア・パワーに特有の柔軟性は、[38] 強制力の有効性を倍増させている。[39]

航空優勢の獲得と維持は陸・海・空作戦での勝利を確実なものにする上で鍵を握っている。[40] 航空優勢は、紛争の「結果を左右する最も重要な要因」であり、従って必須条件である。一九四三年以降、航空優勢の確保はあらゆる作戦を可能にし、その欠如は作戦の失敗につながると考えられてきた。[41] 航空優勢を保証することは容易な営みではないが、現代の優れた空軍はこの任務を遂行できる。

戦略攻撃の基本的な目標は敵の戦争遂行能力の根源に打撃を加えることである。戦略攻撃は一般的に、敵の重心（COG）[42] を攻撃することによって遂行される。従って、この作戦の目標は、特に敵の指揮統制、基幹産業、交通体系、重要生産設備、交戦中の敵部隊に設定される。[43] 戦略攻撃が成功すると、敵は混乱し、戦闘能力が損なわれる。このような状況の下では、敵の最良の選択肢は講和を求めることである。

陸上部隊は最も高度に防護されていたため、古くから基本的な攻撃目標と考えられてきた。[44] 歴史的に見ても、敵陸上部隊の戦闘能力を低下させるには集中的な努力を必要とした。しかし、航空機の出現によって、陸上部隊は空中攻撃の容易なえじきとなった。現代のエア・パワーは経済的かつ迅速に敵陸上部隊に壊滅的な打撃を与えることが可能である。例えば、B-2爆撃機一機は子爆弾八〇〇発を搭載することが可能で、一回の出撃で約三〇〇台の路上の車両を「損傷あるいは破壊」すると推定されている。[45] さらに、同機は一回の飛行で八〇の異なる目標を破壊する能力を有することが確認されている。[46]

(31) Michael A. Nelson, "Aerospace Forces and Power Projection," in Shultz and Pfaltzgraff, ed., *The Future of Air Power in the Aftermath of the Gulf War*, p116 ; Thomas, C. Schelling, *Arms and Influence* (New Heaven, CT : Yale University Press, 1966), p.72. Daniel L. Byman その他は強制について有益な定義を定めている。Daniel L. Byman, Matthew C. Waxman and Eric Larson, *Air Power as a Coercive Instrument*, MR-1061-AF (Santa Monica, CA : RAND, 1999), p.10.

(32) Shultz, "Compellence and the Role of Air Power as a Poltical Instrument," p.72.

(33) Robert J. Art, "The Four Functions of Force," in Art and Jervis, ed., *International Politics* ; p.136.

(34) Nelson, "Aerospace Forces and Power Projection," p.117. 適量の兵器を適時・適所に配備することを意味する筆者の表現が含まれている。

(35) Byman *et al.*, *Air Power as a Coercive Instrument*, p.37.

(36) Shultz, "Compellence and the Role of Air Power as a Political Instrument," pp.183–184.

(37) *Ibid.*, p.185.

(38) Byman *et al.*, *Air Power as a Coercive Instrument*, p.3. エア・パワーの持つ速度と航続性能が柔軟性を生み出し、これによりエア・パワーは通常の陸上部隊を飛び越えて敵地の奥深くに攻撃を実行し、作戦域と損害を決定することができるのである。政策決定者は、これらのエア・パワーの特別な能力によって、進行中の作戦に大きな統制力を発揮することが可能となる。現代のエア・パワーは、低強度紛争から全面戦争まで、多様な形での運用が可能である。

(39) Shultz, "Compellence and the Role of Air Power as a Political Instrument," pp.185–186.

(40) Charles D. Link, "The Role of the US Air Force in the Employment of Air Power," *ibid.*, p.86.

(41) 「航空優勢が維持されている間は、陸上部隊と航空部隊は敵航空機に妨害されることなく戦闘を継続できる。この航空優勢がなければ、主導権は敵に渡る」を引用。Benjamin Franklin Cooling, ed., *Case Studies in the Achievement of Air Superiority* (Washington, D.C.: Center for Air Force History, 1994), p.263.

(42) USAF, *Air Force Basic Doctrine* (September 1997), p.51.

(43) Royal Air Force, *Air Operations* (London : Crown, 1996), pp.4.IV.2–4.IV.3.

(44) *Ibid.*, pp.4.III.1–4.III.5.

(45) Kent, "The Relevance of High-Intensity Operations," p.127.

(46) 二〇〇五年九月八日のゲイリー・L・クローダー大佐との会話より。

三　エア・パワーの新しい役割——立体的視点

ほとんど全能な現代のエア・パワーは、攻撃、防衛、支援、戦力を多重に増強する任務を容易に遂行できる。湾岸戦争における直接的な効果を見るだけでも、多国籍軍が前述の役割すべてを非常に明白な形で遂行したことが理解できる。従って、現代を「エア・パワーによる平和」の時代と呼び、この言葉を軍事用語に加えることを主張することは誤りではないと考える。しかし、この主張は、どの様な意味で現代のエア・パワーが全能なのか、またエア・パワーの能力を評価する別の見方はないのか、という至極当然な疑問を呼び起こす。

一九九一年の湾岸戦争当時の航空作戦の立案者は、航空作戦の「二次」効果[47]について最低限知っていた。たとえば、彼らは、「中枢神経系」の戦略攻撃とフセイン政権の「分裂」あるいは崩壊の関係を述べていた[48]。しかし、問題は、彼らの見解が簡単な推測と推論の域を出ていなかったことである。コーデスマンとワーグナーはこの点に関して、適切な言葉を述べている。両者は、爆撃効果の測定は歴史的に見ても不可能であり、「常に直感と推測」に基づく作業であると解釈している。

作戦相互間の視点から攻撃の効果を分析すると、まったく異なる攻撃結果が得られるかもしれない。例えば、フセイン政権の統率力の破壊を目指す指揮・統制（C２）に対する攻撃は、他の作戦に影響を及ぼしたはずである。しかし、一般の研究者はこのような視点を持たない。湾岸戦争の研究者であるキーニーとコーエンは、「二次」分析の重要性に関する解釈を具体的に示している。両者は、数字の比較は「実用的な価値がなく、軍事的効果について何も語らない」と主張し、「全体的な効果」を示す努力をしている[49]。両者はさらに、方法論に関連する困難をはっきりと認識している[50]。残念であると同時に理解できるが、両研究者は三次分析を提示しておらず[51]、「攻撃がどれだけ有効であったか」というよくある疑問に没頭している[52]。さらに残念なことには、二次効果の分析は別にしても、例えば「任務の種類」、「主力戦闘機」などを列挙することによって、学生でも作戦と技術的なデータに関する記述ができる。(53) 学生は「教訓」にも触れるが、それも一次分析レベルを超えるものではない。(54)

筆者は、充実した内容の三次分析が簡単なものとは仮定しない。この作業は反対に、忍耐を必要とする困難な仕事である。この点に関してマーレーは、有効性の測定に伴う困難を正確に捉えている。測定の問題は中央軍（CENTCOM）の立案者にとって、「航空作戦における最も不可解で問題の多い部分」であった。(55) しかし、この問題は、貴重な航空資源を節約し、より有効な目標に転用することが可能なので、極めて重要な側面である。

定義上強制作戦の結果は、当初の政治目標に関連して分析されるべきである。従って、必然的な疑問は、与えられた政治目的を遂行する航空作戦の結果がどうであったかである。湾岸戦争における米国の目標は「クウェートからのイラク軍の撤退」と「正当なクウェート政府の回復」であった。(56) エア・パワーの強制力とクウェート政府の回復との相関関係を明らかにすることは、イラク軍の撤退を除き、簡単ではない。

(47) Keaney and Cohen, *Gulf War Air Power Survey*, p.56.
(48) *Ibid.*, pp.66, 67, 70, 76.
(49) *Ibid.*, pp.55–56.
(50) *Ibid.*, p.56.
(51) 筆者は、一つの作戦が他の作戦に必ず影響を与えるので、作戦相互間の分析を明らかにする目的で「二次」効果の例としてのこの見解を利用する。
(52) Keaney and Cohen, *Gulf War Air Power Survey*, *passim*.
(53) James F. Dunningan and Austin Bay, *From Shield to Storm : High-Tech Weapons, Military Strategy, and Coalition Warfare in the Persian Gulf* (NY : William Morrow and Company, 1992), pp.146–154.
(54) *Ibid.*, pp.160–168.
(55) Williamson Murray, *Air War in the Persian Gulf* (Baltimore, MD : The Nautical & Aviation Publishing Company of America, 1996), p.229.
(56) Roland Dannreuther, "The Gulf Conflict : A Political and Strategic Analysis," *Adelphi Papers* 264, Winter 1991/92 (London : Brassey's, 1992), p.46 ; Winnefeld *et al.*, *A League of Airmen*, p.63.

研究者は、現代のエア・パワーが最も重要な政治的手段として適合すると主張する。例えば、メイソンは広範な調査に基づき、イスラエルの政治目的を達成する上でのエア・パワーの重要性を強調している。不幸なことに、彼はエア・パワーを、この国の「基礎」として述べている以外、エア・パワーと政治目的との関係を何ら説明していない。

多くの研究者たちはエア・パワーの直接的な効果を自慢している。彼らは、「撃墜した」航空機、「破壊した」橋梁、「混乱に陥れた」電力網、「出撃」などの数字に満足している。[57] しかし、彼らの報告には二次効果の分析が欠けている。読者は必ずしもエア・パワーの破壊力に興味を持っているわけではない。それどころか、読者は少なくとも攻撃の効果と軍事目的との相関関係を知ることを望んでいる。

読者は、部分的な二次効果を探し出そうとする研究者たちの努力に出会うであろう。これは驚くことではないが、研究者たちは爆撃作戦を間接的な効果に結びつけようとした。[58] 他の研究者は、戦車と火砲の破壊と無力化作戦を敵の「抵抗」と友軍の「死傷者」の減少に結びつけようとした。[59] さらに、通信システムの破壊をフセイン政権の情報管理能力の低下に関連させている。[59] さらに、破壊された橋梁の効果をクウェート戦域（ＫＴＯ）への軍需品の供給低下に関連させようとしている。[60] キーニーとコーエンは、電力・石油施設への被害と「バックアップ電源」[61] の軍事目的への使用との部分的な関連性を示唆しようとしている。そして最後に、研究者はイラクの闘争心の低下は「水、食料、燃料及びあらゆる予備部品の不足」の二次効果であると判断している。[62] しかし、これらの考察は、学生でも導けるもので、驚くに値しない。

しかし、計画立案者と研究者は航空攻撃の心理的効果を見逃しておらず、この効果は二次分析に真に近いものとして評価できるであろう。しかしマッコーズランドがはっきりと認めるように、心理的効果を正確に評価することは、不可能ではないが厄介な作業である。[63] 多くの研究者は、B‐52の貢献が精密爆撃ではなく、「恐怖」と「威嚇」の効果をあげる昼夜となく続く激しい攻撃に由来すると解釈している。[64] さらに、航空攻撃と兵士の士気及び行動との関連性を明らかにし、[65]「エア・パワーはイラクの機甲師団を麻痺させ、戦闘意欲を喪失させた」[66] と結論づけている。これらの評価は二次視点と考えられる。しかし、多くの研究者の評価は、ほとんど敵の戦時捕虜（ＥＰＷ）の話のみに基づいている。

この点に関する唯一の例外は、オルセンが爆撃効果と「政権交代」との関係を掘り下げていることである。オルセンは、戦略爆撃とフセイン政権の交代との関係を見出すことは間違っていると判断している。彼は、「戦略攻撃の目標を大統領警護隊と特別治安局に定めていたら、より大きな効果を得ることが可能であった。さらに、チクリートへ攻撃を集中することによって、フセイン政権の掌握力をさらに弱体化することが可能であった」と想定している。(67) これは攻撃目標の問題と関連するが、この見方は二次分析の苦心の作である。これと同じように、シャフランスキーと

(57) Hallion, *Storm over Iraq*, pp.194, 193, 191–192 ; Winnefeld *et al.*, *A League of Airmen*, p.126.
(58) Hallion, *Storm over Iraq*, pp.201–202.
(59) Winnefeld, *et al.*, *A League of Airmen*, pp.130–131.
(60) Hallion, *Storm over Iraq*, p.193 ; Winnefeld *et al.*, *A League of Airmen*, p.131.
(61) Keaney and Cohen, *Gulf War Air Power Survey*, p.73.
(62) *Ibid.*, pp.107–108.
(63) Jeffrey McCausland, "The Gulf Conflict : A Military Analysis," *Adelphi Papers* 282, November 1993 (London : Brassey's, 1993), p.49.
(64) Fred Frostic, *Air Campaign Against Iraqi Army in the Kuwaiti Theater of Operations* (Santa Monica, CA : RAND, 1994), p.60 ; Price Bingham, *The Battle of Al Khafji and the Future of Surveillance Precision Strike* (Arlington, VA : Aerospace Educational Foundation, 1997), quoted in Benjamin S. Lambeth, *The Transformation of American Air Power* (Ithaca and London : Cornell University Press, 2000), p.125. 捕虜収容所の軍関係者は、「捕虜たちは、長期にわたる航空作戦、航空機の数、その組織、正確さ、完全な制空権にショックを受けた」と語っていた。Rice, "Air Power in the New Security Environment," p.12 ; Cordesman and Wagner, *The Lessons of Modern War*, p.451.
(65) Winnefeld *et al.*, *A League of Airmen*, pp.152–153.
(66) Keaney and Cohen, *Gulf War Air Power Survey*, pp.152–153.
(67) John Andreas Olsen, "The 1991 Bombing of Baghdad : Air Power Theory vs. Iraqi Realities," in Cox and Gray, ed., *Air Power History*, pp.278–279.

ウィジニンガが提案した「高価値目標[68]」は時宜に適っており、意義のある提案である。高価値目標は物理的目標と比べより有効的との議論は状況によるとの主張は説得力がある。

湾岸戦争の立案者の順次思考を理解することはそれほど難しいことではない。シュワルツコフがパウエル将軍に湾岸戦争の計画を説明した際に、段階的計画を強調したことは事実である。シュワルツコフ将軍は、イラク指導部と前線部隊との指揮系統を断ち、その後航空優勢を確保し、続いて地上部隊を攻撃する計画であった[69]。だが、キーニーとコーエンは、「そのような航空攻撃計画[70]はまったく存在しなかった」と見ており、さらにパトニーは、航空作戦が行われる頃には米軍戦力の倍増によってこの計画が融合したことを述べている[71]。計画の実行は計画段階の構想と異なるが、細分化の持続がはっきりと感じ取れる。

一次または二次もしくは両方の視点では[72]、区分化思考は旧態依然のままである。たとえ二次分析の必要性を認めても、内容のある低次の分析力の不足も認めるべきである。強制力の行使は政治目標を考慮した分析を必要とする。例えば、湾岸戦争の分析は、強制とクウェート政府の「回復」との関係を取り上げていない。もちろん筆者は、測定の方法論に関し、不可能ではないが乗り越えられない困難さを認める。読者は、最低限いわゆる相関係数や関係強度などの変数の関係について理解することを望むだろうが、ここでは敢えてそれを取り上げない。

軍事分野の分析は今や例外ではない。航空優勢が他の作戦にどのような影響を与えるのか。研究者たちはこの疑問にほとんど関心を向けていない。航空優勢が確保されている限り、その他の作戦は自動的に計画通りに進むと頭から決めてかかっている。言うまでもなく、朝鮮戦争とベトナム戦争はまったく違う結果に終わった。湾岸戦争を考慮すると、ある研究者の評価はよい例である。この研究者の見解に基づくと、「多国籍軍が航空優勢を確保すると、戦争の結果は実質上保証された[73]」。この見解の唯一の難点は、実証的根拠が欠如していることである。

戦略攻撃の評価はそのほとんどが、指導部の崩壊へつながった電力と通信の中断効果だけに絞られている。さらに、このような評価は完全に主観的な方法で行われており、測定の指標は、石油、電力、橋梁の損害報告に限定されている。[74] 読者は、これらの損害と敵の戦争継続の可能性との関連性に関する教訓が得られないことに落胆するであろう。

地上攻撃の評価は数字の競争と名づけることができる。研究者は主に、破壊または損壊もしくは両方の戦車、火砲、装甲兵員輸送車の数に焦点を合わせている。もちろん、シュワルツコフ将軍は数字を数えることに興味はなく、破壊された装備の割合よりも本質的な評価を望んでいた。[75] しかし、研究者はこの装備の数と作戦効果との関連性の問題を取り上げることができたはずである。読者は、数字と作戦効果との単調な因果関係の議論にその妥当性を疑うであろう。兵器システムが「人間介在ループ」で構成されているとすれば、単純な計算では人間の創造性と即興性の最も重要な側面の一つが除かれてしまう。さらに、士気は個々の人間の複雑な心理状態が混ざりあったものである。

読者は、断片的な評価をまのあたりにして、現代の空軍が精神的に完全に独立していないニュアンスを感じるであろう。一般的に、肉体的な独立より精神的独立のほうが重要であると考えられている。研究者は、断片的操作による単純な成果を自慢している。彼らは航空優勢、戦略爆撃、地上攻撃などに言及することを決して忘れない。[76] これは、

(68) Richard Szafranski and Peter W. Wijninga, "Beyond Infrastructure Targeting : Toward Axiological Aerospace Operations," in *Aerospace Power Journal*, Vol. XIV, No. 4 (Winter 2000), pp.45–59.
(69) 傍点は筆者による。Keaney and Cohen, *Gulf War Air Power Survey*, pp.27, 28, 38.
(70) *Ibid.*, p.28.
(71) Putney, "Planning the Air Campaign," p.254.
(72) F-117Aのステルス性に関する部分的な二次議論を除き、レイ・シバルドの部分は大半が航空戦争の記述に向けられている。Ray Sibbald, "The Air War," in John Pimlott and Stephen Badsey, ed., *The Gulf War Assessed* (NY : Arms and Armour Press, 1992), pp.105–124. キーニーとコーエンの議論は二次分析に限定されている。Keaney and Cohen, *Gulf War Air Power Survey*, p.56.
(73) Ray Sibbald, "The Air War," p.123.
(74) Hallion, *Storm over Iraq*, pp.188–196 ; Winnefeld *et al.*, *A League of Airmen*, pp.129–132.
(75) Keaney and Cohen, *Gulf War Air Power Survey*, p.105.
(76) 読者は、食いぶちを確保するため激しくなる軍種間の競争のニュアンスを感じ取るであろうが、これは各軍種が独特の任務を遂行できる唯一の軍種であると主張する自明の理である。

空軍がその航空優勢を空軍の「独立宣言」と同一と見なすような感覚である。[77] 歴史的に言えば、戦略攻撃はエア・パワーの原理と存在理由として扱われてきた。さらに、現代のエア・パワーの地上攻撃能力は圧倒的で、[78] この理由によってエア・パワーは思い上がっているように見えるのである。

読者は、一次・二次の役割分析の欠点に納得するであろう。現代のエア・パワーは、これまで議論したすべての任務を遂行する能力を有するだけでなく、その能力を同時に発揮することができる。能力を同時に発揮できる特異性は、高度化と精密化による効果を解明する新しい尺度を必要としている。

おわりに

筆者は作戦相互間の視点、あるいは「立体的視点[79]」を提言する。例えば、軍事革命（ＲＭＡ）を管理するとき、革新的あるいは新しく創造した概念が必ず必要となる。ＲＭＡの三要素のうち、方向づけあるいは概念化が最も重要な要素である。高度な技術は決して作戦理論のない戦闘力を実現できない。

立体的視点は、細分化された役割を組み合わせることによって、完全に統合された存在をもたらす。一つの例は、作戦相互間の効果を予想することによって、立案者が役割分担に基づく全体的な効果に取り組むことができることである。全体的な動きを見ることによって、立案者はより効果的・生産的に自分の任務を達成できる。この議論の本質は、細分化されていないアプローチの重要性にある。

現代のエア・パワーは単に戦場の先頭に立つのではない。エア・パワーはむしろ、多くの小規模作戦で構成される作戦の交響曲を指揮しているのである。自明の理を繰り返すと、偏狭な見方は、積極的で、融合を目指す思考様式にとって利益とはならない。エア・パワーの柔軟性によって、立案者は一つの役割から別の役割を実行することができ、連続してすべての役割を遂行することが可能となる。現代のエア・パワーの優れた能力を使用して、別個の任務を一つの傘の下に統合することによって、立案者はより優れた結果を達成することができる。

これらの三つの役割は何らかの形でお互いに影響し合う。戦略攻撃によって、実行者は簡単に航空優勢を獲得できる。航空優勢によって立案者は戦略攻撃をさらに実効性のあるものにすることができる。戦略的阻止は友軍の損耗率を低減する機会を提供する。しかし、研究者たちは三次効果を見逃している。

湾岸戦争の計画立案者は三つの主要な作戦を同時に実施した。主要な任務には初めから終わりまで、同じ重要性が与えられた。唯一の例外は敵防空網制圧（ＳＥＡＤ）と航空撃滅戦（ＯＣＡ）の作戦で、航空優勢を確保する前にこれらの作戦に相当な戦力を振り向けた。立案者は、Ｃ２、指導者、地対空ミサイル（ＳＡＭ）、飛行場、スカッド、共和国防衛隊、要塞などの目標を湾岸戦争の全期間にわたり対等に割り当てた。これらの巨大な目標を同時に攻撃できるのは現代のエア・パワーだけであった。しかし、読者は作戦間の分析枠組みが入手できなくて残念に思っているであろう。例えば、キーニーとコーエンは攻撃目標のカテゴリー別の単純な割合を示したのみなので、彼らの分析を飛躍と見るべきではない。彼らの「図12」によると、「中核的戦略航空攻撃一四・八％」「制空一三・九％」「地上部隊への航空攻撃五六・三％」「その他一五・〇％」となっている。

作戦が敵対者の領域に入ると、立体的視点が解決策となる。立体的視点は立案者に全体像を提供し、順次化・細分化された方向づけを防ぐので、立案者は任務をより効果的・生産的に遂行することが可能になる。立体的視点は、立

(77) Cooling, ed., *Case Studies in the Achievement of Air Superiority*, p.263.

(78) 現代の米国空軍は、「確実な防衛」（訳注：敵地上部隊に十分な損害を与えその進行を阻止する。）という構想を持ち、その想定ケースでは五日から一〇日で防衛態勢を構築できる。Bowie *et al., The New Calculus*, p.57.

(79) 筆者による造語。「立体的視点」とは、立案者が、統合された一つの指揮の下で自らの重要な役割に取り組み、より有効的かつ生産的に彼らの任務を遂行できるようにすることを意味する。

案者を一次効果の分析的な観点から解放してくれる。立体的視点は幼稚な数合わせのゲームを廃止する。立体的視点は二次分析の欠点を克服する可能性がある。立体的視点は爆撃効果の高度な測定を実現し、作戦評価から推測を排除する。このように、この新しい視点は現代のエア・パワーの明白な機能なのである。

第12章　エア・パワーの将来と日本の国家戦略*

石津　朋之

はじめに――軍事力としてのエア・パワー

ライト兄弟が航空機の動力初飛行に成功してから約一〇〇年が経過した。この間、エア・パワーは軍事力の必要不可欠な要素へと発展し、湾岸戦争やイラク戦争においては決定的とも思える能力を実証した。エア・パワーの発展の歴史を概観したコリン・グレイは、「一九〇〇年代初頭から一九二〇年代にかけて実験的かつ陸軍力の補助的軍種にすぎなかった空軍は、一九二〇年代から一九四〇年代にかけて、有用かつ重要な軍種へと発展を遂げた。それが、一九四〇年代から一九九〇年代にかけて絶対必要不可欠な補助的軍種となり、そして、一九九〇年代以降は、あたかも単独で戦争に勝利できる軍種へと発展したかのようである[1]」とさえ述べている[2]。

本論では、エア・パワーの発展の歴史を簡単に振り返ることから始めるが、そもそもエア・パワーとはいかなる特性を備えた軍事力であろうか。再びグレイを引用すれば、今日の戦略環境のなかでエア・パワーは次の七つの利点を有するとされる。それらは、遍在性(ubiquity)、頭上空間という翼側(the overhead flank)、行動距離・到達能力(range and reach)、移動スピード(speed of passage)、地理的制限のない行動ルート(geographically unrestricted routing)、卓越した偵察能力(superior observation)、そして、集中の柔軟性(flexibility in concentration)である[3]。つまりエア・パワーは、真の意味でのグローバルな領域を備えており、必然的に頭上空間という翼側を活用、前進支援基地や空中給油があれば、事実上、無限の行動距離・到達能力を享受できるのである。また、弾道ミサイルや宇宙船を含めて、エア・パワーだけが任務遂行のための比類なき移動スピードを備え、地理的制限のない行動ルートのおかげで、あらゆる方向から敵に脅威を与えることができるのである。さらにエア・パワーは、特定した目標及び行動に対する卓越した偵察能力といった領土という要素に拘束されない利点を有し、力の決定的な集中を行うために比類なき柔軟性をもってパワー・プロジェクトが可能であるとされる。

なるほど、今日、エア・パワーの有用性を否定する論者はいないであろう。ところがエア・パワーは決して「万能薬」ではなく、実際、多くの問題点及び限界を抱えているのである。さらに本論の文脈で重要なことは、エア・パワーの有用性をめぐる問題の本質はこうした能力をいかなる国家戦略の下で効果的に運用するかである。というのは、結局のところエア・パワーの有用性の有無とは、国家戦略という枠組みのなかで初めて評価され得るものであるからである。

そこで本論では、最初にエア・パワーの発展の歴史とその特性を大まかに整理する。第二に、今日及び将来のエア・パワーの姿を素描する。最後に、本論では今日及び将来の日本の国家戦略という観点から、エア・パワーが備えた特性をいかにして効果的に活用可能かについて、その方向性を提示する。ここでは、軍事力の統合及び統合文化の形成の必要性がエア・パワーの将来像と関連付けて強調される。なお、本論の目的はあくまでも方向性の提示である。したがって、例えば日本が保有すべきエア・パワーについての個別具体的な提言は最小限に留めるものとする。

＊ 本論は石津朋之「エア・パワー――その過去、現在、将来」石津朋之、立川京一、道下徳成、塚本勝也共編著『エア・パワー――その理論と実践』芙蓉書房出版、二〇〇五年の一部を大幅に加筆・修正したうえ、それに日本の国家戦略及び防衛政策に関する新たな考察を加えたものである。なお、本論作成にあたっては瀬井勝公、林吉永、廣中雅之、源田孝、荒木淳一、鶴田真一、道下徳成の各氏に貴重なご意見を伺うことができた。この場を借りて御礼申し上げる。もちろん本論の記述はすべて筆者個人の見解である。

（1）Colin S. Gray, "The United States as an Air Power," in Colin S. Gray, *Explorations in Strategy* (Westport, CT: Praeger, 1996), p.102.

（2）今日までのエア・パワーの発展の歴史についてトニー・メーソンも、その誕生（infancy）から、"From Peripheral to Pervasive to Dominant" という表現を用いている。詳しくは、Tony Mason, *Air Power: A Centennial Appraisal* (London: Brassey's, 2002), pp.1-79 を参照。

（3）Colin S. Gray, "The Advantages and Limitations of Air Power," in his *Explorations in Strategy*, pp.67-71. だが同時に、グレイはエア・パワーの限界として六つの要素も挙げている。詳しくは、Ibid., pp.74-77を参照。

一　今日のエア・パワー――アメリカを中心として

周知のように、戦争において国家戦略の道具としてのエア・パワーの有用性が初めて明確に実証された事例は第二次世界大戦である。ドイツ軍による「電撃戦」や連合国軍による戦略爆撃、さらには、日本軍による真珠湾奇襲攻撃やアメリカによる原爆投下など、あらゆるレベルにおいてエア・パワーは戦争に必要不可欠な要素へと発展を遂げた。(4) もちろん戦略爆撃や原爆投下の問題に象徴されるように、その後のエア・パワーの発展には多くの法的、そして倫理的難問が待ち構えていたことは事実である。だが第二次世界大戦後、もはや次なる戦争でエア・パワーがさらに重要な役割を果たすであろうことを否定する論者はいなかった。なぜなら、エア・パワーが備えた潜在能力が、とりわけ技術の後押しを得て見事に開花しつつあったからである。明らかに、技術的実現可能性という制約要因は消滅しつつあった。

試行錯誤を繰り返しながらその後も着実に発展を遂げたエア・パワーであるが、一九九一年の湾岸戦争は、その運用を考えるうえでもう一つの大きな転換点となった。(5) ここでは、エア・パワーの特性が最大限に発揮されたからである。周知のように、米ソ冷戦という枠組みの下、一九七〇年代及び八〇年代には「戦略的」という用語は総じて核兵器を意味するものとして用いられていた。これに対して、通常兵器、とりわけ戦術兵器とみなされていた兵器を真の意味での戦略目的を達成するために効果的に運用した事実こそ、この戦争の際立った特徴である。実はジョン・ワーデンの功績とは、RMAという用語に象徴される情報技術の発展の成果を活用して通常兵器によって戦略目的を達成する方法をアメリカ空軍内に復活させたことにある。湾岸戦争でエア・パワーが演じた重要な役割とはその結果にすぎないのである。(6) 確かに、エア・パワーは湾岸戦争中、一部の論者が期待したほどの決定的な成果を挙げ得なかった。しかしながら、同時にいえることは、エア・パワーなくしては、アメリカとその同盟諸国がわずかの犠牲でイラクの軍事力を壊滅させるのは不可能であったということである。従来、エア・パワーはあくまでも陸軍力の支援という任務が中心であった。だが湾岸戦争では、エア・パワーは極めて短期間のうちに戦闘空間（戦域）を規定するだけに留まらず、あたかも自身だけで戦争に決着をつけ得るようになってきたのである。

実際、湾岸戦争以降、今日にいたるまでエア・パワーはあたかも西側諸国、とりわけアメリカの戦争の同義語であるかのように認識されつつある。確かに、冷戦が終結した今日、なぜ強大な陸軍力や海軍力が必要なのかといった論争はみられるが、エア・パワーの必要性に疑問を呈する議論は皆無である。エア・パワーに関する今日の論争の中心は、その有用性の有無ではなく、どの軍種がその能力を保持すべきかについてである。(7)

実は、アメリカに代表されるこうしたエア・パワーの備えた能力は、「ポスト・ヒロイック・ウォー」という用語に象徴される今日の「時代精神」に見事なまでに合致している。今後、いずれの政府もエア・パワーであれば陸軍力では危険とされる軍事力の段階的投入や使用も可能であると考えるかも知れない。(8) というのは、軍事力行使の際、目標の選択的攻撃が可能なことがエア・パワーの特性の一つであるからである。加えて、なるほど戦争の究極目的が敵に味方の意志を強要することである事実は不変とはいえ、少なくとも西側諸国では、そのための手段が「あからさま

（4）Williamson Murray, *War in the Air 1914–45* (London : Cassell, 1999), pp.116–200.

（5）湾岸戦争で明確になったことは、エア・パワーによって戦域（戦闘空間）が規定されるということである。空軍によって担われるエア・パワーによって制空権が確保され、さらに陸軍、海軍、そして空軍によって担われるエア・パワーにより敵の重要目標が速やかに破壊される。ここに勝利を収めるための戦域（戦闘空間）が準備され、その後、陸軍力が投入される。しかし、これは、海軍力が無意味になったということではない。海軍力により海洋を制することによって戦場への陸軍力の輸送が可能となり、さらに艦艇をプラットフォームとする航空攻撃やミサイル攻撃などによってエア・パワーの投入も可能となるのである。詳しくは、長尾雄一郎、石津朋之、立川京一「戦闘空間の外延的拡大と軍事力の変遷」石津朋之編著『戦争の本質と軍事力の諸相』彩流社、二〇〇四年を参照。

（6）Daniel T. Kuehl, "Airpower vs. Electricity : Electric Power as a Target for Strategic Air Operations," in John Gooch, ed., *Air Power : Theory and Practice* (London : Frank Cass, 1995), pp.250–251.

な暴力（brute force）」から「強制（coercion）」へと移行していることは否定できない。「強制」とは敵の政策決定者に働きかける行為であるため、軍事力の選択的行使が可能なエア・パワーの価値はさらに高まるに違いない。(9) 実際、巡航ミサイル（すなわちエア・パワー）が強制の手段として用いられるようになったことは周知の事実である。いわゆる「トマホーク外交」の登場である。さらには、その是非については議論の余地があるものの、近年のアメリカやロシアの軍事力行使をめぐる指針にみられる先制攻撃といった概念を具体化するためには、エア・パワーは最適な手段となるであろう。エア・パワーという軍事力は、二〇世紀の「時代精神」に見事なまでに合致したものであったが、こうした傾向は二一世紀に入ってもますます強化されているように思われる。おそらく宇宙空間を含めた領域でのエア・パワー（エアロ・スペース・パワー）は、前世紀と同様、あるいはそれ以上に、二一世紀という時代を象徴する存在となろう。従来の「戦場」（battle field）という概念が「戦場空間」（battle space）という概念に変化したことは、戦争の三次元性を端的に表現するものである。

二　エア・パワーの問題点及び限界

ただし、同時に付言すべきは、今日のエア・パワー国家であるアメリカがかつての大英帝国の「インペリアル・ポリーシング」のようにエア・パワーを自由に活用できるのは、実は今日の戦略環境がそれを許すからでもある。すなわち、国際政治の舞台における覇権国アメリカの圧倒的なプレゼンスの結果なのである。仮に、今日の戦略環境が変化し、アメリカに対抗し得るエア・パワーを備えた国家あるいは非国家主体が登場すれば、空の戦いはかつての決定性に欠ける「ドッグ・ファイト」に回帰するかも知れない。また、戦争に固有のパラドックスという問題についても慎重に考える必要がある。つまり、仮にエア・パワー同士での戦争を回避し、異なる手段でアメリカに挑戦する国家・

非国家主体が登場した場合、はたしてアメリカは、自国のエア・パワーを効果的に運用し、こうした「非対称戦争」に対処できるであろうか。[10]

実際、エア・パワーに過度な期待を寄せることは危険である。[11] 例えば、今日のエア・パワーを過大評価する論者は、エア・パワーによって、あたかも一八世紀中頃のヨーロッパにおける制限的な戦争形態に回帰できると考えているよ

（7）陸軍の保有するエア・パワーであるが、今日の陸軍は一般的に、各種のヘリコプターを用いて対地攻撃、展開・輸送、偵察・監視などを行なっている。エア・パワーを活用することにより、陸軍部隊の作戦の範囲、速度、戦力の投射密度や精度などは飛躍的に向上した。陸軍が国内で行なう災害対処や治安維持などの作戦にもヘリコプターに代表されるエア・パワーは不可欠となっている。今日の陸軍では、エア・パワーの保有は不可欠の要件となっている。さらに防空という点では、陸軍にとっては各種のＳＡＭ、携行ＳＡＭ、そして対空機関火砲などを用いることにより、空に対する防御が比較的容易に可能になった。そして、逆にこれにより戦闘機、輸送機、ヘリコプターなどは脆弱性を有することが確認された。
　また、海軍が保有するエア・パワーは、従来よりもさらに広範な任務を担い始めた。海上での行動においては、その行動範囲が拡大する一方、迅速な対応が要求されている。そして従来の任務に加えて、大量破壊兵器の拡散防止、海賊対処など、海上における警備・臨検などの秩序の安定及び維持も要求されており、ヘリコプターに代表されるエア・パワーが必要となっている。また、海から陸上あるいは航空に対する戦力の展開及びその行使の必要性も生じており、戦闘機やヘリコプターなどを用いたエア・パワーの役割が高まっている。もちろん、一部の先進諸国は空母を保有しており、ここからエア・パワーを展開する能力を備えている。

（8）Eliot A. Cohen, "The Mystique of U.S. Air Power," *Foreign Affairs*, Vol.73, No.1 (January/ February 1994).

（9）Colin McInnes, "Fatal Attraction? : Air Power and the West," *Contemporary Security Policy*, Vol.22, No.3 (December 2001), pp.41–44.

（10）戦争におけるパラドックスについては、Edward N. Luttwak, *Strategy : The Logic of War and Peace* (Cambridge, MA : Harvard University Press, 1987) を参照。

（11）エア・パワーに対する楽観的見解の代表としては、John A. Warden, *The Air Campaign : Planning for Combat* (London : Brassey's, 1989) を、逆にエア・パワーの将来に対する慎重な立場の代表としては、Stephen Biddle, "Victory Misunderstood : What the Gulf War Tells us about the Future of Conflict," *International Security*, Vol.21, No.2 (Fall 1996) を参照。

うである。だが、こうした一部の論者が指摘するような流血なき戦争、そして付随的犠牲なき勝利とは幻想にすぎない。

次に、いわゆる空軍至上主義者は、エア・パワーの有用性を過度に強調する非生産的な議論を展開する傾向にあるが、実のところ戦争に勝利をもたらすものが、各軍種・兵科の「相乗効果」であることは歴史の教えるところである。例えば、陸軍力の投入を予定しない国家戦略下でのエア・パワーが、限定的な効果しか発揮し得なかったことは、コソボ紛争で見事に実証されている。(12)

技術の発展に顕著に裏付けされた今日でも、エア・パワーは時間的・空間的な「占有力」の断続性、そして基地依存性といった固有の弱点から完全に逃れることはできないのである。また、イラク戦争では「ブーツ・オン・ザ・グランド」という表現が話題になったが、これは、軍事的なレベルだけに留まらず政治的な意味においても陸軍力の重要性を今日でも示唆するものである。戦争におけるエア・パワーのウェイトの高まりは、あくまでも相対的なものにすぎないのである。(13)

第三に問題となるのは、将来、アメリカが単独で軍事力を行使するような事態は、政治的観点からすれば極めて考え難いという事実である。そして仮にそうであれば、同盟国及び友好国との協力関係の構築が必要となるが、例えば第二次世界大戦での英米の緊密な同盟関係下においてさえ、共同作戦を実施することは容易なことではなかったのである。(14) はたしてアメリカは今後、軍事的に必ずしも有用とは思えない同盟国及び友好国との共同作戦を遂行する意志を有するであろうか。逆に同盟国及び友好国は、アメリカと共同作戦を実施できるだけの技術水準、あるいはインターオペラビリティを確保可能であろうか。さらには、こうした問題に取り組む大前提として、はたしてインターオペラビリティを確保する必要性があるのか、換言すれば、例えば、日米同盟の将来像をどのように描くのかといった日本の国家戦略をめぐる根本的な問題を考える必要がある。

また、仮に従来の狭義のエア・パワーの定義、すなわち、「エア・パワー=エア・フォース（空軍）」という観念に固執するのであれば、例えば、軍事力全体が統合運用へと発展しつつある今日、なぜ独立した担い手であるエア・フォース（空軍）の存在が必要なのかという問いに答える必要がある。いうまでもなく、エア・パワーの有用性と独立した軍種としてのエア・フォース（空軍）の保持とは異なる次元に属する問題なのである。

さらには、実は今日注目を集めているものは必ずしもエア・パワー自体の能力の結果ではなく、むしろGPSに代表されるような情報技術を基礎としたネットワーク化された軍事力なのであり、エア・パワーはその全体の一部を構成している要素にすぎないのでないかという問題が残されている。つまり、将来の軍事力の有用性とは軍事力の統合の程度にかかっているのではないかという疑問に答える必要がある。(15) 実際、二〇〇一〜〇二年にかけてのアメリカに

(12) ベンジャミン・ランベスは、次のように指摘している。すなわち、「NATO側は当初から地上軍投入を選択の対象から外していた。地上戦の可能性が現実的に否定されたため、セルビア側の地上軍は戦車やその他の車両を分散して隠蔽することができたのであり、そのためそれらは爆撃を生き延びることができた。」「アルバニアとマケドニアの国境沿いにおいて地上軍の投入を匂わせるだけで、セルビア側の地上部隊はもっと航空攻撃にさらされるかたちで配置されざるを得なかったであろう。」「コソボ紛争によって、味方の地上部隊を早期に戦闘に投入させる絶対的必要性がなくなったことが再確認されたが、同時に、作戦全般の戦略に地上部隊を介入させる現実的可能性を残さなければエア・パワーは多くの場合、その能力を最大限に発揮できないことも再確認された。」ここでの引用はすべて、ベンジャミン・ランベス著、進藤裕之訳「実戦に見る現代のエア・パワー――湾岸戦争とコソボ紛争」石津朋之、立川京一、道下徳成、塚本勝也共編著『エア・パワー――その理論と実践』（シリーズ『軍事力の本質』第一巻）芙蓉書房出版、二〇〇五年からのものである。なお、訳語は一部修正した。

(13) 例えば、イラク戦争でのエア・パワーの顕著な活動も、湾岸戦争終結後からイラク戦争にいたる期間、イラクの防空網の破壊を目的として実施された作戦「デザート・フォックス」があったため、この戦争の初期の段階で航空優勢を獲得する必要がなかった事実を想起する必要がある。

(14) 第二次世界大戦における英米空軍の共同作戦に関する問題点については、John Buckley, "Atlantic Airpower Co-operation, 1941–1943," in Gooch, ed., *Air Power*, pp.175–197 を参照。

(15) イラク戦争では五〇を越える偵察衛星のほか、JSTARS、AWACS、プレディター、グローバル・ホークなどの指揮統制機・早期警戒機及びUAVなどが投入され、これらのセンサーの複合使用、そして特殊部隊及び地上部隊とのネットワーク化により、グローバルな情報の獲得とその情報の共有が可能となり、戦場認識能力が飛躍的に高められた。その結果、センサーからシューターへのサイクルも、湾岸戦争から比較すると数日が数分の単位に低下しているといわれる。

よるアフガニスタンでの作戦や今次のイラク戦争では、事前にイラク国内に潜入した地上の「特殊部隊」による誘導があって初めて、エア・パワーは極めて効果的に機能し得たのである。同様に、巡航ミサイル発射や航空機発着のためのプラットフォーム及び大量輸送手段として海軍艦艇がこの戦争で果たした重要な役割も、決して過小評価されてはならない。さらには、エア・パワーという軍事力に限っても、その統一指揮こそが近年の戦争での勝利の要因であった可能性がある。すなわち、問題は指揮のあり方、あるいは組織のあり方なのかも知れない。

戦争及び軍事力行使と「時代精神」の相互作用について考えてみよう。仮にエア・パワー自体が今後、技術の後押しを受けてさらに飛躍的に発展したとして、戦争が政治的・社会的・倫理的制約に厳しくさらされることが予測されるなか、はたして、その潜在能力を十分に活用することは可能であろうか。おそらく、あたかもエア・パワーをめぐる技術の発展と反比例するかのように、これらの制約は強まるに違いないし、仮にそうであれば、エア・パワーの備えた能力は現実には大きく制限されることになろう。

最後に、仮に今日までにエア・パワーの軍事的有用性が実証されたにせよ、国家の政治目的を達成するための道具として、同様に効果的であるといえるであろうか。エリオット・コーエンが鋭く指摘したように、近年、エア・パワーをめぐる問題を複雑化させているのは、「技術自体が今日の主要なエア・パワーの理論家であり、当面は発明が適応の母である」という厳しい現実である。はたして将来、戦争の目的と手段に対する深い洞察を基礎としたエア・パワー及びその軍事戦略を構築することは可能であろうか。こうした問題点や限界を十分に意識しながら、以下、日本におけるエア・パワーの将来像あるいは可能性について検討してみよう。

三　エア・パワーの将来と日本の国家戦略

最初に、大きな概念的枠組みをめぐる議論であるが、仮に将来、エア・パワーの備えた技術的潜在能力を十分に活用することが許されるとして、日本は、元来、攻撃的特性が極めて強いエア・パワーを基礎として日本独自の防衛的な軍事力や戦略を構築することができるであろうか。「エア・パワー国家としてのアメリカ」（アレグザンダー・セヴァースキー）とは対照的に、歴史的に日本は大陸国家的傾向が強く、簡単にはエア・パワー国家に発展し得ないように思われる。エア・パワーをめぐる政府の方針、防衛及び航空機産業の裾野の広さ、そして、とりわけエア・パワーに対する国民の意識を考えるときアメリカとの違いは決定的である。[16] もちろん、大陸国家的という用語も日本の歴史及び現状を正確に表現しているものとはいい難く、実は、日本は真の意味での大陸国家ではない。だが同時に、食糧や産業資源などに対する海洋への高い依存度にもかかわらず、日本は古代アテネやイギリスに代表される海洋国家でもないのである。とりわけ海洋に対する国民の意識の希薄さを考えるとき、日本は海洋国家としての資質に乏しいといわざるを得ない。こうした問題を考えるうえで重要なことは、国家及び国民の意識、すなわち「世界観」のあり方と意志という要素である。

かつてアレグザンダー・セヴァースキーが指摘したように、ローマが陸軍力国家であり、イギリスが海軍力国家であるのと同様、アメリカはエア・パワー国家であり、この三つの大国は、それぞれ自国に固有な軍事力を巧みに活用して世界を支配し、かつ、平和あるいは秩序をもたらしたのである。そうしてみると、エア・パワー国家としての資質に乏しい日本において、今後、エア・パワーが飛躍的に発展する可能性はあるのであろうか。また、アメリカには、

(16) アルフレッド・セイヤー・マハンは、国家のシー・パワーに影響を与える基本的な要因として六つ挙げているが、そのなかの「人口数」と「国民の性質」では、特に海運や漁業のような海上での活動に従事する人口を重視し、これに対する国民の志向を問題にする。そして海上や植民地における自国民の活動を積極的に支援する政策の存在が、その国家をグローバルな勢力に高めていく最大の要因であると主張する。これがマハンのいう「政府の性質」である。こうした要因は、そのままエア・パワーにも当てはまるように思われる。

勢力均衡の維持者として、最終手段の保護者として、集団安全保障の調整者及び指導者として、そして、人権の擁護者としての国家戦略があり、これらの国家戦略を遂行するための道具としてエア・パワーが高く評価されているのであるが、[17]はたして日本には、エア・パワーを効果的に活用するためのいかなる国家戦略が用意されているのであろうか。結局、日本の国家戦略をめぐる根本的な議論をすることこそ、日本におけるエア・パワーの位置付けを明確化し、具体的な軍事戦略を構築するための第一歩なのである。

次にもう少し具体的に将来における日本のエア・パワーの役割を考えてみよう。二〇〇四年一二月に「平成一七年度以降に係る防衛計画の大綱について」(以下、「新大綱」)が閣議決定されたが、そこには、「新たな脅威や多様な事態への実効的な対応」を重視する姿勢が明確にうたわれている。[18]具体的には、弾道ミサイル攻撃への対応、ゲリラや特殊部隊による攻撃などへの対応、島嶼部に対する侵略への対応、周辺海空域の警戒監視及び領空侵犯対処や武装工作船などへの対応、そして、大規模・特殊災害などへの対応である。そして、こうした事態に対応するうえでエア・パワーの役割、さらには、統合の重要性を改めて考える必要がでてくる。

冷戦期における日本のエア・パワーは防空及び対潜水艦戦という任務を担って発展し、一九八〇年代からはシーレーン防衛の実施においても重要な役割を果たすようになった。[19]しかしながら、冷戦の終結という戦略環境の変化にともない、日本のエア・パワーが果たしてきた従来の任務の重要性は相対的に低下し、それに代わって、国際安全保障のための輸送任務などとともに、新しい戦略環境に沿った各種の任務が重視されるようになった。

そのなかでも、「国際平和協力活動」での各種の救援活動とともに、二〇〇一年のアメリカにおける九・一一同時多発テロ事件以降は「テロ対策特別措置法」に基いてアメリカ軍の物資などの輸送を行い、二〇〇三年のイラク戦争後は「イラク人道復興支援特別措置法」にしたがって人道復興支援などの活動を行っていることは周知の事実である。[20]

「新大綱」は、「我が国の安全保障の基本方針」のなかで安全保障の目標として「わが国に直接脅威が及ぶことを防止し、脅威が及んだ場合にはこれを排除するとともに、その被害を最小化すること」に加え、「国際的な安全保障環境を改善し、わが国に脅威が及ばないようにすること」の二つを掲げた。[21] これにより、「国際安全保障環境の改善」が、「領域防衛」とならんで防衛庁・自衛隊の主要任務、あるいは、少なくともそれに準じる任務に格上げされることになった。[22] 繰り返すが、今日では軍事力を用いて対処すべき事態のスペクトラムが広がっており、また、生起する事態そのものの予測が困難になりつつある。その意味において、従来の抑止及び対処だけでは限界が生じていることは否定できず、国際社会の安定化への努力がますます重要になりつつある。そして、実はここに日本のエア・パワーが活躍する可能性がある。「国際的な安全保障環境の改善のための主体的・積極的な取組」のなかで国際平和協力活動に適切に取り組むために輸送能力を充実させると規定した「新大綱」は、現在の国家戦略の枠組みの下で日本の国益を確保し、機動性と柔軟性を備えたエア・パワーを活用するためには説得力に富む方針であると高く評価できる。[23] ここでの輸送能力とは、おそらく戦略航空輸送能力を視野に入れたものであろう。見通し得る将来において、日本が機能面での自己完結型のエア・パワーを保有する必要性はまったく認められない。そうしてみると、日本のエア・パ

(17) Colin S. Gray, "Air Power and Defense Planning," in his *Explorations in Strategy*, p.118.
(18) 防衛庁編『日本の防衛　平成一七年度版』ぎょうせい、二〇〇五年、九五～九六頁。同書では、防衛力の役割として、「新たな脅威や多様な事態への実効的な対応」、「国際的な安全保障環境の改善のための主体的・積極的な取組」、そして、防衛力の本来の役割である「本格的な侵略事態への備え」の三点が挙げられている。詳しくは、『日本の防衛』九五–九八頁を参照。
(19) 詳しくは、道下徳成「自衛隊のエア・パワーの発展と意義」石津、立川、道下、塚本共編著『エア・パワー』を参照。なお、本論の以下の記述は同論文の内容に負うところが大きい。
(20)『日本の防衛』二一六～二一八頁。
(21) 同右、九一頁。
(22) 道下「自衛隊のエア・パワーの発展と意義」石津、立川、道下、塚本共編著『エア・パワー』二一〇八頁を参照。なお、「新大綱」では、自衛隊の任務において「国際平和協力活動」を適切な位置付けにすることが必要であると明記されている。詳しくは、『日本の防衛』の平成一七年版白書要約の箇所、及び九三頁、二六〇頁を参照。
(23)『日本の防衛』九七頁。

ワーの輸送能力をより重視することも一つの選択肢なのかも知れない。

「新大綱」の方針を受けた「中期防衛力整備計画（平成一七年度〜平成二一年度）」（以下、「新中期防」）は、今後の具体的な防衛力整備計画を示しているが、[24]そのなかでエア・パワーに関連する装備として特筆すべき点は、第一に、戦闘機などの保有機数を削減する一方で、空中給油機（KC―767）の導入（あるいは空中給油機能の付加）が決定され、新輸送機が整備される方針である。[25]これにともない、空中給油・輸送部隊が新設される。第二に、イージス艦やペトリオット・ミサイルなどを基礎とする弾道ミサイル防衛システムの導入決定である。[26]このシステムには、将来、無人航空機（UAV）も加わると思われる。このように、戦略航空輸送や防御的なエア・パワーを活用する方針は賢明であろう。また、「新中期防」によれば、陸上自衛隊（すなわちランド・パワー）でも、例えば、空挺部隊や特殊作戦群、そして各種のヘリコプター部隊などから構成される高度な機動性を備えた「中央即応集団（仮）」を編制する方針である。[27]さらに海上自衛隊（すなわちシー・パワー）においても、新型ヘリコプター搭載護衛艦（DDH）の導入が決まり、これにより、各種のヘリコプターを用いて日本から遠方の地域で長期にわたって活動できることになる。[28]このように、日本の軍事力全般におけるエア・パワーの重要性はますます高まるに違いない。次に、今回の「新大綱」とは直接的には関係しないにせよ、宇宙空間に関して、近年、情報収集衛星が打ち上げられ、運用が始まった事実は、将来における日本のエア・パワー（さらにはエアロ・スペース・パワー）の位置付け、すなわち、情報収集活動におけるエア・パワーの可能性を考えるうえで重要である。今後の日本の安全を確保するうえで、情報の重要性はさらに高まると予想される。そうであれば、技術的問題を認めたうえで、日本のエア・パワーや軍事力全般の情報収集活動の領域をより重視することも一つの選択肢であろう。

一方で日本は、主要諸国の多くが保有しているエア・パワーの敵基地攻撃能力、あるいは戦略爆撃能力を未だに保有していない。これは、従来、日本は自衛権の行使にともなう最小限度の範囲内の軍事力（防衛力）しか認められておらず、自衛隊及びそのエア・パワーもそのなかで整備が進められてきた結果である。衝撃を与えるための攻勢というエア・パワーの最大の能力、さらには、いわゆる「懲罰的抑止能力」の保有が制限されているのである。これを、日本のエア・パワーの自己完結性の欠如と捉えるか否かは議論の分かれるところであるが、筆者の個人的見解を述べれば、能力や費用をめぐる現実の可能性の問題とは別に、今日の時点で日本がこうした装備を保有することの政治的コストはあまりにも大きすぎるように思われる。重要なことは、新しい戦略環境の下で日本の安全を確保することである。確かに、先制攻撃といった概念に代表されるように、予防原則は軍事の領域に限らず、二一世紀のトレンドになりつつあるようにも思われる。いわゆる「リスク社会」に効果的に対応するために、予防原則がかなりの説得力を備えていることは否定できず、そのための能力が求められることも理解できる。だが同時に、アジア・太平洋地域における今日の戦略環境を考えるとき、日本が例えば敵基地攻撃能力を保有する緊迫性は認められない。ましてや、日本がアメリカと並ぶ自己完結型のエア・パワーを備えた国家になる必要性など、当面はまったくないのである。『日本の防衛』の安全保障の「三つのアプローチ」が示すように、安全とは「わが国自身の努力」はいうまでもなく、「同盟国との協力」や「国際社会との協力」という重層的な国家戦略で十分に確保できるのである。[29]だからこそ、将来、日米同盟がより重要となるのであり、さらには、国際社会の平和と安定のために日本が主体的かつ積極的に関与することが意味をもつのである。冷戦時には、自国を防衛する意志のない国家は国際社会から見捨てられるといわれたが、今日においては、国際社会の平和と安定のために積極的に取り組む意志をもたない国家こそ、国際社会から見捨てられる運命にあるのである。これが、グローバリゼーションという用語に代表される二一世紀の「時代精神」な

(24)『日本の防衛』一〇八〜一一七頁。
(25)同右、一一〇頁。
(26)同右、一四七〜一五二頁。
(27)同右、九七、一〇九頁。
(28)同右、一一二頁。
(29)同右、九一頁。

のである。そして、現状維持国としての日本の安全は、日本の国益と国際社会の利益を可能な限り近付けることによって初めて確保できるのである。

おわりに

かつて一八七〇年代及び八〇年代、主要諸国の多くが戦艦の建造に乗り出すなかで、フランス海軍の「青年学派」と呼ばれる革新的将校は、戦争の将来像とフランスが置かれた戦略環境を検討した結果、もはや戦艦はフランス海軍には不要であると主張した。彼らによれば、将来のフランス海軍の主力は、外洋での通商破壊戦に必要な高速巡洋艦であった。ここで「青年学派」の議論を引用した理由は、新たな発想の重要性を強調したいからである。戦争の新たな様相が明らかになりつつある今日、過去の遺産にあまりにも固執することは危険である。新たな形態の戦争には新たな形態の軍事力が必要とされるのであり、それがエア・パワーを中核とするネットワーク化された統合戦力であるというのが筆者の結論である。そして、当然ながらその統合戦力とは、日本独自の戦略文化に支えられたものである必要がある。

日本に代表されるいわゆる「ミドル・パワー国家」は、自国の利益を自らで完全に保護する能力をもたないし、また、もつ必要もない。問題は、日本が何のために軍事力を保有するかであり、そして、限られた資源のなかで国家目標を達成するため、軍事力のどの部分に特化するかである。これを主としてエア・パワーが担うべきであり、そして、日本が保有すべきエア・パワーとは、対領空侵犯措置や防空などに必要とされる最小限の戦闘機などを別にすれば、新たな脅威や多様な事態への対応に必要なもの、そして、国際的な安全保障環境の改善のために必要なものに集中投資すべきである、というのが本論の結論である。その端的な事例が、戦略航空輸送能力や各種のヘリコプター、そして情報収集活動に必要なエア・パワーの整備である。それ以外の部分、すなわち、エア・パワーの非完結部分と軍事力全般の非完結部分は、いわゆる政治のリスクに任せるほかない。実際、日本が採るべき現実的な外交戦略とは、第一に、ある程度まで利害を共通する諸国との同盟である。その意味において、日米同盟の重要性は今後も変わらない。「世界の中の日米同盟」という位置付けである。[30]そして、この枠組みのなかで日本の独自性、本論の文脈では日本固有のエア・パワーの運用方法を見出す必要がある。アメリカ軍の後方支援を中心としたエア・パワーの運用も、その重要な選択肢の一つである。

第二に、同盟政策とともに重要なのが、国際社会における日本の協力であり、ここでもエア・パワーは新たな可能性を有している。これが、「国際平和協力活動」という枠組みのなかでのエア・パワーの運用である。陸軍及び海軍が実施する作戦の「公共財」としてのエア・パワーの重要性は従来から指摘されている。だが、日本が現有するエア・パワー、例えば、AWACS（E－767早期警戒管制機）やP－3C（固定翼哨戒機）、さらには輸送機や各種のヘリコプターを国際社会の「公共財」として、安定した国際安全保障環境の構築のためにさらに活用する可能性こそ、今後、検討すべき課題である。近年、日本は大量破壊兵器などの関連物資の拡散を阻止するため、「拡散に対する安全保障構想（PSI）」に積極的に関与しているが、これは今日までのところ、海上での活動が中心である。[31]だが同時に、エア・パワーを用いたPSIの可能性が検討され始めており、今後はエア・パワーによる活動も十分に予想される。[32]実際、軍事力を用いてこうした「警察活動」を行う可能性は、今後、大いに高まるであろう。

(30)『日本の防衛』によれば、日米同盟は、日本の安全確保はいうまでもなく、アジア・太平洋地域の平和と安定のため、そして、グローバルな課題を解決するためにも重要なのである。『日本の防衛』九四頁。
(31) PSIとは、大量破壊兵器などの関連物資の拡散を防止するため、既存の国際法、国内法に従いつつ、参加国が共同してとり得る措置を検討し、また、同時に関連する国際法・国内法の強化にも努めようとする提案である。『日本の防衛』二八〇～二八三頁。
(32) 実際、二〇〇四年一〇月に日本が主催したPSI海上阻止訓練には、自衛隊及び海上保安庁から航空機が参加している。

確かに今後、日本が独自に防衛力あるいは抑止力の中核としてエア・パワーの備えた潜在能力をさらに活用する可能性を検討することは必要である。これが、「新大綱」にも記されている対処能力を重視した防衛力への転換である。[33]だが、それが直ちに敵基地攻撃能力や戦略爆撃能力の保有、さらには自己完結型のエア・パワーの整備を意味するわけではない。端的にいって、長距離巡航ミサイルや空母、そして核兵器を保有しなくても、現有の装備を基礎とした抑止力としてのエア・パワー、さらには対処力としてのエア・パワーを十分に活用する方法はあるのである。[34]

最後に、エア・パワーの将来を考えるとき、やはり統合の問題を避けて通ることはできない。今日、日本でも統合運用体制が確立されつつあるが、伝統的な軍種が消滅するか否かの問題は別として、国家政策の一手段として軍事力を効果的に行使するためには、軍種の統合運用は不可欠である。[35]同時に、RMA化、ネットワーク化された軍事力を構築する必要にも迫られるであろう。そして、実はその中核を担うものこそ、エア・パワーなのである。ただし、その際、単に軍事力の統合化・RMA化・ネットワーク化を推進するだけでは意味がなく、これにともなう統合文化の構築、そして、組織の再編成が最重要課題となろう。と同時に、エア・パワー、あるいは軍事力という用語の本来の意味に立ち返り、日本の産業基盤や政府の政策、さらには国民の意識などを総合的に検討して将来の方向性を考える必要がある。軍事力、とりわけエア・パワーは国家の総合的な能力の現れであるため、例えば、産・学・軍（防衛庁・自衛隊）の交流の必要性など、国家としての意志が重要となってくる。

結局、日本にとって重要なことは、日本の国家目標を明確に定めることであろう。日本がどこへ向かおうとしているのか、国際社会においていかなる役割を果たす意志があるのかといった問題を無視して、日本の軍事力やエア・パワーの将来を議論しても無意味である。その意味において、今日、日本に求められていることは、日本の国家戦略を定め、いかなるときに、どのような目的で、いかに軍事力やエア・パワーを行使するのかを明確にすること、すなわち、「日本流の戦争方法」を早急に構築することなのである。[36]ベトナム戦争やコソボ紛争で見事に実証されたように、軍事力が支えるべき国家戦略に問題があれば、軍事力そのものの有用性が損なわれるのである。

(33)『日本の防衛』一〇八頁。

(34)『日本の防衛』にも、「しかし、個々の兵器のうちでも、性能上専ら相手国国土の壊滅的な破壊のためにのみ用いられる、いわゆる攻撃的兵器を保有することは、直ちに自衛のための必要最小限度の範囲を超えることとなるため、いかなる場合にも許されない。たとえば、大陸間弾道ミサイル（ＩＣＢＭ）、長距離戦略爆撃機、攻撃型空母の保有は許されないと考えている」と記されている。『日本の防衛』七九頁。

(35)今後の日本の統合運用体制については、『日本の防衛』一二三〜一二七頁を参照。

(36)「日本流の戦争方法」の概念についてさらに詳しくは、Tomoyuki Ishizu, "The Japanese Way in Warfare : Japan's Grand Strategy for the 21st Century," *Korean Journal of Defense Analysis*, Vol.12, No.1 (Summer 2000) を参照。

（本論の記述は、すべて筆者個人の見解である。）

第13章　組織が創造する知識としてのドクトリン

――航空自衛隊におけるエア・パワー・ドクトリンを中心として

荒木　淳一

はじめに

「ドクトリン」という概念が自衛隊の中で市民権を得て定着するまでに数十年の月日を要した。ドクトリンは、自衛隊において七〇年代から米軍の運用思想を理解する一つのツールとして着目され、各種の調査・研究が行われてきた。(1) 二〇〇六年ようやく統合ドクトリンが整備されることとなったが、統合ドクトリンを受けた各軍種毎のドクトリン策定の過程において、依然としてドクトリンの概念そのものが主要な議論の対象となっている。ドクトリンの創造のみならず適正な維持・更新のためには、作戦運用のみならず、歴史、戦略、軍事等、安全保障全般にわたる包括的な見識と地道な基礎研究が必要と言われる。戦後の日本においては、安全保障にかかる研究が極めて低調であり、戦略や政軍関係等を含む軍事全般を対象とする「軍事学」の体系的かつ学術的な研究は、欧米ほど発展してこなかった。(2)

このことが、わが国におけるドクトリンの理解を困難にしている遠因の一つであることに疑いの余地は無い。一方、わが国にも中国の思想や宗教等に基礎を置く兵法や武術等に関する伝統があり、全く軍事にかかる思想、学問的基礎が無かったわけではない。むしろ、米国においてベトナム戦争の失敗を分析する過程で着目されたクラウゼヴィッツや孫子等の思想は、日本において早くから軍人の基礎教養として学ばれていたのである。それではなぜ、ドクトリンという概念の理解が困難なのであろうか。他国軍の概念やドリトリンを研究するだけでなく、異なる角度からドクトリンという概念を考察することが、ドクトリンの理解を促すのみならず、日本流のドクトリン創造やその維持・発展に寄与するのではないかと考える。

このような問題認識に基づき、本論の目的は、ドクトリンの概念理解を助ける視点を提供することにある。そのため、ドクトリンを軍事組織における知識と捉え、知識とは何かを哲学的に問い詰めてきた認識論（エピステモロジー）の観点からドクトリンを考察する。次に、わが国におけるエア・パワーの中核である航空自衛隊（以下「空自」という。）の発展経緯を概観ながら、知識としてのドクトリンの創造やその理解を困難にしている要因を考察する。

一　組織が創造する知識としてのドクトリン

（一）認識論とドクトリン

新世紀の到来を間近に控えた一九九〇年代後半から、「二一世紀が如何なる社会となるのか」について、政治、経済、科学、軍事等様々な分野で将来を予測する議論が盛んであった。経営戦略や組織論の分野においては、企業行動を説明するための基本的な分析単位としてのみならず、将来動向を左右する鍵として「知識」が注目を集めていた。社会経済評論家ピーター・ドラッカーやアルビン・トフラーは、知識を経営資源やパワーの源と捉え、その重要性を指摘している。野中郁次郎氏は、『知識創造企業』において、組織における知識創造に焦点を当てて考察しソニーやトヨタ、ホンダ等の日本企業成功の秘訣は組織的知識創造ができるノウハウの有無であると主張している。(3)

組織又は個人が有する知識とは何かという問いを突き詰めていくと、哲学的な思惟となる。古来、この問いは、西洋における認識論（エピステモロジー）の中心的な課題として研究されてきた。西洋認識論は、プラトン、アリストテレス等の哲学議論に遡り、デカルト、ロック、カント、ヘーゲル、マルクス等々の思想およびそれを巡る哲学論争

（1）陸上自衛隊が、ドクトリンの調査研究目的で米陸軍訓練・ドクトリン軍（ＴＲＡＤＯＣ）に連絡幹部を派遣したのは一九八二年、航空自衛隊が米空軍の戦略、ドクトリン等にかかわる調査研究目的で米空軍士官学校に交換幹部を派遣したのは一九七六年である。
（2）防衛大学校安全保障研究会『安全保障学入門』亜紀書房、二〇〇一年、ⅱ頁。
（3）野中郁次郎、竹内弘高『知識創造企業』東洋経済、一九九六年。

により発展してきたとされる。このような西洋認識論は、経済学、経営学、組織論等、主として西洋を中心に発達してきた社会科学の基礎であることから、西洋的なモノの考え方や問題に対するアプローチの仕方等を理解する上で有益である。つまり、ドクトリンという西洋の概念を理解する上で何らかの示唆を与えてくれるものと考えられる。

西洋認識論では、「知るもの（主体）」と「知られるもの（客体）」を分け、主体が客体をいかにすれば知ることになるのかという問いに対する答えを数世紀以上にわたって求め続けてきた。その結果、概ね共通の認識として「正当化された真なる信念（Justified true belief）」が知識であると考えられている。[4] 米空軍においてドクトリンは「公的に認められた信条であり戦いの原則」と定義され、[5] 米空軍が組織として最善と信じる戦い方であるとされる。ドクトリンは過去の戦訓や軍事理論等から導かれた最も適切と考えられる戦い方として組織内への普及・侵透を図るものであり、組織として「公的に認めた」つまり「正当化」されたものであり、過去の経験や理論等から少なくとも「最善」であると信じられている戦い方である。ドクトリンは組織として蓄積された知識であると捉えることができる。

知識がどのようにして得られるかについては、知性によって演繹的に導き出されると言う合理主義と感覚的経験を通じて帰納的に得られるとする経験主義の考えがあり、長年議論されてきた。[6] 合理論と経験論は二つの大きな流れとなり、一八世紀のカントにより合流し、その後主体客体を分けるデカルト的二元論への挑戦が二〇世紀における哲学論争の中心となった。これらの考え方は、米・英空軍でドクトリンの創造を説明する循環系モデル[7]の中に見ることができる。すなわち、歴史並びに実戦や訓練を通して得られた教訓からドクトリンが形成されるという経験主義的考え方や、各種要素からなるインプットがドクトリンを、ドクトリンがアウトプットを論理的な帰結として導くという合理主義的考え方である。また、主体としての軍事組織と、客体としてのドクトリンの間でのダイナミックな相互適用の連続的プロセスであることを単純な循環系のループで表わしている。

日本においてはこのような知識に関わる哲学的な議論はなかったものの、仏教、儒教等東洋の古典的思想にベースを置いた独特のモノの見方が存在する。[8] キリスト教のように絶対的な神がすべてを導くと言う考え方に対して、神道や仏教では多くの神や仏の存在を認めている。神に示された教えに従うことだけでなく、念仏や座禅等の修行を通して悟りを開くと仏教では考えられてきた。西洋認識論では主体と客体を分割して考えるので、知識は一人の人格から切り離されるが、(9)東洋的思想では、知識は全人格の一部として獲得されると考えられている。東洋的思想では、間接的・抽象的知識より、個人的・身体的な経験を重視する傾向がある。軍人教育のルーツである武士道教育において最も強調されたのは、人格を育むことであり、知識は個人の人格に一体化されたときに初めて獲得されると考えられていた。武道、剣道、柔道、茶道等は、心身を鍛練し、全人格を持って真理を追究するという意味で「道」が使われており、抽象的な理論や仮説等に基づく合理的な理屈によって真実を追究しようとする西洋の考え方とは明らかに異なっている。明確な概念知識と体系的科学を尊ぶ西洋認識論の伝統は、ドクトリンという合理論的、体系的知識を追究する欧米軍の考え方の背景にあると考えられる。日本的認識であれば、知識であるドクトリンとは、実戦や演習、教育・訓練等を通して、各個人または組織が体得すべきものとなる。このように、西洋と日本の知識の捉え方は、好対照であるが、決して対立的なものではなく、むしろ相互補完的に捉えることでさらに包括的な理解が可能になるものと考える。

（4）野中郁次郎、戸部良一、鎌田伸一、寺本義也、杉之尾宜生、村井友秀『戦略の本質』日本経済新聞社、二〇〇五年、二九頁。西洋哲学における認識論の2つの流れである合理論と経験論の違いについて第二章第一項に詳しい。
（5）Headquarter Air Force Doctrine Center, *Air Force Basic Doctrine* (AFDD1) (Maxwell AFB, Alabama, 1997),pp,2–4.
（6）野中郁次郎『戦略の本質』、三三～三八頁。
（7）Allen.E.Dorn and Robert Critchlow, "Military Doctrine and Doctrine Loop," *Air Power Theory and Doctrine* (*Military Art and Science*) (Colorado Springs, CO.: USAF Academy, 1994), pp.29–34.
（8）野中『知識創造企業』三八～四〇頁。
（9）同右、二九～三六頁。

(二) 知識の形態――形式知と暗黙知

知識には形式知と暗黙知があるとされる。[10] 暗黙知は、例えば職人が身に付けている技巧や技能のように、個人が主観的に認識する知識であり、長年の修行を通して身体的に身に付ける経験的な知識である。これに対して、形式知は、明示的、形而上学的、客観的な知識であり、過去の知識を合理的に組み上げ、正当化された知識である。暗黙知が、実務的で今ここにある知識であるのに対して、形式知は、過去の知識を理論的にくみ上げた知識であり、状況に囚われない普遍的な理論を志向している。暗黙知は特定状況に関する個人的な知識であり、形式化したり他人に伝えることは難しいが、形式知は、形式的・論理的言語によって伝達できるとされる。[11] 日本では実際の作戦運用を通して得られる経験的知識を重視するのに対して、西洋においては、エア・パワーに関する過去の戦訓や科学的研究・分析等に基づく理論等、既に存在するコンセプトを組み合わせて論理的に導き出した知識を重視する傾向にある。

この形式知と暗黙知は、対立するものではなく、以下のような相互作用によって創造され、拡大されると考えられている。①個人の暗黙知からグループの暗黙知を創造する「共同化」、②暗黙知から形式知を創造する「表出化」、③個別の形式知から体系的な形式知を創造する「連結化」、④形式知から暗黙知を創造する「内面化」の4つである。[12] 修行中の弟子が、その師から言葉によらず観察、模倣、練習によって技能を学ぶのは「共同化」の一例であり、その後組織内の構成員に暗黙知が共有されていく。ビリー・ミッチェルの戦略爆撃理論は、彼が第一次世界大戦に参戦して得た経験に基づく考えであり、当初は彼個人の暗黙知であったといえる。その後、彼の主張は、彼と同様に航空戦力の可能性を実感したパイロット等を中心に、組織内に浸透し、米陸軍航空学校(Air Corp Tactical School(ACTS))において彼の主張をベースにした戦略爆撃理論が教育されるに至り、米陸軍航空の中に暗黙知が共同化されていった。「表出化」は暗黙知を明確なコンセプトに表すプロセスである。我々はイメージを概念化しようとするとき言語によって表現する。暗黙知から新しい明確なコンセプトを作り出す表出化は、まず書くという行為から始められるが、言語表現はしばしば不適当、不十分であり、イメージを正しく表すことは困難である。そこで、メタファー

（比喩[13]）、アナロジー（類推[14]）、モデル等を併用し、イメージと表現のギャップを埋める手法がとられる。米軍は概してこのような手法に長じており、作戦や理論の名称に、イメージを共有しやすく、メッセージ性のあるものを使っている。例えば、湾岸戦争の航空作戦名は「Instant Thunder」である。これは、北ベトナム爆撃作戦の「Rolling Thnuder」が、政治的介入によるマイクロマネジメントの結果、航空戦力の逐次投入に陥り全く効果的でなかった反省を踏まえ、航空戦力の集中的投入による圧倒的な航空作戦を企図したものであり、わずか数日でほぼイラク全域における航空優勢を獲得した。米海軍を発祥とする「Network Centric Warfare」のネーミングもコンセプトや作戦のイメージ理解を助けている。連結化は、コンセプトとコンセプトを組み合わせて一つの知識体系を作り出すプロセスであり、企業が企業ビジョンを作ったりする際に見られる。米空軍のワーデン大佐は、「Five Rings Theory（五つの輪理論）」と呼ばれるコンセプトで湾岸戦争時の航空作戦構想を作ったとされる。この考えは、戦略爆撃理論、クラウゼヴィッツの戦略的「重心（Center of Gravity）」の考え方、システム化された組織という考え方の組み合わせとも理解でき、連結化の一例であろう。内面化とは、形式知を暗黙知へと転換させるプロセスである。ドクトリンという知識体系に基づき、軍隊は訓練・演習を行い、またドクトリンに基づく作戦計画等により実際の作戦を行う。これらの訓練、実戦を通じて経験的に得た知識は、個人または組織として体得された暗黙知として蓄えられる。

(10) 野中「知識創造企業」八～九頁。形式知と暗黙知の区別はマイケル・ポランニーの議論によっており、西洋と日本の「知」の方法論の違いを理解する鍵であるとしている。
(11) 同右、八八～九一頁。
(12) 同右、九一～一〇五頁。
(13) あるものをシンボルにして思い描くことによって、別のものを知覚したり、直感したりする方法。思い切ったコンセプトを作り出すための発想法的、非分析的思考法に使われる。
(14) 未知の状況の問題解決において、既知の類似した状況を利用する方法。二つのものの間の構造的・機能的類似に焦点を当てることで、差異までも明らかになる。未知の部分と既知の部分を通じて理解することを助け、イメージと論理的モデルとの間のギャップを埋めるのに役立つ。

この一連のプロセスの中で、特に暗黙知を形式知に転換する表出化が組織における知識創造の鍵であると言われている。つまり、暗黙的に組織内で共有される考え方を言語化し、将来的なビジョンや新たなコンセプトにまとめることによって、組織的な努力を一つの方向に指向できると同時に、それをたたき台として組織内の議論が活性化される。暗黙知を重視する傾向にある日本においては、この表出化の意義とメカニズムについて理解することが重要である。

二　航空自衛隊の発展経緯と知識の創造

（一）航空自衛隊における知識の現状

統合ドクトリン（統合基本要綱）の策定を受けて、空自ドクトリンの整備作業が開始されている。空自には、ドクトリンは存在しないとの意見もあるが[15]、単にドクトリンと同じように一元的に体系化されたものがないだけであって、空自の「行動を導く基本原則」をドクトリンと捉えるならば、体系は存在すると考えられる。空自の指揮運用にかかる基本的な事項は、空自教範として「指揮運用綱要」を頂点として、主として航空作戦時の運用等についてまとめた教範「航空作戦」、各部隊及び機能毎の部隊教範、各機能教範、技術教範等から成る教範体系として整備されている。教範は「自衛隊の行動及び教育訓練を適切、かつ有効に実施するために、部隊の指揮運用、隊員の動作等に関する教育訓練の準拠を示したもの」と定義されており、ドクトリンとほぼ同じ内容を記述したものである[16]。この他にも、実際に空自が行動する場合に準拠すべき規範的、例規的な事項については、「行動規定」として、作戦の準備及び実施に必要な事項については、「戦策・作戦規定」等として定められている。この他、各種行動、活動の根拠として、空自規則類が機能別に整備されており、教範、行動規定と併せて、空自の各種行動、活動、業務等の準拠すべき行動規範つまりドクトリンの一種として捉えられる。このように、組織的な知識としてまとめられているものの、文書類が別々の作成責任者の下、別々の体系でまとめられていることから、これらの体系の背景にある共通の考え方を正しく理解することは容易ではなく多くの努力と時間を要する。空自の教範体系の最上位に位置づけられるのは、「指揮運用綱要」と教範「航空作戦」であり、この下に各種機能別、部隊別の教範が整備されていることからこの二つの教範の変遷を概観することにより、空自の基本的レベルのドクトリンの特徴を理解できると考える。

ア　「航空作戦」教範について

空自が行う航空作戦に関わる基本的な事項をまとめた「航空作戦」教範は、昭和四六年に制定された。それ以降、平成五年に一度改正を行い、現在に至っている。それぞれの目次は、次のとおりである。

教範「航空作戦」（昭和四六年）
　第一章　総説
　　第一節　概説
　　第二節　作戦行動の区分
　　第三節　各部隊の特性
　第二章　航空作戦

(15) ディフェンス・リサーチ・センター「将来戦闘に関する調査研究（その3）」、平成一七年度防衛庁委託研究報告書、平成一八年二月。
(16) 統合幕僚学校研究室「自衛隊統合ドクトリンの研究」、平成一七年三月、一五～一六頁、二〇～二一頁。教範は教育訓練のみの準拠であって、行動の準拠たりえないとして、行動全般の準拠であるドクトリンとは異なるとの意見もあるが、平時の教育訓練の成果を実戦の場で発揮することからすれば、教範は行動の準拠であり、内容・性格的にドクトリンと共通するところが多い。

第一節　概説
第二節　指揮・運用
第三節　作戦に伴う諸活動
第三章　防空
第一節　概説
第二節　指揮統制組織
第三節　戦闘要領
第四節　特別の防空戦闘
第四章　航空阻止
第五章　反攻
第一節　概説
第二節　戦闘要領
第六章　航空偵察
第七章　航空輸送
第八章　基地防衛

教範「航空作戦」（平成五年）
第一章　航空戦力一般
第一節　航空戦力一般
第二節　航空作戦一般

第二章　わが国の航空作戦
　第一節　わが国防衛の作戦
　第二節　わが国防衛の特性
　第三節　航空自衛隊が行う作戦
第三章　航空自衛隊の編制組織
第四章　航空作戦における指揮
第五章　作戦の計画と準備
第六章　作戦の実施
第七章　防空
第八章　航空阻止
第九章　近接航空支援
第一〇章　海上航空支援
第一一章　航空偵察
第一二章　航空輸送
第一三章　基地防衛
第一四章　航空作戦における諸活動

旧教範と現在の教範ともに、航空戦力の一般的特性や意義について記述されており、わが国の行う航空作戦の中核が防空作戦であること、その他実施すべき作戦区分等の基本的な枠組みについて大差はない。旧教範と現教範の大きな違いは、現在、行動規定や戦策に記述されている作戦実施にあたっての準拠すべき例規的事項等が旧教範に含まれていたことである。[17] 元来、自衛隊は教範を教育訓練にのみ限定して適用するとは考えていなかったが、教範に関する訓令策定時に教範を教育訓練の準拠と位置付けたことにより、結果的に行動の準拠が省れることとなった。[18] 部隊行動を適切に行うために教育訓練を行うのであり、教範の適用範囲を教育訓練に限定し、実行動時における隊員、部隊等活動の準拠でないとして教育訓練と実行動を完全に切り分ける考え方にはやや無理があるように思われる。[19] 現に諸外国軍においては、作戦行動にかかる個別具体的事項や秘匿を要する事項はドクトリンから除外されているものの、ドクトリンに準拠して訓練を行い、その理解と浸透を図り、これに基づいて作戦行動を行うものと考えられている。このように、教育訓練の準拠と行動の準拠を分けて規定する考え方は、一元的に体系付けられたドクトリンとは対照的であり、ドクトリンの理解を困難にしている遠因の一つである。

旧教範においては、「反攻」が章立てされており作戦行動の地理的範囲や作戦発起の時機等に関する記述はなく一般的な表現であるものの、航空攻撃に関する記述があったことは興味深い。現行教範の見直し検討の中で、作戦区分として対航空作戦を攻勢と防勢に分けて記述しようとしたものの、既存の政策との整合性から見送られた経緯もあり、いかなる判断で「反攻」の章が除外されたかについては、大変興味深いが別の研究に期待したい。

現教範の記述の前提は、その時点で整備されている法令、わが国の安全保障・国防戦略の基本を示す防衛計画の大綱、並びに中期防衛力整備計画等である。[20] 平成五年の改正時においては、湾岸戦争の教訓、米空軍ドクトリンの変化、装備体系の進化等を踏まえ、主要航空作戦の一部を変更することを検討していたが、法的根拠のない事項及び次期防の先取り的事項は記述しないこととなり、[21] 作成指針が出されてから八年後の平成五年に現在の形で改正を終了している。主な変更事項は、脅威の変化に伴い、ミサイル攻撃への対応、電子戦重視、NBC防護等の考え方を加えたことであった。

このように、空自の教範類は、現行の防衛政策、法令の枠組みの下、現有装備品で如何に戦うかを厳密に示したものであり、基本的には旧陸海軍の教義と同じ考え方である。[22] 「航空作戦」教範の作成担当者は、航空作戦一般にかかわる教育・研究を担任する幹部学校長であり、作成責任者は長官の命を受け航空戦力を運用する航空幕僚長である。しかし、その作成を訓令で命じている防衛庁長官及び長官を補佐とする内部部局は、教範の内容が既存の防衛政策の範疇でかつ教育訓練に適用できる範囲で記述されているかを厳密に確認し、整合性を図っている。その意味で、「航空作戦」教範に示されるものは、空自の知識というよりも防衛庁の知識であると言えるのかもしれない。一方、諸外国においてはドクトリンの作成責任はあくまでそれぞれの軍種の長である各軍司令官または参謀長である。米空軍においては、作成担当者はドクトリン・センター長及び部隊等であるが、最終的な承認権者は、軍種の特性と運用要領を軍事専門家として最も良く経験・理解している空軍参謀長となっている。各国空軍のドクトリンも、それぞれの空軍参謀長の承認を経て出版されている。空軍参謀総長は、単に空軍の視点から軍事的合理性のみでドクトリンを定め

(17) 航空自衛隊幹部学校「航空作戦」教範、昭和四五年三月。各章の概説に原則的事項が述べられており、各作戦の要領の節には作戦行動の準拠とすべき事項が述べられていた。第6章反攻第1節では、好機を求めて短切かつ奇襲的に攻撃を行うべきこと、総隊司令官から目標、時機、兵力等が示され方面隊司令官が戦闘を遂行すること、欺瞞行動、天象・気象の利用等により機先を制すべきことが述べられている。第2節戦闘要領には、攻撃目標や航進要領、攻撃要領等、行動の準拠とすべき事項が示されていた。八一～八八頁。
(18) 統合幕僚学校研究室「自衛隊統合ドクトリンの研究」平成一七年三月、四七～四八頁。陸上自衛隊の新教範編纂基本要綱（昭和三〇年三月）では、「新教範類は、陸上自衛隊の運用及び教育訓練の一般的準拠を示すものとする」とされていた。また、昭和三二年の陸自野外令第一部（草案）の解説では、本教範は「陸上自衛隊諸職種連合部隊の作戦及び訓練に関し一般的準拠を与えること」を目的とすることが明記されていた。
(19) 統幕学校「自衛隊ドクトリンの研究」四七～四八頁。教範に基づく教育訓練を通して、部隊及び隊員の行動は直接・間接の影響を受けており、教範を教育訓練のみの準拠とし、実行動時における部隊及び隊員の行動の準拠で無いとする考え方は、合理性の無い無理な説明であると指摘されている。
(20) 航空自衛隊幹部学校研究部「教範「航空作戦」改正のための基礎研究」二〇〇二年、三頁。
(21) 同右、一～二頁。次期防（平成二～七年）で装備化を念頭においていた早期警戒管制機や空中給油機にかかわる事項及び攻勢対航空に関して記述が見送られた。
(22) 同右、三二五～三二六頁。

ているのではなく、国益、国家安全保障戦略、軍事目標、国力等を勘案し、更に国家安全保障戦略、国家防衛戦略や政治状況を踏まえたうえで、軍事合理的なドクトリンを作成している。あくまで、ドクトリンの適否に関する判断の主体は、諸外国の例を見るまでもなく航空戦力を最もよく知る軍事専門家の空軍参謀長なのであろう。ドクトリンの定義「組織が公的に認めた最善と信じる戦い方」の意味するところが、米空軍の場合と空自の場合で異なることが、その概念理解を困難にしている遠因の一つであり、その点を十分理解しておく必要がある。教範の考え方の場合、極めて厳密に既存の防衛政策との整合が図れる一方、国内外の環境の変化に迅速に対応できない可能性がある。また、国内政治的な配慮等により予め作戦の枠組みを限定することにより、作戦の柔軟性、合理性を損なう可能性もあることも忘れてはならない。

イ 「指揮運用綱要」教範について

空自の教範類の最上位に位置付けられる「指揮運用綱要」は、昭和四六年に教範「基本原則」を改正して以来、国内外の環境の変化を受けて幾度も改正を検討してきたが、一度も改正されていない。(23) 指揮運用綱要は、指揮・運用の基本理念及び部隊等における基本的事項をわが国の航空作戦の立場から捉えて記述している。「指揮運用綱要」は、作戦遂行の主眼、戦いの原則の適用等を教示するものであり、最も基本的な考え方であることから、普遍性を有する。しかし、国内外の環境の変化や科学技術の発展、あるいは諸外国におけるRMAの進展等の環境の変化を踏まえるならば相対的な重要性や意味合いも変化するはずであり、全く変らないとは言えないであろう。しかし既存の防衛政策や法律、規則の体系の枠内での戦い方のみを記述するのであれば、大きな変更がなかったのは当然であったかもしれない。つまり、昭和四六年の「指揮運用綱要」の制定以来、憲法9条に基礎を置く基本的な防衛政策に大きな変化はなく、基本レベルのドクトリンである「指揮運用綱要」変更の必要はなかったとも言えよう。数度にわたる改正検討の際、結局、空自内のコンセンサスが確立できなかった理由として次のような点が指摘されている。今日でも通用する普遍的原則事項が網羅されており、大筋で間違っていない、周到な準備と推敲を重ねた珠玉の名作であり、格調高い文書に手を加える余地が無い等というものであった。(24)確かに、「指揮運用綱要」に含まれている事項は、普遍性を有する基本的レベルの原則的事項であるが、それぞれの原則等も時代の変化によってその意味合いは変わる。例えば、米空軍のドクトリンでは、精密誘導兵器の出現によって、攻撃目標を破壊するのに必要な爆撃機の数が圧倒的に減り、逆に一機のステルス爆撃機の精密誘導兵器が複数個の戦略目標を破壊することができるようになったことから、MASSの原則（集中の原則）は単なる戦力集中のみを意味するものではないと指摘している。(25)更に、最近の情報通信技術の発達により情報収集、決心、行動という一連の意思決定の活動（IDAサイクル）の迅速化を図ることによって圧倒的な優位性を得られることから、「情報の優越」の原則も意味合いが変わっている。このように環境の変化を踏まえて適時内容を見直し、必要な改正を行ってゆくことでドクトリンの権威が守られているのである。

空自の基本的レベルのドクトリンと考えられる「指揮運用綱要」教範、「航空作戦」教範が、長期にわたる様々な角度からの検討にもかかわらず、結果として見直しが実施されてなかったことは、現状維持を志向する官僚組織的特性や変化を好まない国民性、地道な研究、議論等による知的作業の蓄積が欠如していた結果かもしれない。(26)また、いわゆる五五年体制下では、冷静で合理的な安全保障議論が出来ず、自衛隊の存在そのものに疑義が持たれ、軍事を否

(23) 航空自衛隊幹部学校研究部「教範「指揮運用綱要」の改正の要否に関する研究成果」二〇〇二年、別紙第1。昭和六〇年、平成九年、それぞれ指揮運用綱要を改正すべきと空幕超まで報告し、検討を開始したものの、改正を見送りまたは断念し、継続研究することとされた。
(24) 同右、一頁
(25) 統幕学校「自衛隊統合ドクトリンの研究」一八頁。
(26) 同右、一四～一五頁。自衛隊が、米軍等と同じようなドクトリン体系を整備使用とする場合の障害として、①実戦の経験、熾烈な環境における部隊運用等の欠如、②自由な議論、考察、論文など、知的作業の蓄積の欠如、③各自衛隊・各部隊の機能、役割、責務等の議論と整理の欠如、④リーダー及び隊員の意識の乏しさ、⑤変化を好まないわが国民の特質を指摘している。

定するかのような当時の社会的風潮の下では、防衛政策との厳密な整合を追究せざるを得なかった。更に教育訓練の準拠と行動の準拠を分けて整理したり、行動規範を暗黙知として体得することを重視せざるを得なかったのかもしれない。

（二）航空自衛隊創設期の知識創造

独立空軍の創設は、それまで陸海軍の補助的戦力とみなされていたエア・パワーを陸海戦力と同等の戦力として位置付けるという意味で、既存の価値基準を再構築することである。軍事組織が官僚的であることを踏まえればそのプロセスには多大な労力と時間が掛かるものであるが、同時に、組織的な知識が創造、蓄積されるチャンスでもある。なぜなら、エア・パワーがなぜ単独の軍種でなければならないかを合理的に説明し、予算や権限という重大な利害が対立する陸海軍の理解を得るのみならず、民主主義国家においては政治や国民からの理解・支援も得なければならないからである。一旦、空軍独立が認められた以降も、様々レベルでの行動の基準の体系や規則体系等を構築する必要があり、組織的な活動の基礎となる考え方、つまり組織としての知識が創造、蓄積されることとなる。しかし、わが国における空軍独立である空自創設のプロセスは、諸外国空軍の独立とはやや異なっていた。敗戦後の軍備解体を経て、軍事力の保有そのものが否定されていた時代におけるものであり、また、米空軍の全面的支援を受ける以外選択肢がなかったという意味で、組織的な知識の創造は、受動的かつ限定的であったと考えられる。

先の大戦で、制空権を維持できず不利な戦いを強いられた旧軍の戦争経験者や敵空軍力から破壊的被害を受けた人々は、「航空で負けては話にならない」ことを強く認識し朝鮮戦争勃発以前から空軍建設の研究を開始していた。[27] 空自の創設及び形成に影響を及ぼした航空部隊設立の構想としては、旧陸軍軍人グループが米極東空軍司令官に提出した「空軍兵備要綱」と旧海軍軍人グループが米極東海軍司令部に出した「新空海軍建設計画」であった。[28] 昭和二七年一一月には、これらを持ち寄って陸海共同の案として「空軍建設要綱」を作成し、「航空自衛力建設促進に関する意見書」とともに吉田首相に提出された。「日本国土防衛において航空戦力が自衛力の鍵」であり、「独立戦力として建設し、一元運用することが日本の防衛上、また経済軍備の見地からも絶対必要」と述べられていた。しかし、冷戦の激化に伴う米国の対日政策の転換とそれに基づく日本再軍備に関する検討は、日米両国政府の関係者を中核とした水面下の検討・議論が主体であった。(29) 国民は、生活の改善と平和を求めており、国内野党、マスコミの再軍備反対の声は強く、東南アジア諸国の軍国主義復活への強い警戒感もあり、独立空軍建設にかかわる検討や議論は、一部の関係者に限定されていた。このプロセスにおける関係者の空軍創設にかけた信念とひたむきな努力が、空自創設に繋がったことは言うまでもない。しかし、わが国の防衛における航空戦力の位置づけに関する考え方は一部の関係者間で共有されたという意味で、組織的な知識とは言えず、航空戦力運用にかかる基本的考え方は十分に確立されていなかったと思われる。

日本は、第二次大戦の開戦当初、世界第一級の航空技術及び航空産業基盤を有していたものの、対日占領政策の一貫として軍備解体が行われ、航空戦力の基盤は失われた。「陸海軍解体、軍需工場の操業停止」指令により、航空機の生産及び研究は全面的に禁止され、試験研究設備は撤去され、機械設備等は賠償に充当された。更に、敗戦直後の復興の見通しが立たないほど困窮した経済状況は独立空軍創設の大きな障害であった。また戦後七年間の航空に関する空白期間の存在に加えて、既にジェット機の時代に移行していたこともあり、独立空軍建設には、資金面、運用面及び技術面で米空軍からの全面的な協力が不可欠であった。(30) 日本における空軍の具体的イメージは、朝鮮戦争に参加

(27)『航空自衛隊五十年史』、防衛庁航空幕僚監部。二〇〇六年、四〇頁。昭和二五年初頭、三好康之元少将を始めとする旧陸軍軍人の有志が「日本空軍創設」を開始した。
(28)『航空自衛隊五十年史』四〇〜四一頁。「新空海軍建設計画」では、「空軍兵備構想」のような独立空軍ではなく、航空部隊は海軍の中に創設し、陸軍との二重組織とするとされていた。
(29) 増田弘『自衛隊の誕生』中公新書、二〇〇四年、一一一〜一一三頁。
(30) 同右、一七三〜一七四頁。

した米第5空軍の後に、日本の防空を担う部隊として誕生した米極東空軍隷下の日本防衛空軍（U.S. Japan Air Defense Force（U.S. JADF））であったとされる。日本人が操縦、航空機整備、要撃管制等に必要な技量を習得するとともに、U.S. JADF の基地や警戒管制レーダー等の作戦運用基盤であるインフラを日本に移管することで、最も早い建設が可能と考えられていた。

昭和二七年に入って外国機による北海道上空の領空侵犯事案が頻発し、独立空軍創設を後押しする雰囲気が国内外に醸成された。昭和二七年一二月一七日付の米空軍参謀総長から統参本部議長宛ての覚書にはクラーク極東空軍司令官の「日本の安全保障に対する最も緊急かつ唯一の脅威は共産主義国による航空脅威である」との報告に同意し、早い時期に日本空軍の中核を確立すべき旨が記されていた。[31] ジェット機を運用する独立空軍を創設するためには、資金とノウハウが不足していると考えられていたが、昭和二八年ダレス国務長官が軍事援助協定（ＭＳＡ）を日本にも適用すると発表し、資金面・装備面での目処が立った。また、朝鮮半島の休戦が成立した翌月昭和二八年八月に米極東空軍司令官ウェイランド大将から増原保安庁次長宛てに空軍建設を全面的に協力する旨申し出があり、ノウハウについても米空軍から入手することが可能となった。保安庁内において再軍備を研究していた制度調査委員会においては、一次から七次にわたる防衛力整備の計画を検討していたところ、昭和二八年一一月、米国空軍から「日本空軍創設支援計画」（表紙の色から別名「ブラウン・ブック」）の提示を受け、航空の部分に関する修正を加えた第七次案が、航空自衛隊の編成・装備計画の骨格となった。また、翌昭和二九年二月には「日本空軍創設支援のための飛行及び技術訓練書（表紙の色から別名「ピンク・ブック」）が提示され、目標とする空自の姿・形、建設のマイルストーン及び米軍の支援の態様が明らかとなり、その後の航空防衛力整備計画に反映されることとなった。昭和二九年度を初年度とする「警備五ヵ年計画」では、昭和三六年までに米国供与機を主体に昼間戦闘機（F-86F）二一個飛行隊、全天候戦闘機（F-86D）六個飛行隊、輸送機等6個飛行隊の計三三個飛行隊を建設するというものであった。この戦力組成及び規模は、当時の U.S. JADF が概ね三五個飛行隊を持って日本の防空任務を担っていたことからこれを一つ

の参考にしたものであった。(32)

このように、空自は創設にあたりU.S. JADFをモデルとし、戦力組成、組織・編成、装備、施設、制度及び教育訓練の全てにおいて米国方式を導入し全面的な支援を受けていた。米国方式に対抗する選択肢は他に無く、独立空軍を創設するためにとり合えずこの計画に乗り、自ら判断できる実力をつけた段階で見直せばよいと考えられていた。(33)当時のソ連からの航空脅威や東アジアの戦略環境からは、極力早く独立空軍を創設することが至上命題であり、軍事組織の根幹となる任務、戦力組成、装備、編成・組織、訓練等にかかる考え方を十分に議論し、確立できる環境にはなかった。当時既に独立を果たし、世界一流の空軍であった米空軍の全面的支援を受けられたことは、空自創設そのものには幸運であったが、主体的に新たな価値体系を構築できなかったという意味で、独立に際して創造された知識は限定的であったと言えよう。

空自の創設から第二次防間での間、空自の基本的枠組みを大きく変える可能性がある議論が二度あった。創設期の航空戦力を空自に一元化するか、各軍種の隷属にするかという、いわゆる分属の問題と、地対空誘導弾の隷属を陸海のどちらにするかという問題であった。これら二つの問題は、戦力の隷属及び組成の変化という意味で既存の価値体系を変えるものであった。航空戦力の分属問題は、空自の創設までに決着せず、空自発足二ヶ月後の八月末に木村長官の「航空機及び航空の諸業務は空自で統一的に運用するが、作戦上きわめて必要な機種は陸海に所属させる」という折衷案で決着した。もともと保安庁内及び米航空当局は「統合方式」に決定していたが、旧海軍の関係者が分属を

(31)『航空自衛隊五十年史』、四四頁。
(32)当時の極東空軍が空自の規模を日本防衛空軍程度が適当であると考えており、明確な戦略思想を持って規模と戦力組成を決定したものではないと考えられる。
(33)『航空自衛隊五十年史』、六五～六六頁。空自発足時、空幕副長であった佐藤毅空将は、保安庁官房長官から空幕長に就任した元官僚の上村健太郎幕僚長を直接補佐する立場にあり、旧軍出身者の最先任者として、しばらくの間全面的に米軍方式を取り入れ、早期にこれを吸収、消化してまず基礎を固めることに専念することを決意していたとされる。

強く主張し、陸軍関係者もこれに同意したこと並びに独立空軍構想を推進していたクラーク極東軍司令官の交代によって「統合方式」が難しくなり、長官の政治的な判断により決着を見たのである[34]。二次防で初めて導入された地対空ミサイル部隊の隷属も大きな問題であった。陸空ともにそれぞれへの配属を主張したが、長官指示により、①全般防空は空自、自隊防空は各自衛隊が計画する、②原則として高高度及び長距離のSAMは空自、低高度のものは陸自、艦船用のものは海自担当とすることが決定された[35]。これら二つの問題は、空自の戦力組成を左右する大きな問題であり、防衛庁内、自衛隊内で詳細な検討が行われ、激しい議論が交わされたと想像される。これらの検討・議論のベースとなった航空戦力の位置付けや果たすべき役割等に関わる考え方は組織的な知識創造のベースになるものであった。しかし、一部の関係者間での議論であり、いずれも政治的決着を見ていることから、いかなる分析により判断されたかはうかがい知ることは困難である。形式知として組織に蓄えたというより検討に関与した一部の関係者に暗黙知として組織内に蓄えられたと考えられる。

空自の創設以降は、防空を主体とする基本的枠組みの中で欠落する機能の整備や戦力の質的向上を機能毎に図っていった。第2次防間は、F-104、地対空ミサイル（ナイキ）、航空警戒管制システム（BADGE）の導入による防空体制の近代化、第三次～四次防間は、F-15導入、早期警戒機の導入、基地の抗坦化、電子戦体制の整備等であった[36]。これらの体制整備を待って、各機能別教範が逐次整備されていったのである。

（三）基盤的防衛力構想という戦略下での知識創造

米国のように国家安全保障戦略、国家防衛戦略等が公式に明示されていない日本において、国家安全保障戦略及び国家防衛戦略を理解するには、様々な防衛政策や憲法解釈等を総合的に判断する必要がある。「国防の基本方針」に基礎を置く「専守防衛」及び一九七〇年代以降踏襲してきた基盤的防衛力構想は、脅威の捉え方、対処すべき侵略の態様、新たな防衛力の態勢への移行、基盤的防衛力の機能や質・量を示しており、日本の国家防衛戦略であるといえる。この構想は、単に軍事力にのみ着目することなく、敵の意図の変化のし易さへの配慮や、国際的戦略環境も要素に入れたという点で「戦後の日本において唯一の包括的かつ洗練された防衛戦略構想」とされる。[37] しかし、政策的に洗練され、難しい国内政治状況下でも安定したものであった半面、軍事的合理性から生じる実効性への懸念等もあり、肯定的レベルを超えた安定性や一貫性から来る硬直性は、組織的な知識創造を大きく制限する要因となった。

基盤的防衛力構想は、「限定的かつ小規模な侵略」すなわち「軍備の体制をほぼそのままにして奇襲的に行われる侵略」に平時から備えようとするものであり、想定している情勢に大きな変化が生じた場合は「新たな防衛力の態勢」に移行するというエクスパンド条項があった。このエクスパンド条項は、「所要防衛力」を維持しないことに伴う政治的リスクを提示したものであり、シビリアン・コントロールの考え方に沿うものである。[38] しかし、政策転換が必要になったときに、政府が迅速かつ適切に政治判断を行うことが前提となっており、当時の国内情勢からはその実効性が懸念された。更に、情勢の変化に対応できなかった場合、つまり基盤的防衛力で対応した場合に、国民や社会に対して具体的にどのような被害を受けることを想定しているのかという、軍事的リスクについては全く説明されておらず、ここでいう政治的リスクを政治・国民がどの程度理解していたかは疑問である。また、基盤的防衛力構想では、同盟国である米国の抑止力と日本が独力で対応することが困難な場合の対処力の提供を念頭においていた。日米防衛協力に関わる協議や指針の更新等によって日米共同の体制の実効性は高まりつつあるものの、基盤的防衛力構想が固

(34) 増田『自衛隊の誕生』、二四六～二四七頁。
(35) 道下徳成「自衛隊のエア・パワー発展と意義」、石津朋之、立川京一、道下徳成、塚本勝也編著『エア・パワー』、芙蓉書房出版、二〇〇五年、一八一頁。
(36)『航空自衛隊五十年史』、二〇七～二〇八頁。
(37) 道下徳成「戦略思想としての『基盤的防衛力構想』」石津朋之、ウィリアムソン・マーレー共編著『日米戦略思想史――日米関係の新しい視点』彩流社、二〇〇五年、二一八頁。
(38) 同右、二四二頁。

まった七〇年代後半には政府レベル、軍事レベルのいずれにおいてもこれらの前提を機能させるメカニズムは存在していなかった。米国は日米安保条約に基づく対日防衛義務を負うものの、その行動は自らの国益に基づく戦略的な意志決定と議会と世論の支持に基づく民主主義的手続きによって決定されるのも事実であり、極東有事はヨーロッパや中東等別な地域での紛争との併発の蓋然性が高く米軍の戦力がどれだけ日本正面に充当されるか不明であった。したがって日米同盟による共同対処の実効性について手放しで依存できる状況には無かった。更に、最も軍事的に実効性が懸念されたのは、拒否的抑止の有効性であった。特に本質的に攻勢的戦力である航空戦力を防勢のみに使用した場合、古くは英本土航空戦や近年の「イラクの自由」作戦等の戦訓を踏まえれば、作戦目的を達成することが容易ではないことは明らかである。侵攻する敵航空戦力の撃破又は航空侵攻の拒否をどの程度行えば、侵攻をあきらめるのかについての見積もりは困難である。しかしながら作戦の実効性や戦力配分、運用の妥当性にかかわる多角的な検討、分析、検証なしに有効な軍事作戦の立案、実行は不可能であり、そのような検討の積み重ねを通じてのみ組織の知識が蓄積されるのである。前例を重視し政策的整合性を強く求められるわが国の予算制度の下では、戦力量、戦力組織の妥当性にかかる継続的見直しのインセンティブは相対的に低く、結果として組織的知識の創造、蓄積は限定的であったと考えられる。

基盤的防衛力構想の特徴である「脱脅威的」側面も知識創造を困難にした要因であったと思われる。大綱別表に示す戦力は、基本的にわが国の防衛上必要な機能や組織・配備上の均衡といった要素を基礎として設定されているものであり、脅威だけに基礎を置くものではない。この構想は限定脅威に対する所要防衛力の側面もあると言われおり、脅威対抗的側面から導かれた防衛力と脱脅威的側面から導かれた防衛力を、比較、検証したところ同一規模であったと説明されている。[39] しかし表面的には整合が採られているものの、基盤的防衛力がどのように決められたのか、決められるべきなのかについて議論と混乱を巻き起こした。脅威の内容や危険の蓋然性、リスクをどのように評価し、防衛力の整備や防衛政策に反映するかは極めて高度な知的作業である。諸外国においても、国家安全保障戦略、防衛戦略に基づく軍事力の質と量の決定は極めて難しい問題であり、見積もりには軍事的観点だけではなく、経済学、組織論といった多角的観点からの総合的分析と判断が必要とされる。基盤的防衛力構想の洗練された点でもある脱脅威的側面は軍事力の質・量を見積もることやリスクの評価にかかわる知識の蓄積を阻害していた面がある。

基盤的防衛構想の脱脅威的側面は、日本の防衛戦略や防衛力が周辺の安全保障環境や脅威の変化に迅速に対応しないという傾向を生んだ(40)。更に、基盤的防衛力構想は、憲法解釈や基本的防衛政策に基礎を置くことから、特に五五年体制下においては、安定性や一貫性が肯定的レベルを超える硬直性を生み出したと考えられる。国家防衛戦略の枠組みが基本的に変わらず、政策的整合性が軍事レベルまで厳密に図られていたことから、戦略を変える程の戦略環境の変化は予測しにくかったこと、又、一旦政府内で認められた政策を変えることはハードルが高いと考えられていたことから、既存の枠組みの中で物事を考えることに慣れてしまった可能性がある。特に、軍事的合理性を追求するドクトリンの創造は、基盤的防衛力構想という戦略の下では自ずと限界があり、またドクトリン的発想を理解することを難しくしたと考えられる。既存の価値体系の中で、既存の価値との整合を図る過程で知識を得る学習プロセスをシングル・ループ学習というが、正に基盤的防衛力構想の下での知識創造はシングル・ループ学習であったと言える。一方で軍事的合理性を追求するドクトリンの検討プロセスを通して既存の価値体系を超える考え方が提示でき、検証・議論を経て新たな価値体系を構築できる。このような既存の価値体系そのものを見直す学習プロセスをダブル・ループ学習と言うが、ダブルループ学習は既存の価値体系に軍事的合理性から挑戦するドクトリンによって初めて可能である。諸外国において、ドクトリンの創造が重視されるゆえんである。

基盤的防衛力構想という戦略は、政策的に洗練され冷戦期の難しい国内外の環境の中でわが国の防衛を全うするた

(39) 同右、二二六〜二三九頁。
(40) 同右、二四一〜二四二頁。

めの極めて重要な役割を果たした。しかし、その脅威の捉え方の二面性、政策枠組み的な安定性及び一貫性からくる硬直性、軍事的合理性の一部を否定してでも政策的整合性を優先せざるを得なかった事情等、組織における知識創造と言う観点からは阻害要因の一つであったと考えられる。

(四) 戦力造成・整備のプロセスと知識創造

基盤的防衛力構想における防衛戦略の基本は、「拒否的能力」に基づく「抑止」と「対処」である。しかし、五五年体制下では冷静な防衛議論ができない中、三矢研究に対する与野党、国内世論の厳しい批判があり、有事法制等の研究はある意味凍結されていた。実効的「対処」を担保する法制度が確立されていなかったこともあり、防衛力整備による「抑止」の面が相対的に重視された結果、防衛力整備とドクトリンがいかに関わるかについて理解することを困難にしたと考えられる。

「組織が最善と信じる戦い方」であるドクトリンに基づき、戦力組成、組織・編制を定め、教育・訓練を行うことは合理的かつ効率的であり、ドクトリンが軍事力造成、組織・編制に反映されるという考え方がある。[41] 一方で、ドクトリンは、現在の装備・部隊を基準とした戦い方を示すものであり、現有の装備・組織に適用できないドクトリンを示しても無意味であるとの意見もある。[42] 両者の違いは、どのレベルのドクトリンを念頭においているのか、ドクトリン創造の起点をどこに置くのかという点で異なっている。

前者の考え方は、戦略、作戦レベルのいわゆる基本レベルのドクトリンを念頭においている。日本は、専守防衛及び基盤的防衛力という政策の下で、防勢の戦略を取っており、航空戦力は主として防空作戦を行うこととなっている。したがって、戦力組成の中核は、防空戦闘を行う戦闘機、常続的な警戒監視と要撃管制を行うレーダー網、侵攻航空戦力を要撃する地対空ミサイルである。また、組織・編制としては、これらの中核機能を備えた四つの航空方面隊等を作戦の基本単位として防空の主体である航空総隊隷下に編成している。つまり、防空作戦を主体とする空自の基本レベルのドクトリンに基づき戦力組成、組織・編制等が定められていると捉えることができる。一方、後者の考え方は、作戦・戦術レベルのドクトリンを念頭においている。主要な装備品等の個々の運用要領や他のシステムとの連携要領等の作戦、戦術レベル以下のドクトリンについては、その装備品が導入されてから、もしくは導入が確定されてはじめてドクトリン文書に記載することができる。

次に、ドクトリンの発想の起点をどこに置くのかによってドクトリンが軍事力の造成、組織・編制の方向性に影響を与えるか否かが変わってくる。諸外国軍では、ドクトリン文書の記述内容及び合理的な形式知を重視する傾向等から前者に近い立場をとっていると考えられる。諸外国軍のドクトリン文書には、将来ビジョンや将来戦の様相、保有すべき能力等を組み込んでいるものもある。(43) 米空軍の基本ドクトリンであるＡＦＤＤ－１（２００３）は、固有の卓越した能力（Core Compitances）について述べるとともに、ドクトリンの基礎となる概念として「ビジョン」「作戦構想」について言及し、米空軍として将来においても圧倒的優位性を保つためにこれらのビジョン等を追求していくことを明示している。(44) 英空軍もドクトリンが、作戦構想（Concept）→次期ドクトリン（Emerging Doctrine）→ドクトリン（Doctrine）という流れでき上がると考えており、(45) ドクトリンの起点はビジョンや将来の作戦構想に置いている。オランダ陸軍もドクトリンは、「将来を予測し、将来の作戦に必要な人員と装備の要件を提示」すると考

(41) Allen.E.Dorn and Robert Critchlow, "Military Doctrine and Doctrine Loop," p.29.
(42) 統幕学校「自衛隊統合ドクトリンの研究」六、二八頁。
(43) 一九九四年の米海軍ドクトリンである「Naval Doctrine Publication-1 Naval Warfare」は、四章のうちの一章を使って「海軍は何処へ行くのか」(Where we are headed: Into the 21st Century) について述べている。
(44) U.S. Air Force Doctrine Center, *Air Force Basic Doctrine* (*AFDD-1*), (17 November 2003), pp83-86.「将来作戦構想」は五～一五年先を見通したものであり、将来作戦の考案、能力開発のモデルとなる。「ビジョン」は一五年先以降の将来を見通したものであり、各種ウォーゲームの基礎を提供するとともに、将来の作戦構想を評価する最も有用な方法である実証実験の基準となる。
(45) 二〇〇〇年五月における英空軍航空戦センター及び統合ドクトリン・センター関係者との筆者インタビューによる。

えている。つまり、ドクトリンが単に現有の装備・部隊に適用できる戦い方を示すだけでなく、将来の戦い方や装備品、組織・編制に影響を及ぼすものであると捉えていることを示している。このような考え方を取るのは、軍隊が政治から達成すべき軍事目標を付与された時点で装備、編制、訓練等の準備が整い、即応できる態勢でなければならないと考えているからである。仮に任務を完遂できない場合、結果的に国民の生命・財産に多大な被害を与えるだけでなく、政治、国民からの信頼を失うことを過去の経験から学んでいるからであり、常に次の戦いを念頭に備えなければならないことが組織的に身についている。ドクトリンは軍事専門的な観点から、将来保有すべき機能、能力や戦力組成等の考え方、オプションを提示し、予算配分や制度の変更等の政策判断を得るための根拠となる側面もあることを理解しておく必要がある。

ドクトリンを創造する際、教範のように既存の防衛政策及び装備・部隊等を前提に置くと、ある時点において運用可能な装備品と部隊でどう戦うのが最善かという発想となる。予算要求の過程において、整備しようとする装備品の運用構想は予算要求の重要な根拠の一つである。まず空自内で検討の後、庁内で政策的整合性を図った上で要求し、財務当局の査定を受けて導入、整備されることとなる。したがって、ある時点での装備品、部隊等を念頭にドクトリンを考える際、自ずと運用構想は明らかになっていると言うこともできる。しかし、F-15の導入から運用開始までに約一〇年を要したように、装備品、部隊等が運用できるようになるまでに長期間を要する。装備品の導入時点とドクトリンを創造する時点で情勢が変化している可能性があることから、ドクトリン創造の時点では、再度将来を見通し、作戦構想を検討した上でドクトリンを創造すべきであろう。空自が予算要求の前に検討する運用構想等は、英空軍の「次期ドクトリン（Emerging Doctrine）」や米空軍の「将来作戦構想（Concept of Operation）」と同じ性格のものである。また、将来を見通した防衛構想である統合長期防衛見積もりや空自長期防衛見積もり等は、米空軍のビジョン（Vision）、英空軍のコンセプト（Concept）と同じ内容を含んでおり、これらの延長上にドクトリンがあると考えるべきであろう。

組織の知識創造という観点から考えた場合、文書化されたドクトリン文書のみならず、その起点である長期見通し（ビジョン）や防衛力整備の基礎となる作戦構想等についても組織が作り出した貴重な知識である。航空長期防衛見積もりや運用構想等のように文書化されてはいても、空自組織内の一部の部署でしか参照できないものは、暗黙知として関係スタッフ間で共有されており、ドクトリンへの反映を考えるべきである。

おわりに

本論においては、ドクトリンの概念理解を助ける視点を提供することを目的として、ドクトリンを軍事組織における知識と捉え、知識とは何かを哲学的に問い詰めてきた認識論（エピステモロジー）の観点からドクトリンを考察した。そして、わが国におけるエア・パワーの中核である航空自衛隊の発展経緯等から、知識としてのドクトリン創造やその理解を困難にしている三つの要因を考察した。

ドクトリンを組織が創造する知識と捉えることにより、認識論の観点からドクトリンの捉え方に日本と西洋の間に違いがあることを確認した。つまり、西洋的知識の捉え方は、知るもの（組織）と知られるもの（知識）を分け、知識はある事項から論理的、合理的に導かれると考えており、形式知を重視する傾向にある。日本的な知識の捉え方は、主体と客体を一体として捉え、知識は自らの修行、瞑想等により体得されるものと考えており、暗黙知を重視する傾向にある。このような知識の認識の仕方の違いが、わが国においてドクトリンの概念理解を難しくしている遠因の一つであろう。次に、三つの側面、①空自創設期の経緯、②戦略としての基盤的防衛力構想、③戦力造成プロセス等における知識の創造を考察し、ドクトリン概念の理解を困難にしている点について考察した。空自は敗戦下、軍備が解体され軍事力そのものの存在が否定されている時代に独立空軍として創設されたことから、装備、ノウハウ、資金等全ての面で米空軍の支援を受けざるを得なかった。独立空軍としての形を整え、防空任務を引き継ぐことが至上命題であり、極東米軍日本防衛空軍（U.S. JADF）を参考に任務、戦力組成、組織・編制等を整え、充実させることを優先させた。このことが、わが国の空軍創設において、航空戦力の造成・運用に関する考え方を主体的に創造できなかった原因であると考えられる。また、その後の空自組織の充実期においても、欠落機能等の整備が優先され、知識体系としての教範や規則類等の背景にある戦い方に関する基本的考え方が見直されることは無かった。また、基盤的防衛力構想という政策的に洗練された国家防衛戦略が軍事的合理性に一部目をつむっていることや、ドクトリンにあたる教範等の整備において、既存の政策等との整合性より厳密に求めてきたこと等から、軍事的合理性を追求した結果であるドクトリンの概念が理解しにくかったと考えられる。諸外国空軍においては、ドクトリンが戦力造成等の方向性に影響を及ぼすと考えているが、軍事的合理性に基づく基本レベルのドクトリンや将来保有すべき能力、向かうべき方向性等を念頭においている。ドクトリン創造の起点をビジョンや将来作戦構想等に求めており、既存の政策や戦い方を所与のものとして捉えることなく、将来の作戦様想を見通した上でのドクトリンを創造している。各軍が当該戦力の運用に関する最も専門性の高い実務家としてドクトリンの作成責任を有する。空自における教範等は、現有装備と部隊、政策等をドクトリン創造の起点としており、教範の内容は防衛庁として政策等との整合性を厳密に図ったものである。このような違いもドクトリンの理解を困難にする要因の一つである。

戦後六〇年を経て、ようやく冷静に国家における航空戦力の位置付け、戦略等について議論できる環境が整いつつある。基盤的防衛力構想が想定していなかった戦争に至らない軍事力の使用や国際社会の安定化のための活動が益々重要性を増している中、既存の政策の枠に囚われていてはわが国の安全保障をまっとう出来ない時代となってきている。「安全保障と防衛力に関する懇談会」では、基盤的防衛力構想を維持するか否かを根底から考え直す必要があるとの意見も出されており、民間シンクタンクからも専守防衛見直しの提言がなされている。[46]このような時代に的確に対応し、将来においても国家防衛の使命を果たすためには、組織の英知の結果であり、組織の命運を握る知識であるドクトリンの正しい理解と日本流のドクトリンの創造を推進すべきである。それが、国民の付託に応えうる一流の軍事組織への第一歩である。

(46) 日本戦略研究フォーラム「専守防衛に関する提言」JFSS政策提言9、平成一七年一月。同報告においては、専守防衛という考え方は、国の防衛のあり方を国民に誤って理解させていること、核ミサイル攻撃等に適切に対応できないこと、生物化学兵器、サイバーテロを含むテロ攻撃等に適切に対処できないこと等から「専守防衛という用語の使用を取り止め」、まっとうな防衛が可能な態勢・体制とすることが必要であるとしている。

【人　名】

索　引

【項　目】

論文：「ドクトリンの意義とその概念に関する考察」石津朋之、立川京一、道下徳成、塚本勝也共編著『エア・パワー――その理論と実践』ほか。

●翻訳者・監訳者紹介（訳出順）

立川《たちかわ》　京一《きょういち》（防衛庁防衛研究所戦史部第1戦史研究室主任研究官）
上智大学卒業、同大学院修了（博士）。防衛研究所助手を経て2000年から現職。
著書・翻訳：『第二次世界大戦とフランス領インドシナ――「日仏協力」の研究』、『カナダの旗の下で――第二次世界大戦におけるカナダ軍の戦い』、『戦争の本質と軍事力の諸相』、「第二次世界大戦までの日本陸海軍の航空運用思想」石津朋之、立川京一、道下徳成、塚本勝也共編著『エア・パワー――その理論と実践』、*British and Japanese Military Leadership in the Far Eastern War, 1941-1945* ほか。

小谷《こたに》　賢《けん》（防衛庁防衛研究所戦史部第1戦史研究室助手）
立命館大学卒業。ロンドン大学 KCL 大学院修士課程修了。京都大学大学院博士課程修了（学術博士）。2004年から現職。
著書・論文：『イギリスの情報外交』、「イギリス情報部の対日イメージ」、「日本海軍とラットランド英空軍少佐」、「サッチャー外交の形成過程」、"Could Japan Read Allied Signal Traffic?：Japanese Codebreaking and the Advance into French Indo-China, September 1940" ほか。

永末《ながすえ》　聡《さとし》（ロンドン大学キングスカレッジ大学院生）
慶応義塾大学卒業。同大学大学院修士課程修了。現在、ロンドン大学 KCL 大学院修士課程在籍中。
論文：「戦略爆撃思想の系譜」石津朋之、立川京一、道下徳成、塚本勝也共編著『エア・パワー――その理論と実践』、「第二次世界大戦ヨーロッパにおける戦略爆撃のバランスシート――戦略的破綻それとも勝利の方程式か」ほか。

ベンジャミン・ランベス（**Benjamin S. Lambeth**）（米国ランド研究所上級研究員）
ノース・カリフォルニア大学卒業、ジョージタウン大学修士課程修了、ハーバード大学博士課程修了（Ph.D.）。同研究所研究員を経て現職。
著書：*The Transformation of American Air Power*、*Mastering the Ultimate High Ground*、「実戦に見る現代のエア・パワー——湾岸戦争とコソヴォ紛争」石津朋之、立川京一、道下徳成、塚本勝也共編著『エア・パワー——その理論と実践』ほか。

志方《しかた》　**俊之**《としゆき》（帝京大学教授）
防衛大学校卒業、京都大学大学院博士課程修了（工学博士）。陸上幕僚監部人事部長、第2師団長、北部方面総監を経て1992年退官。陸将。1994年から現職。
著書：『最新・極東有事——そのとき日本は対応できるか』、『自衛隊はどこへ行く——冷戦後の日本の安全保障を論ず』、『「フセイン殲滅」後の戦争——アメリカは北朝鮮、中国、世界をどうするのか』、『無防備列島』ほか。

マティティアフ・メイツェル（**Matitiahu Mayzel**）（イスラエル・テルアビブ大学教授）
ヘブライ大学卒、米国ロチェスター大学大学院博士課程修了（Ph.D.）。ハーバード大学客員教授を経て、1972年から現職。その間ブリティッシュ・コロンビア大学客員教授、オハイオ州立大学客員教授などを歴任。
著書：*Generals and Revolutionaries, The Russian General Staff During the Revolution : A Study in the Transformation of Military Elite*、*The Campaign of the Golan Heights, June 1967* ほか。

金　**仁烈**［キム・インヨル］（韓国空軍大学教授）
韓国空軍士官学校卒、韓国国防大学修士課程修了（国際関係論）。米国デンバー大学大学院博士課程（国際関係論）修了。韓国国防大学、韓国空軍士官学校教授を歴任の後、退役（退役空軍大佐）。
論文："Role the Air Power in the 21st Century"、"Security Environment and Air Power Strategy" ほか。

石津《いしづ》　**朋之**《ともゆき》（防衛庁防衛研究所企画室研究調整官（兼）戦史部第1戦史研究室主任研究官）
獨協大学およびロンドン大学教養課程（ICC）卒業、ロンドン大学SOAS大学院修了（修士）、同KCL大学院修了（修士）。ロンドン大学LSE博士課程中退、オックスフォード大学大学院研究科修了。ロンドン大学KCL名誉客員研究員。防衛研究所助手を経て、2000年から現職。
著書・共編著：『戦争の本質と軍事力の諸相』、『日米戦略思想史——日米関係の新しい視点』、「エア・パワー—その過去、現在、将来」石津朋之、立川京一、道下徳成、塚本勝也共編著『エア・パワー——その理論と実践』、*Pacific War Companion : From Pearl Harbor to Hiroshima* ほか。

荒木《あらき》　**淳一**《じゅんいち》（航空自衛隊南西航空混成団司令部防衛部長）
防衛大学校卒。タフツ大学フレッチャー法律外交大学院修士課程修了、ハーバード大学ウェザーヘッド・センター日米関係プログラム客員研究員。アメリカ空軍士官学校交換教官。航空幕僚幹部防衛部防衛課編成班長を経て2006年から現職。1等空佐。

●執筆者紹介（執筆順）

大村《おおむら》　平《ひとし》（㈳日本航空宇宙工業会顧問）
東京工業大学卒業。航空幕僚監部技術部長、航空実験団司令、西部航空方面隊司令官、航空幕僚長を歴任。1987年退官。空将。その後、防衛庁技術研究本部技術顧問、お茶の水女子大学非常勤講師、日本電気株式会社顧問などを歴任。
著書：『確率のはなし——基礎・応用・娯楽』ほか。

フィリップ・セイビン（Philip Sabin）（ロンドン大学キングスカレッジ教授）
英国ケンブリッジ大学クイーンズカレッジ卒業、ロンドン大学キングスカレッジ大学院博士課程修了（Ph.D.）、キングスカレッジ戦争研究学部助教授を経て現職。
著書・論文：*Non-Conventional Weapons Proliferation in the Middle East*、“The Shape of Future War : Are Traditional Weapons Platforms Becoming Obsolete?”、“Western Strategy in the New Era : the Apotheosis of Air Power?”、「弱者にとってのエア・パワー」石津朋之、立川京一、道下徳成、塚本勝也共編著『エア・パワー——その理論と実践』ほか。

林《はやし》　吉永《よしなが》（前防衛庁防衛研究所戦史部長）
防衛大学校卒業。航空幕僚監部総務課長、北部航空方面隊警戒管制団司令、第７航空団司令、航空自衛隊幹部候補生学校長などを歴任。1999年退官。空将補。同年４月から2006年３月まで防衛庁防衛研究所戦史部長。
論文：“The Japanese Military Professionalism”、“Non-impact Has Brought Impact to the US from Japan since 1945” ほか。

ウィリアムソン・マーレー（Williamson Murray）
（オハイオ州立大学名誉教授、米海軍大学校客員教授）
エール大学卒業、空軍士官として東南アジアに従軍した後、同大学院博士課程修了（Ph.D.）。エール大学歴史学部助教授を経て、1995年までオハイオ州立大学歴史学部教授。その間、ロンドン大学 LSE 客員教授、米海兵隊大学校教授、米陸軍大学校教授などを歴任。2005年10月まで米防衛分析研究所（IDA）研究員。
著書・共編著：*Luftwaffe*、*Military Effectiveness*、*The Making of Strategy*、*The Dynamics of Military Revolution, 1300-2050*、*War in the Air 1914-45*、『日米戦略思想史』ほか。

柳澤《やなぎさわ》　潤《じゅん》（防衛庁防衛研究所戦史部第１戦史研究室所員）
防衛大学校卒業、上智大学大学院修了（修士）。航空自衛隊飛行開発実験団、航空開発実験集団司令部などを経て、2004年から現職。３等空佐。
論文：「重慶爆撃　1938〜1941年——日本初の戦略爆撃」ほか。

横山《よこやま》　久幸《ひさゆき》（防衛大学校助教授）
防衛大学校卒業。桜美林大学大学院修了（修士）。航空自衛隊幹部学校戦略研究室、上智大学大学院研究生、防衛研究所所員を経て2004年から現職。２等空佐。
論文：「日本陸軍の軍事技術戦略と軍備構想について——第一次世界大戦後を中心として」、「日本陸軍におけるエア・パワーの発達とその限界——運用規範書を中心に」ほか。

21世紀のエア・パワー
——日本の安全保障を考える——

2006年10月25日　第1刷発行

編著者
石津朋之《いしづともゆき》
ウィリアムソン・マーレー

発行所
㈱芙蓉書房出版
（代表 平澤公裕）
113-0033東京都文京区本郷3-3-13
TEL 03-3813-4466　FAX 03-3813-4615
http://www.fuyoshobo.co.jp

印刷／モリモト印刷　製本／協栄製本

ISBN4-8295-0384-X